シリーズ
理論物理の探究
白水徹也・高柳匡 [シリーズ編集]

3

重力レンズ

大栗真宗 | [著]

朝倉書店

序

　重力レンズは，その発見が珍しい時代は終わり，宇宙論や宇宙物理学，天文学において，今や当たり前のように応用されている．最近打ち上げられた James Webb 宇宙望遠鏡は，遠方天体観測で革新的な成果を次々と生み出しているが，そこでも重力レンズは大いに活用され，中心的な役割を果たしている．また，最近打ち上げられたもう 1 つの衛星望遠鏡，Euclid 衛星は，弱い重力レンズによってダークマター分布を測定し，宇宙の大規模構造を観測することをその主目的に掲げている．さらに，将来打ち上げられる予定の別の衛星計画，Roman 宇宙望遠鏡の主たる科学目標の 1 つとして，重力マイクロレンズを用いた惑星探査が挙げられている．このような情勢を踏まえると，重力レンズの重要性は今後さらに高まっていくのではないかと考えられる．

　しかしながら，このような重力レンズの重要性にもかかわらず，重力レンズを包括的に解説する教科書は，実は多くはない．洋書では，重力レンズの入門書もいくつか出版され始めており，状況は変わりつつあるが，一方で重力レンズを詳しく解説する日本語の教科書は，現時点では皆無と言ってよい．本書は，このような状況に一石を投じるべく執筆した教科書である．

　重力レンズは，非常に広範に応用されているため，本書もなるべく幅広いニーズに応えるよう心掛けた．例えば，重力レンズの基礎はもちろん一般相対論に基づくが，重力レンズ方程式から出発してその応用を学習したい場合には，一般相対論は必ずしも必須ではない．そのような読者は，第 2 章を飛ばして第 3 章から読むことで，重力レンズの基本を理解し具体的な計算が行えるように配慮している．また，重力レンズは，強い重力レンズ，重力マイクロレンズ，弱い重力レンズに大別されるが，この中のどれか 1 つにのみ主に興味がある読者も多いと思われる．そのような読者は，第 3 章と第 4 章で重力レンズの基礎を学習し，その後それぞれ該当するいずれかの章を読むことで，読者が興味がある話題を効率的に学習できると期待している．

　本書を執筆する際に，特に気を配ったのが，理論の一貫性，統一性である．筆

者がこれまで他の教科書の重力レンズの記述を読んで抱いた印象は，強い重力レンズや弱い重力レンズ，時間の遅れなどの異なる重力レンズの話題で，それぞれ異なる出発点から基礎方程式が導出されるなど，一貫性がなく「つぎはぎ」感が否めない，というものであった．本書では，ゆらぎが存在する膨張宇宙における測地線方程式，あるいは Fermat の原理から出発して，さまざまな近似のもとでの重力レンズ方程式や時間の遅れの式を統一的に導出し，互いの関係性が明瞭になるように心掛けた．新しい試みを多分に含んでいるため，他のどの本や論文にも掲載されていない方程式もいくつか登場する．これによって，幾何光学と波動光学の関係性，強い重力レンズと弱い重力レンズの関係性，Fermat の原理と重力レンズ方程式の対応，などがより明瞭になっていると期待しているが，このような筆者の試みが成功しているかどうかについては，読者の判断を仰ぎたい．

　最後に，本書の執筆を勧めて，励ましてくださった白水徹也氏に感謝したい．また，弘前大学の高橋龍一氏には草稿を詳しく読んでいただき，多くの誤りの指摘や内容の改善の提案をいただいた．深く感謝する．本書の草稿は，千葉大学宇宙物理学研究室の輪講でも用いたが，輪講参加者の青山翔平氏，阿部克哉氏，大里健氏，河合宏紀氏，中馬史博氏，西田崚氏，札本佳伸氏，鑓本浩孝氏の各氏のフィードバックもたいへん有益であったので，ここに感謝する．

　　2025 年 1 月

大 栗 真 宗

目　　次

1. 重力レンズの発見と応用 1
　1.1　重力レンズの初期の歴史 1
　1.2　強い重力レンズの発見 3
　1.3　重力マイクロレンズの発見 5
　1.4　弱い重力レンズの検出 7

2. 重力レンズ方程式 9
　2.1　測地線方程式 9
　　2.1.1　測地線方程式の導出 9
　　2.1.2　測地線方程式の等価な表式 12
　　2.1.3　一様等方宇宙の測地線 13
　2.2　重力レンズ方程式の導出 16
　　2.2.1　計量テンソル 16
　　2.2.2　測地線方程式の計算 17
　2.3　局所平面座標および Born 近似 21
　2.4　薄レンズ近似および単一レンズ平面近似 24
　2.5　複数レンズ平面近似 28
　2.6　Fermat の原理との対応 30
　2.7　曲がり角のよく知られた表式との対応 32

3. 重力レンズの基本的性質 34
　3.1　重力レンズ方程式のまとめ 34
　　3.1.1　単一レンズ平面の重力レンズ方程式 34
　　3.1.2　複数レンズ平面の重力レンズ方程式 35
　　3.1.3　Born 近似された重力レンズ方程式 36
　3.2　重力レンズポテンシャルと質量密度分布との対応 36

iv　　　　　　　　　　　目　　　　次

3.2.1　薄レンズ近似の場合の対応 ······························ 37

3.2.2　Born 近似の場合の対応 ································· 37

3.3　像の位置および複数像 ······································· 39

3.4　像 の 変 形 ··· 40

3.4.1　重力レンズポテンシャルが定義できる場合の像の変形 ······· 41

3.4.2　複数レンズ平面の場合の像の変形 ······················ 43

3.4.3　高次の像の変形 ····································· 45

3.5　増光率と像のパリティ ······································· 46

3.5.1　Liouville の定理 ··································· 46

3.5.2　増光率の計算およびその符号 ························· 47

3.6　臨界曲線および焦線 ··· 48

3.7　時間の遅れ ··· 50

3.7.1　時間の遅れの一般的な表式 ··························· 50

3.7.2　複数レンズ平面の場合の時間の遅れ ···················· 51

3.7.3　単一レンズ平面の場合の時間の遅れ ···················· 54

3.7.4　観測される時間の遅れ ······························· 54

3.8　Fermat の原理との対応および複数像の分類 ···················· 55

3.8.1　時間の遅れからの重力レンズ方程式の導出 ··············· 55

3.8.2　複数像の分類 ······································· 57

4.　重力レンズ方程式とその解の具体的な例 ·························· 60

4.1　球対称レンズの一般論 ······································· 60

4.1.1　球対称レンズの重力レンズ方程式 ······················ 60

4.1.2　球対称レンズの歪み場と増光率 ······················· 62

4.1.3　Einstein リングと Einstein 半径 ····················· 63

4.1.4　点状光源と広がった光源の複数像 ······················ 65

4.2　球対称レンズの具体例 ······································· 67

4.2.1　点質量レンズ ······································· 67

4.2.2　特異等温球 ··· 70

4.2.3　コア等温球 ··· 73

4.2.4　Navarro-Frenk-White (NFW) モデル ················· 75

目　　　次　　　v

　　　4.2.5　冪分布レンズ ……………………………………………… 77
　　4.3　外部摂動の影響 ………………………………………………… 79
　　　4.3.1　外部構造に起因する重力レンズポテンシャルの摂動 ……… 79
　　　4.3.2　外部歪み場による非球対称重力レンズ ………………… 80
　　　4.3.3　質量薄板縮退 ……………………………………………… 81
　　4.4　楕円分布を持つ質量モデル ……………………………………… 84
　　　4.4.1　楕円質量面密度 …………………………………………… 84
　　　4.4.2　特異等温楕円体およびコア等温楕円体 ………………… 85
　　　4.4.3　楕円重力レンズポテンシャル ……………………………… 89
　　4.5　臨界曲線近傍の複数像の振る舞い ……………………………… 90
　　　4.5.1　折り目焦線 ………………………………………………… 90
　　　4.5.2　尖　点　焦　線 ……………………………………………… 91
　　　4.5.3　広がった光源の増光率 …………………………………… 92

5.　強い重力レンズ …………………………………………………………… 94
　　5.1　質量モデリング …………………………………………………… 94
　　　5.1.1　複数像の位置 ……………………………………………… 94
　　　5.1.2　フラックス比および時間の遅れ …………………………… 96
　　　5.1.3　広がった光源の像の形状 ………………………………… 98
　　　5.1.4　パラメトリック質量モデリング …………………………… 98
　　　5.1.5　ノンパラメトリック質量モデリング ……………………… 99
　　5.2　質量モデリングの具体例 ………………………………………… 100
　　　5.2.1　点状光源および銀河レンズの例 …………………………… 100
　　　5.2.2　広がった光源および銀河レンズの例 …………………… 103
　　　5.2.3　点状光源および銀河団レンズの例 ……………………… 104
　　5.3　Hubble 定数の測定 ……………………………………………… 107
　　5.4　小スケール質量分布の測定 ……………………………………… 111
　　　5.4.1　フラックス比異常 ………………………………………… 112
　　　5.4.2　広がった光源の像への摂動 ……………………………… 114
　　5.5　重力レンズ確率 …………………………………………………… 115
　　　5.5.1　重力レンズ確率の計算 …………………………………… 115

vi 目　　　次

5.5.2　増光バイアス ・・・・・・・・・・・・・・・・・・・・・・・・・・・・・・・・・・・117
5.5.3　銀河レンズと銀河団レンズの寄与 ・・・・・・・・・・・・・・・・・・・・118

6.　重力マイクロレンズ ・・・・・・・・・・・・・・・・・・・・・・・・・・・・・・・・・・・・・・121
6.1　点質量レンズによる重力マイクロレンズ ・・・・・・・・・・・・・・・・・・・・・121
6.1.1　重力マイクロレンズの基本原理 ・・・・・・・・・・・・・・・・・・・・・・・121
6.1.2　増光曲線の計算 ・・・・・・・・・・・・・・・・・・・・・・・・・・・・・・・・・・・122
6.1.3　光源の大きさの影響 ・・・・・・・・・・・・・・・・・・・・・・・・・・・・・・・124
6.2　重力マイクロレンズ視差 ・・・・・・・・・・・・・・・・・・・・・・・・・・・・・・・・・・126
6.2.1　観測者や光源の接線速度の影響 ・・・・・・・・・・・・・・・・・・・・・126
6.2.2　軌　道　視　差 ・・・・・・・・・・・・・・・・・・・・・・・・・・・・・・・・・・・・・128
6.2.3　3　角　視　差 ・・・・・・・・・・・・・・・・・・・・・・・・・・・・・・・・・・・・・130
6.3　位置天文重力マイクロレンズ ・・・・・・・・・・・・・・・・・・・・・・・・・・・・・・131
6.4　重力マイクロレンズ確率と発生率 ・・・・・・・・・・・・・・・・・・・・・・・・・・134
6.4.1　重力マイクロレンズ断面積 ・・・・・・・・・・・・・・・・・・・・・・・・・134
6.4.2　重力マイクロレンズ確率 ・・・・・・・・・・・・・・・・・・・・・・・・・・・135
6.4.3　重力マイクロレンズ発生率 ・・・・・・・・・・・・・・・・・・・・・・・・・137
6.5　連星点質量レンズ ・・・・・・・・・・・・・・・・・・・・・・・・・・・・・・・・・・・・・・・138
6.5.1　重力レンズ方程式 ・・・・・・・・・・・・・・・・・・・・・・・・・・・・・・・・138
6.5.2　焦線および臨界曲線 ・・・・・・・・・・・・・・・・・・・・・・・・・・・・・・139
6.5.3　増　光　曲　線 ・・・・・・・・・・・・・・・・・・・・・・・・・・・・・・・・・・・・139
6.6　クエーサー重力マイクロレンズ ・・・・・・・・・・・・・・・・・・・・・・・・・・・・144
6.6.1　典型的なスケール ・・・・・・・・・・・・・・・・・・・・・・・・・・・・・・・・144
6.6.2　収束場と歪み場の影響 ・・・・・・・・・・・・・・・・・・・・・・・・・・・・145
6.6.3　増　光　曲　線 ・・・・・・・・・・・・・・・・・・・・・・・・・・・・・・・・・・・・146

7.　弱い重力レンズ ・・・149
7.1　銀河の形状測定に基づく歪み場測定 ・・・・・・・・・・・・・・・・・・・・・・・149
7.1.1　信号測定の基本原理 ・・・・・・・・・・・・・・・・・・・・・・・・・・・・・・149
7.1.2　歪み場測定の誤差 ・・・・・・・・・・・・・・・・・・・・・・・・・・・・・・・151
7.2　接線歪み場解析 ・・152

目　　　次　　　　　　　　vii

| | 7.2.1 | 接線歪み場と回転歪み場 | ·········· | 152 |

7.2.1　接線歪み場と回転歪み場 ·· 152

7.2.2　接線歪み場の観測と解析 ·· 154

7.2.3　積層重力レンズ解析 ·· 157

7.3　重力レンズ質量マップ ·· 158

7.3.1　Kaiser–Squires 法 ·· 158

7.3.2　平滑化による誤差の低減 ·· 160

7.4　歪み場の EB モード分解 ·· 161

7.5　宇宙論的歪み場 ·· 164

7.5.1　角度相関関数と角度パワースペクトル ·· 164

7.5.2　宇宙論的歪み場 2 点相関関数 ·· 165

7.5.3　ショット雑音 ·· 169

7.5.4　角度パワースペクトルの共分散 ·· 171

7.6　宇宙論的歪み場を用いた宇宙論解析 ·· 173

7.7　宇宙背景放射の弱い重力レンズ ·· 176

7.7.1　温度ゆらぎの角度パワースペクトル ·· 176

7.7.2　重力レンズの温度ゆらぎ角度パワースペクトルへの影響 ······· 176

7.7.3　重力レンズポテンシャルの再構築 ·· 180

8.　波動光学重力レンズ ·· 181

8.1　幾何光学近似における光線の伝播 ·· 181

8.1.1　電磁波の場合 ·· 181

8.1.2　重力波の場合 ·· 184

8.1.3　スカラー波の伝播方程式 ·· 185

8.2　回折積分の導出 ·· 185

8.3　増幅因子の近似 ·· 190

8.3.1　無次元振動数 ·· 190

8.3.2　停留位相近似 ·· 191

8.3.3　Born 近似 ·· 193

8.4　点質量レンズ ·· 196

8.5　波動光学重力レンズの観測可能性 ·· 199

viii 目　　次

付　　録 201

　A. 一般相対論的膨張宇宙モデル 201

　　A.1 一般相対論 201

　　A.2 Friedmann 方程式 202

　　A.3 宇宙論的距離 204

　　A.4 密度ゆらぎの進化 205

　　　A.4.1 計量テンソル 205

　　　A.4.2 Einstein 方程式の計算 205

　　　A.4.3 低赤方偏移，小スケールでのゆらぎの進化 208

　B. 宇宙論的な距離に関する有用な公式 210

　C. 重力レンズ方程式の数値的求解 211

　　C.1 点状光源の数値的求解 211

　　C.2 広がった光源の数値的求解 212

　D. 密度ゆらぎの統計量 212

　　D.1 統計量の計算の準備 213

　　　D.1.1 Fourier 変換 213

　　　D.1.2 アンサンブル平均 213

　　D.2 2点相関関数とパワースペクトル 214

　　D.3 密度ゆらぎの分散 216

　　D.4 角度パワースペクトル 217

　　　D.4.1 球面上での角度パワースペクトル解析 217

　　　D.4.2 局所平面座標における角度パワースペクトルの計算 219

　E. 経路積分の具体的な計算 220

参 考 文 献 225

文　　献 229

索　　引 237

1 重力レンズの発見と応用

重力レンズ (gravitational lensing) とは，遠方の天体から発せられた光が，伝播途中で重力場によって経路が曲げられる現象である．現在では宇宙物理学 (astrophysics)，天文学 (astronomy)，宇宙論 (cosmology) の幅広い分野で応用されており，研究において欠くことのできない重要なツールとなっている．本章では，重力レンズ発見の歴史と，それによってどのように重力レンズの応用が広がっているかを概観する．

1.1 重力レンズの初期の歴史

重力レンズは，一般相対論 (general relativity) により予言される現象であるが，光の経路が重力場によって曲がる可能性は，Newton 力学 (Newtonian mechanics) の時代から考えられていた．例えば，1780 年頃に Michell が Cavendish に宛てた手紙の中で，重力レンズとその観測可能性が議論されている[1]．1801 年には，Soldner によって，質量 M の天体のそばを光が衝突パラメータ (impact parameter) b で通過するときの重力レンズによる曲がり角 (deflection angle) $\hat{\alpha}$ が

$$\hat{\alpha} = \frac{2GM}{c^2 b} \tag{1.1}$$

と計算された[2]．G は万有引力定数 (gravitational constant)，c は光の速さ (speed of light) であり，衝突パラメータ b を太陽の半径とした場合の曲がり角は 0.87 秒角となる．ただ，Soldner 自身も認めていたように，光を質量を持つ普通の物質と同様に扱い，万有引力が働くとしてよいかについてはいささか不明瞭であった．

Einstein が一般相対論を完成させたことで，光の経路が時空 (spacetime) の歪みによって曲げられるという描像が確立した．さらに，Einstein は，一般相対論に基づく計算によって，光の曲がり角が Newton 重力の場合のちょうど 2 倍，す

なわち

$$\hat{\alpha} = \frac{4GM}{c^2 b} \tag{1.2}$$

となるという結果を得た[3]. 再び,衝突パラメータ b を太陽の半径とすると,曲がり角は 1.74 秒角となる.すなわち,光の曲がり角を観測できれば,式 (1.1) と (1.2) のどちらが正しいかを区別でき,一般相対論の観測的検証が可能となる.この観測的検証を行ったのが Eddington であり,1919 年の日食を利用して,太陽の背後の星 (star) の,天球面 (celestial sphere) での位置の変化を測定した.アフリカ西海岸のプリンシペ島での観測で 1.61 ± 0.40 秒角,ブラジルのソブラルでの観測で 1.98 ± 0.16 秒角という太陽半径での曲がり角の測定値を得て,一般相対論が正しいことを結論づけた[4]. 現在では 10^{-4} 以上の精度で太陽による重力レンズの曲がり角が測定され[5],一般相対論の予言が高精度で正しいことが確認されている.

重力レンズを引き起こすレンズ天体 (lens object) のちょうど背後に光源 (source) が整列すると,リング状の像 (image) が得られる.このリング状の像は今日では Einstein リング (Einstein ring) と呼ばれており,Einstein の 1936 年の論文[6] で予言された[*1]. その一方で,Einstein の論文では,星の背後に別の星が整列することによって生じる,リング状の像を形成する重力レンズ現象が起こる確率は非常に小さく,観測される可能性は低いだろうと結論づけられていた.

しかし,Zwicky は,1937 年の 2 編の論文[9, 10] において,レンズ天体が星ではなく銀河 (galaxy) や銀河団 (cluster of galaxies) であれば重力レンズが観測される可能性は十分にあると結論づけた.この洞察はきわめて正しかったが,このような銀河や銀河団による重力レンズ現象が観測的に発見されなかったこともあり,重力レンズの研究はしばらく停滞することとなった.

[*1] 重力レンズによるリング状の像の形成は,Chwolson の 1924 年の論文[7] でも予言されていたので,Einstein リングではなく Chwolson リングと呼ぶべきという意見もあるが,Chwolson の論文では,重力レンズによる増光 (magnification) の効果は考慮されておらず,また Einstein の 1912 年の研究ノートにおいて重力レンズによる増光や複数像 (multiple images) などがすでに考えられていたことも明らかになっている[8].

1.2 強い重力レンズの発見

強い重力レンズ (strong gravitational lensing) は，Einstein の 1936 年の論文で予言されたような，複数像を形成したり光源の形状が大きく歪められる重力レンズ現象である．その最初の発見は，1979 年の Walsh らの論文[11]によって報告された．この論文では，赤方偏移 (redshift) $z = 1.41$ のクエーサー (quasar) Q0957+561 が，手前の銀河によって引き起こされた重力レンズによって 2 個に分裂して観測されていると結論づけられた．図 1.1 に，Q0957+561 の Hubble 宇宙望遠鏡 (Hubble Space Telescope) 画像を示している．この最初の発見以降，現在までにクエーサー重力レンズは数百個以上発見されている．

クエーサーはガスがブラックホール (black hole) に落ち込むことで光り輝いている点状の明るい天体であり，ガス降着の時間変動によって，その明るさも時間変動する．したがって，クエーサー重力レンズを長期モニタ観測 (monitoring observation) することによって，複数像間の時間の遅れ (time delay) が観測できる．Q0957+561 の時間の遅れの測定結果は，1992 年頃から報告されていたが，精確な測定結果が 1997 年に Kundić らの論文[12]で報告されている．時間の遅れの 1 番有名な応用は，Hubble 定数 (Hubble constant) の測定だが，そのアイデア

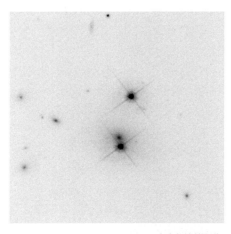

図 1.1　重力レンズクエーサー Q0957+561 の Hubble 宇宙望遠鏡画像．2 個の明るいクエーサー像，およびその間にレンズ天体である銀河が確認できる．

は強い重力レンズの初発見前の 1964 年に Refsdal によって示されていた[13]．現在では，重力レンズの時間の遅れは，Hubble 定数を測定する最も有力な手法の 1 つとして認識されており，さらなる測定精度の向上を目指した理論的および観測的研究が盛んに行われている．

重力レンズ効果を受ける光源が，クエーサーのような点状の天体ではなく，銀河のような広がった天体の場合，強い重力レンズによってその形状が大きく歪められ，巨大円弧 (giant arc) として観測される．そのような巨大円弧は，1986 年頃に Lynds と Petrosian[14]，および Soucail ら[15] によって，銀河団領域の観測により独立に発見されたが，重力レンズに起因する現象であるとはすぐには認識されなかった．Paczynski は，これらの巨大円弧が重力レンズに起因する可能性を議論し[16]，その仮説は Soucail らによる巨大円弧の分光観測[17] によってすぐに確かめられた．このような巨大円弧も，現在は多くの銀河団や銀河で普遍的に観測されている．図 1.2 に，最初に発見された巨大円弧の 1 つ，銀河団 Abell 370 の巨大円弧の Hubble 宇宙望遠鏡画像を示している．

質量の大きい銀河団を Hubble 宇宙望遠鏡など高性能の望遠鏡で観測すると，強い重力レンズで複数像に分裂した，銀河団背後の遠方銀河が多数観測される．重力レンズの増光効果を利用して，通常の観測では難しい遠方銀河の形態や統計的性質を詳しく調べることができる．Hubble 宇宙望遠鏡の大型計画，Hubble フロンティアフィールド (Hubble Frontier Fields) によってこのような応用も大幅

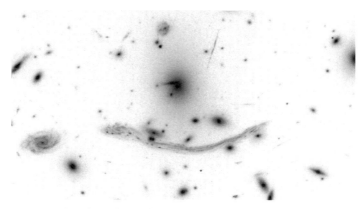

図 1.2　巨大円弧が発見された銀河団 Abell 370 の Hubble 宇宙望遠鏡画像．

に進展し[18]．現在では，遠方銀河の研究においても，強い重力レンズは主要な役割を果たしている．

観測の進展に伴い，新しい種族の強い重力レンズも見つかりつつある．超新星爆発 (supernova) が強い重力レンズで分裂して観測される現象は，上記の 1964年の Refsdal の論文でも考えられていたが，初めて発見されたのは 2010 年代のことである[19, 20]．超新星爆発の強い重力レンズによる複数像間の時間の遅れの測定から，Hubble 定数も測定されている[21]．他の突発天体，例えば連星合体 (binary merger) から放出される重力波 (gravitational waves) や高速電波バースト (fast radio burst) などの重力レンズについても，その発見が期待されている[22]．

1.3　重力マイクロレンズの発見

レンズ天体が星の場合は，複数像間の分離角 (image separation) が小さいため，それぞれの複数像を分解して観測することが困難である．一方で，重力レンズの増光の効果を利用することで，そのような重力レンズ効果も検出することができる．特に，天球面上でレンズ天体や光源が移動することによる時間変動を捉えることで，重力レンズの増光効果を効率的に検出できる．このように，増光を利用して重力レンズ効果を検出する手法は，重力マイクロレンズ (microlensing) と呼ばれる．

重力マイクロレンズの最も有名な応用の 1 つが，ダークマター (dark matter) 探査である．ダークマターの正体はわかっていないが，もしダークマターがある程度質量が大きいブラックホールなどのコンパクト天体 (compact object) から構成されているとすると，Magellan 雲 (Magellanic Clouds) の星の重力マイクロレンズの観測によって，検証可能となる．星が重力マイクロレンズを起こす確率は，典型的に 10^{-6} と非常に低いが，100 万個以上の星の明るさをモニタ観測することにより，重力マイクロレンズを観測することが十分可能となる．このアイデアは 1986 年の Paczynski の論文[23] で提起され，Magellan 雲と銀河バルジのモニタ観測による重力マイクロレンズ現象の発見が 1993 年に報告された[24, 25]．Magellan 雲の観測で発見された重力マイクロレンズ現象を図 1.3 に示す．ただし，これまで観測された重力マイクロレンズの頻度は，手前の星が引き起こしたものとして十分説明できることから，現在では，ダークマターの主要な成分がコ

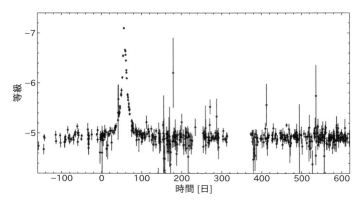

図 1.3 Magellan 雲の観測で発見された，重力マイクロレンズによる星の 2 等程度の一時的な増光．

ンパクト天体である可能性は低いと考えられている．アンドロメダ銀河などにモニタ観測の対象を広げることで[26]，さらに幅広い質量範囲のダークマター探査が行われている．

銀河バルジ領域などの重力マイクロレンズ探査の今日の主要な目的の 1 つとして，系外惑星 (exoplanet) の探査がある．重力マイクロレンズを起こすレンズ天体の星に惑星が付随していると，観測される重力マイクロレンズの光度曲線に，惑星に起因する特徴的な増光パターンが現れることがあり，これにより系外惑星を検出しその統計的性質を調べることができる．このアイデアは Mao と Paczynski によって 1991 年に提示され[27]，2003 年に実際に惑星の兆候を示す重力マイクロレンズ現象が発見された[28]．

歴史的には，クエーサー重力レンズの複数像の明るさが，レンズ銀河内の星の重力マイクロレンズにより明るさが変動する，いわゆるクエーサー重力マイクロレンズ (quasar microlensing) の研究が先行していた．1979 年の Q0957+561 の発見から間もなく，Chang と Refsdal の論文[29]によって，クエーサー重力マイクロレンズによる年単位の明るさの変動が予言された．クエーサー重力マイクロレンズの最初の検出は，1989 年に Irwin らによってクエーサー重力レンズ Q2237+0305 の観測に基づいて報告された[30]．クエーサー重力マイクロレンズは，ダークマター探査に加えて，クエーサーの放射領域の大きさの測定などにも応用されている[31]．

1.4 弱い重力レンズの検出

　重力レンズ効果が弱い場合，複数像は形成されないが，銀河の形状がわずかに歪むことになる．銀河の形状が元々歪んでいるため，単独の銀河の形状の観測から重力レンズ効果を推定することは難しいが，ある天域の銀河の形状の平均をとることで，重力レンズに起因する歪みを測定できる．このように，銀河の形状の統計解析から重力レンズ効果を検出する手法は，弱い重力レンズ (weak gravitational lensing) と呼ばれる．その検出の可能性は 1960 年代から考えられてきた[32]．

　レンズ天体が銀河団の場合，弱い重力レンズは単独の銀河団に対して比較的容易に検出される．最初の検出は 1990 年の Tyson らの論文[33] で報告された．一方，レンズ天体が銀河の場合は，個々のレンズ銀河に対する弱い重力レンズの信号が弱く，その検出は容易ではないため，多くの銀河の周りの弱い重力レンズ信号を重ね合わせることで検出が行われる[34]．銀河サーベイ観測の進展により，銀河団や銀河によって引き起こされる弱い重力レンズ効果は，現在では当たり前のように検出されており，ダークマター模型の検証[35] やダークマター分布と銀河分布の関係の解明[36] など，多くの研究に応用されている．

　また，宇宙の大規模構造を反映して，弱い重力レンズによる銀河の形状の歪みは天球面上の異なる位置で相関を持つ．この歪みの相関は，宇宙論的歪み場 (cosmic shear) と呼ばれ，宇宙論パラメータ (cosmological parameter) を測定する有力な手法として知られている．2000 年頃に複数の研究グループによって初の検出が報告され[37-39]，現在では宇宙論パラメータを測定する最も有力な手法の 1 つと見なされており，さらに測定精度を高めるべく，より大規模な銀河サーベイ観測が実行ないし計画されている．

　弱い重力レンズの強みの 1 つとして，観測された歪み場 (shear) から，図 1.4 のように，視線方向に投影した密度場に対応する収束場 (convergence) が再構築できる点がある．この手法は 1993 年に Kaiser と Squires によって提唱され[40]，質量密度分布に基づく銀河団の探査[41, 42] などに応用されている．

　弱い重力レンズの検出は主に銀河の形状から行われてきたが，重力レンズの増光を統計的に検出する手法も存在する[43]．さらに，重力レンズの曲がり角により宇宙背景放射 (cosmic microwave background) の温度（および偏光）ゆらぎパ

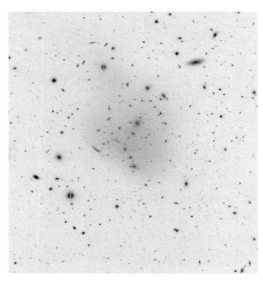

図 1.4 すばる望遠鏡 (Subaru Telescope) 観測の解析から得られた,弱い重力レンズ解析によって再構築された収束場.中心の淡い広がった成分が,弱い重力レンズ解析から推定された,質量密度の高い領域を表している.

ターンも歪められるため,宇宙背景放射のゆらぎパターンの詳細解析から弱い重力レンズ効果を検出することができる.この宇宙背景放射の重力レンズについても,2007 年の Smith らによる最初の検出[44]以降,宇宙論パラメータを測定する有力な手法として,理論的および観測的研究が進められている.

2 重力レンズ方程式

　重力レンズ計算の基礎方程式である重力レンズ方程式 (lens equation) を，一般相対論の測地線方程式 (geodesic equation) を出発点として導出する．背景知識として必要となる一般相対論と膨張宇宙論の基礎については，ごく簡潔に付録 A にまとめてあるが，必要に応じて他の一般相対論や宇宙論の教科書を参照しながら読み進めてほしい．重力レンズ方程式を用いたさまざまな応用にのみ興味がある読者は，この章を読み飛ばしても問題ない．

2.1　測地線方程式

2.1.1　測地線方程式の導出

　一般相対論では，時空内の光の軌跡は測地線方程式に従って決められる．測地線方程式を理解するために，まずは曲がった時空 (curved spacetime) における平行移動 (parallel transport) を思い出そう．

　一般相対論においては，光子を含めたさまざまな粒子の運動は，時空の曲線で表現される．ある基底 (basis) を定めると，時空内の各点，すなわち世界点は，x^μ で表される．ここで，$\mu = 0, 1, 2, 3$ であり，$\mu = 0$ の第ゼロ成分が時間，その他の成分が空間を表す．時空の曲線は，曲線に沿って滑らかに増加するパラメータ λ を用いて，$x^\mu(\lambda)$ と表すことができるだろう．そうすると，この曲線の接ベクトル (tangent vector) は

$$V^\mu := \frac{dx^\mu}{d\lambda} \tag{2.1}$$

と書くことができる．曲がった時空におけるベクトル X^μ の，この曲線に沿った平行移動とは

$$X^\mu{}_{;\alpha} V^\alpha = 0 \tag{2.2}$$

を満たすような移動であった．本書では，上付き添字と下付き添字で同じ記号が使われている場合にその添字について常に和をとる Einstein の縮約記法 (Einstein summation convention) を，混同の恐れがない範囲で断りなく用いていく．セミコロンは共変微分 (covariant derivative) を表し，Christoffel 記号 (Christoffel symbols) を用いて具体的に書き下すと

$$\left(X^{\mu}{}_{,\alpha} + \Gamma^{\mu}{}_{\alpha\beta} X^{\beta} \right) V^{\alpha} = 0 \tag{2.3}$$

である．コンマは偏微分を表す．

測地線 (geodesic) は，接ベクトルを接ベクトルの方向に平行移動させることで定義される曲線，すなわち

$$V^{\mu}{}_{;\alpha} V^{\alpha} = 0 \tag{2.4}$$

で定義される．式 (2.4) は曲がった時空における「直線」を定義する式とも言える．再び，Christoffel 記号を用いて具体的に書き下すと

$$\left(V^{\mu}{}_{,\alpha} + \Gamma^{\mu}{}_{\alpha\beta} V^{\beta} \right) V^{\alpha} = 0 \tag{2.5}$$

となる．接ベクトルの定義式 (2.1) を代入すると

$$\frac{dx^{\alpha}}{d\lambda} \frac{\partial}{\partial x^{\alpha}} \left(\frac{dx^{\mu}}{d\lambda} \right) + \Gamma^{\mu}{}_{\alpha\beta} \frac{dx^{\alpha}}{d\lambda} \frac{dx^{\beta}}{d\lambda} = 0 \tag{2.6}$$

となり，結局

$$\frac{d^2 x^{\mu}}{d\lambda^2} + \Gamma^{\mu}{}_{\alpha\beta} \frac{dx^{\alpha}}{d\lambda} \frac{dx^{\beta}}{d\lambda} = 0 \tag{2.7}$$

を得る．式 (2.7) が測地線方程式であり，ほとんどの重力レンズ解析において仮定される，幾何光学 (geometric optics) 近似のもとでの出発点となる式である．幾何光学近似が使えず，波動光学 (wave optics) を考えなくてはならない状況については，第 8 章で考察する．

曲線上の位置を指定し，測地線に沿って運動する粒子の軌跡が測地線方程式 (2.7) を満たすようなパラメータ λ はアフィンパラメータ (affine parameter) と呼ばれる．$\lambda \to a + \lambda b$ (a, b は定数) のアフィン変換 (affine transformation) を施しても測地線方程式が引き続き満たされるので，変換後のパラメータも依然としてアフィンパラメータである．したがって，アフィンパラメータの選び方には自由度があるが，質量を持つ粒子の場合は

2.1 測地線方程式

$$d\tau^2 := -\frac{1}{c^2}ds^2 = -\frac{1}{c^2}g_{\mu\nu}dx^\mu dx^\nu \tag{2.8}$$

で定義される固有時 (proper time) τ がアフィンパラメータの自然な選び方の 1 つを与える．固有時がアフィンパラメータとなることは，式 (2.8) を変形して得られる

$$\left(\frac{d\tau}{d\lambda}\right)^2 = -\frac{1}{c^2}g_{\mu\nu}\frac{dx^\mu}{d\lambda}\frac{dx^\nu}{d\lambda} \tag{2.9}$$

の両辺を λ で微分した

$$2\frac{d\tau}{d\lambda}\frac{d^2\tau}{d\lambda^2} = -\frac{1}{c^2}\left(g_{\mu\nu,\alpha}\frac{dx^\alpha}{d\lambda}\frac{dx^\mu}{d\lambda}\frac{dx^\nu}{d\lambda} + 2g_{\mu\nu}\frac{d^2x^\mu}{d\lambda^2}\frac{dx^\nu}{d\lambda}\right) \tag{2.10}$$

に，計量テンソル (metric tensor) の共変微分がゼロとなることから得られる

$$g_{\mu\nu,\alpha} = \Gamma^\beta{}_{\alpha\mu}g_{\beta\nu} + \Gamma^\beta{}_{\alpha\nu}g_{\mu\beta} \tag{2.11}$$

と測地線方程式 (2.7) を代入することで，最終的に

$$\frac{d^2\tau}{d\lambda^2} = 0 \tag{2.12}$$

を示せるので，固有時がアフィンパラメータとアフィン変換 $\tau \to a + \lambda b$ で結びつく，すなわち固有時もアフィンパラメータであることが理解できる．

　一方，本書では質量がゼロの光子や重力子（重力波）の重力レンズ現象を考えることになる．質量ゼロの粒子に対しては，線素 (line element) がヌル (null)，すなわち

$$ds^2 = g_{\mu\nu}dx^\mu dx^\nu = 0 \tag{2.13}$$

となるため，式 (2.8) より固有時の微小変化も当然ゼロとなり，固有時をアフィンパラメータにとることができない．この場合のアフィンパラメータとしてしばしば採用されるのが，$dx^\mu/d\lambda$ が 4 元波数ベクトル (4-wavevector) k^μ となる，すなわち

$$\frac{dx^\mu}{d\lambda} = k^\mu \tag{2.14}$$

となるように定義されたアフィンパラメータである．k^μ の第ゼロ成分は角振動数 ω/c，空間成分は 3 次元波数ベクトル $\boldsymbol{k}$ に対応する．式 (2.13) から，k^μ もヌル条件

$$k^\mu k_\mu = g_{\mu\nu}k^\mu k^\nu = 0 \tag{2.15}$$

を満たすことがわかる．k^μ を用いて測地線方程式 (2.7) を書き換えると

$$\frac{dk^\mu}{d\lambda} + \Gamma^\mu{}_{\alpha\beta} k^\alpha k^\beta = 0 \tag{2.16}$$

となる．式 (2.15) を λ で微分し，式 (2.10) 以降と同様の計算を行うことによって，測地線方程式 (2.16) が成り立っていることを確認するのも容易だろう．

参考までに，k^μ のかわりに 4 元運動量ベクトル (4-momentum) p^μ を使うこともある．換算 Planck 定数 (reduced Planck constant) を $\hbar$ として，これらは $p^\mu = \hbar k^\mu$ の関係があるので，両者はアフィン変換で結びついていることがわかる．

■ 2.1.2　測地線方程式の等価な表式

以下では，測地線方程式 (2.7) をさらに扱いやすい表式に変形していく．式 (2.1) で定義される接ベクトルを用いた測地線方程式の表式 (2.4) から

$$(g_{\mu\nu} V^\nu)_{;\beta} V^\beta = g_{\mu\nu} V^\nu{}_{;\beta} V^\beta = 0 \tag{2.17}$$

となることが示せるので，この式を具体的に書き下し，和をとる添字について適当にギリシャ文字の入れ替えを行うと

$$\frac{dx^\beta}{d\lambda} \frac{\partial}{\partial x^\beta} \left(g_{\mu\nu} \frac{dx^\nu}{d\lambda} \right) - \Gamma^\nu{}_{\mu\beta} g_{\nu\alpha} \frac{dx^\alpha}{d\lambda} \frac{dx^\beta}{d\lambda} = 0 \tag{2.18}$$

となる．この式の左辺を計算していくと

$$\begin{aligned}
&\frac{d}{d\lambda} \left(g_{\mu\nu} \frac{dx^\nu}{d\lambda} \right) - \frac{1}{2} g^{\nu\delta} \left(g_{\delta\beta,\mu} + g_{\mu\delta,\beta} - g_{\mu\beta,\delta} \right) g_{\nu\alpha} \frac{dx^\alpha}{d\lambda} \frac{dx^\beta}{d\lambda} \\
&= \frac{d}{d\lambda} \left(g_{\mu\nu} \frac{dx^\nu}{d\lambda} \right) - \frac{1}{2} \left(g_{\alpha\beta,\mu} + g_{\mu\alpha,\beta} - g_{\mu\beta,\alpha} \right) \frac{dx^\alpha}{d\lambda} \frac{dx^\beta}{d\lambda} \\
&= \frac{d}{d\lambda} \left(g_{\mu\nu} \frac{dx^\nu}{d\lambda} \right) - \frac{1}{2} g_{\alpha\beta,\mu} \frac{dx^\alpha}{d\lambda} \frac{dx^\beta}{d\lambda}
\end{aligned} \tag{2.19}$$

となるので，最終的に以下の測地線方程式の等価な表式

$$\frac{d}{d\lambda} \left(g_{\mu\nu} \frac{dx^\nu}{d\lambda} \right) - \frac{1}{2} g_{\alpha\beta,\mu} \frac{dx^\alpha}{d\lambda} \frac{dx^\beta}{d\lambda} = 0 \tag{2.20}$$

が得られる．式 (2.14) で決まる 4 元波数ベクトル k^μ を用いた同様の等価な表式は，$k_\mu = g_{\mu\nu} k^\nu$ に対して

$$\frac{dk_\mu}{d\lambda} - \frac{1}{2} g_{\alpha\beta,\mu} k^\alpha k^\beta = 0 \tag{2.21}$$

となる．これらの測地線方程式の表式は，例えば計量テンソルがある座標 x^μ に陽によらない場合に $g_{\mu\nu} dx^\nu / d\lambda$ が測地線に沿って保存することが直ちにわかる，などの点で便利な表式である．

2.1.3 一様等方宇宙の測地線

ここで,練習問題として,一様等方宇宙の測地線を考えよう.付録 A.2 項でまとめられているとおり,一様等方宇宙の計量テンソルは,以下の Friedmann-Lemaître-Robertson-Walker (FLRW) 計量 (FLRW metric)

$$ds^2 = -c^2 dt^2 + a^2 \left[d\chi^2 + f_K^2(\chi) \left(d\theta^2 + \sin^2\theta d\phi^2 \right) \right] \tag{2.22}$$

で表される.$a = a(t)$ はスケール因子 (scale factor),$f_K(\chi)$ は 3 次元空間曲率 (3-dimensional spatial curvature) K の値に依存した

$$f_K(\chi) := \begin{cases} \dfrac{1}{\sqrt{K}} \sin\left(\sqrt{K}\chi\right) & (K > 0) \\ \chi & (K = 0) \\ \dfrac{1}{\sqrt{-K}} \sinh\left(\sqrt{-K}\chi\right) & (K < 0) \end{cases} \tag{2.23}$$

で定義される関数である.ちなみに本書では,引数を持つ関数,例えば $f_K(\chi)$ を,混同のおそれがない範囲で引数のない f_K のように略記することもあるので注意してほしい.図 2.1 に示されているとおり,χ は極座標の動径座標,θ と ϕ は角度座標である.

この計量テンソルのもとで得られる測地線方程式の解を考える.ある測地線を考えたとき,一様等方時空なので一般性を失うことなくその測地線が空間座標の原点を通るとしてよい.測地線方程式 (2.20) から,まず $x^3 = \phi$ について,計量テンソルが ϕ によらないことから

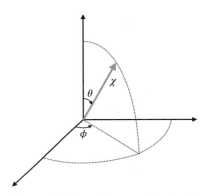

図 2.1 FLRW 計量の空間座標 (χ, θ, ϕ).

$$\frac{d}{d\lambda}\left(g_{3\nu}\frac{dx^\nu}{d\lambda}\right) = \frac{1}{2}g_{\alpha\beta,3}\frac{dx^\alpha}{d\lambda}\frac{dx^\beta}{d\lambda} = 0 \tag{2.24}$$

となり，この表式を両辺積分することで，ある定数 C を用いて

$$g_{3\nu}\frac{dx^\nu}{d\lambda} = a^2 f_K^2 \sin^2\theta \frac{d\phi}{d\lambda} = C \tag{2.25}$$

となる．境界条件として原点で $\chi = 0$ なので $f_K(\chi) = 0$ となることから $C = 0$ が得られるので，結局

$$\frac{d\phi}{d\lambda} = 0 \tag{2.26}$$

が示される．次に $x^2 = \theta$ について，同様に測地線方程式 (2.20) から

$$\begin{aligned}
\frac{d}{d\lambda}\left(g_{2\nu}\frac{dx^\nu}{d\lambda}\right) &= \frac{1}{2}g_{\alpha\beta,2}\frac{dx^\alpha}{d\lambda}\frac{dx^\beta}{d\lambda} \\
&= a^2 f_K^2 \sin\theta\cos\theta\left(\frac{d\phi}{d\lambda}\right)^2 \\
&= 0
\end{aligned} \tag{2.27}$$

となり，ϕ の場合と同様の議論によって

$$\frac{d\theta}{d\lambda} = 0 \tag{2.28}$$

が示される．次に動径方向 $x^1 = \chi$ について，測地線方程式 (2.20) から

$$\begin{aligned}
\frac{d}{d\lambda}\left(g_{1\nu}\frac{dx^\nu}{d\lambda}\right) &= \frac{1}{2}g_{\alpha\beta,1}\frac{dx^\alpha}{d\lambda}\frac{dx^\beta}{d\lambda} \\
&= a^2 f_K' f_K\left[\left(\frac{d\theta}{d\lambda}\right)^2 + \sin^2\theta\left(\frac{d\phi}{d\lambda}\right)^2\right] \\
&= 0
\end{aligned} \tag{2.29}$$

となる．ただし

$$f_K' := \frac{df_K}{d\chi} \tag{2.30}$$

である．この表式を両辺積分することで，ある定数 C を用いて

$$a^2\frac{d\chi}{d\lambda} = C \tag{2.31}$$

が得られる．アフィン変換によって一般性を失うことなく $C = 1$ ととることがで

2.1 測地線方程式   15

きるので，そのようなアフィンパラメータをとったとすると，最終的に

$$\frac{d\chi}{d\lambda} = \frac{1}{a^2} \tag{2.32}$$

が得られる．

最後に，時間方向 $x^0 = ct$ についても，測地線方程式 (2.20) からその関係式を得ることもできるが，線素から求めるほうが簡単である．具体的に，ヌル測地線 (null geodesics) を考えるとすると，ヌル条件 $ds^2 = 0$ より

$$g_{\mu\nu} \frac{dx^\mu}{d\lambda} \frac{dx^\nu}{d\lambda} = 0 \tag{2.33}$$

が得られ，この式にこれまでの結果を代入すると

$$-\left(\frac{c\,dt}{d\lambda}\right)^2 + \frac{1}{a^2} = 0 \tag{2.34}$$

となるので，結局

$$\frac{c\,dt}{d\lambda} = \pm\frac{1}{a} \tag{2.35}$$

が得られる．質量を持った粒子の場合も同様の方法で $c\,dt/d\lambda$ を容易に求めることができる．正負の符号は，原点からある方向に伸びた測地線について，原点から遠ざかる解と原点に向かってくる解が両方とも測地線方程式の解になっていることに起因する．

まとめると，一様等方宇宙における原点を通るヌル測地線は式 (2.26)，(2.28)，(2.32)，(2.35) で表される．この測地線は，ある時刻で角度座標 (θ, ϕ) にある光が，角度座標での位置を保ったまま（すなわち $\theta = $ 一定，$\phi = $ 一定）χ が時間とともに増えていく（あるいは減っていく）という，光が「真っ直ぐ」進むという直感に従った解となっている．

また，式 (2.32) と (2.35) から，宇宙論的距離の計算に必要な一様等方宇宙の基本関係式

$$d\chi = \pm\frac{c\,dt}{a} \tag{2.36}$$

を得ることができる．具体例として，空間座標の原点を私たち観測者 (observer) に設定した場合，χ は観測者からの共動動径距離 (radial comoving distance) の意味を持ち，宇宙年齢 t で発せられた光を観測者が観測した場合のその光源までの共動動径距離 $\chi(t)$ を

$$\chi(t) = \int_t^{t_0} \frac{c\,dt'}{a(t')} \tag{2.37}$$

と求めることができる．t_0 は現在の宇宙年齢である．この式をさらに変形することで，Hubble パラメータ (Hubble parameter) H を用いた共動動径距離の，スケール因子 a の関数としての表式

$$\chi(a) = \int_a^1 da' \frac{c}{a'^2 H(a')} \tag{2.38}$$

あるいは，赤方偏移 $z = 1/a - 1$ の関数としての表式

$$\chi(z) = \int_0^z dz' \frac{c}{H(z')} \tag{2.39}$$

が得られる．

2.2 重力レンズ方程式の導出

2.2.1 計量テンソル

測地線方程式 (2.7) から光の経路の曲がりを計算するためには，非一様宇宙における計量テンソルを具体的に指定する必要がある．本書では，付録 A でも用いた，式 (2.22) の FLRW 計量にゆらぎの成分を加えた

$$ds^2 = -\left(1 + \frac{2\Phi}{c^2}\right) c^2 dt^2 + a^2 \left(1 - \frac{2\Psi}{c^2}\right) \gamma_{ij} dx^i dx^j \tag{2.40}$$

および

$$\gamma_{ij} dx^i dx^j := d\chi^2 + f_K^2(\chi) \left(d\theta^2 + \sin^2\theta d\phi^2\right) \tag{2.41}$$

で与えられる計量テンソルを考える．Φ と Ψ はそれぞれ重力ポテンシャル (gravitational potential) および曲率ゆらぎ (curvature perturbation) であり，場所と時間の関数である．

本書では，Φ と Ψ は十分小さい，すなわち $|\Phi/c^2| \ll 1$, $|\Psi/c^2| \ll 1$ の仮定を常におく．例え「強い」重力レンズであってもこの近似はほとんどの場合に良い精度で成り立っており，現在観測されているほぼ全ての重力レンズ現象において適用できる仮定であることを強調しておく．例外は，例えばブラックホール近傍の直接観測であり，本書ではそのようなブラックホールの事象の地平線 (horizon) 付近などの強重力場における光の経路の曲がりは取り扱わないことにする．

付録 A で示されているとおり，重力レンズの計算で主に興味がある範囲で，重力ポテンシャルと曲率ゆらぎに対して

$$\Phi = \Psi \tag{2.42}$$

の単純な関係が成り立つ．しかし，本書では重力レンズ方程式の導出の途中まではΦ と Ψ を別々に扱い，これらが重力レンズの計算にどのような寄与をするかを見る．本書の範囲を超えるが，一般相対論を修正した理論，修正重力理論 (modified gravity theory) では一般に $\Phi \neq \Psi$ となるため，重力レンズと他の観測量を組み合わせて，$\Phi = \Psi$ がどこまで精密に成り立っているかを調べることで，一般相対論を検証する研究も盛んに行われている．

■ 2.2.2 　測地線方程式の計算

式 (2.40) の計量テンソルを仮定し，測地線方程式の等価な表式 (2.20) を具体的に計算することによって，重力レンズ方程式を導出しよう．この計量テンソルの空間部分は，式 (2.41) からわかるように，動径座標が $x^1 = \chi$，角度座標が $x^2 = \theta$ と $x^3 = \phi$ で指定される，極座標で表示されている．また，式 (2.40) において，計量テンソルの空間部分においてスケール因子が分離されているので，$\gamma_{ij} dx^i dx^i$ で指定される空間座標は共動座標 (comoving coordinates) であることを注意しておく．

宇宙の一様等方性から，この空間座標の原点は原理的にはどこに置いてもよいが，重力レンズの計算においては，2.1.3 項と同様に，原点を私たち観測者に設定するのが明らかに自然である．この場合，2.1.3 項でも述べられたように，χ は観測者からの共動動径距離の意味を持つ．一方，θ と ϕ は天球面での位置を指定する天球座標の意味を持ち，重力レンズの計算において重要な役割を果たす．以下，さらなる記法の簡略化のため，天球座標の計量テンソルを ω_{ab} として，式 (2.41) を

$$\gamma_{ij} dx^i dx^j = d\chi^2 + f_K^2(\chi) \omega_{ab} dx^a dx^b \tag{2.43}$$

および

$$\omega_{ab} dx^a dx^b := d\theta^2 + \sin^2\theta d\phi^2 \tag{2.44}$$

のように書き表すこととする．添字についてまとめておくと，一般に μ, ν, α, β な

どのギリシャ文字は時空座標 0 から 3, $i, j, k, \cdots$ は空間座標 1 から 3, $a, b, c, \cdots$ は天球座標 2 から 3 を走ることとする.

2.1.3 項で求めた一様等方宇宙のヌル測地線方程式の解, および重力ポテンシャルが小さいという仮定から, 式 (2.40) の計量テンソルを仮定したヌル測地線方程式の解として, $\Phi = \Psi$ として

$$\frac{dx^a}{d\lambda} = \mathcal{O}\left(\frac{\Phi}{c^2}\right) \tag{2.45}$$

$$\frac{d\chi}{d\lambda} = \frac{1}{a^2} + \mathcal{O}\left(\frac{\Phi}{c^2}\right) \tag{2.46}$$

$$\frac{c\,dt}{d\lambda} = -\frac{1}{a} + \mathcal{O}\left(\frac{\Phi}{c^2}\right) \tag{2.47}$$

となることが期待される. ここで $\mathcal{O}(x)$ は x の 1 次のオーダーという意味である. これらの式を利用して, Φ/c^2 や Ψ/c^2 の 1 次までを考える近似のもとに, 測地線方程式を計算していく.

測地線方程式 (2.20) の天球座標成分 $\mu = b$ を具体的に計算しよう. まず, 左辺第 1 項について

$$\begin{aligned}
\frac{d}{d\lambda}\left(g_{b\nu}\frac{dx^\nu}{d\lambda}\right) &= \frac{d}{d\lambda}\left[a^2\left(1 - \frac{2\Psi}{c^2}\right)f_K^2\,\omega_{bc}\frac{dx^c}{d\lambda}\right] \\
&\simeq \frac{d}{d\lambda}\left(a^2 f_K^2\,\omega_{bc}\frac{dx^c}{d\lambda}\right) \\
&\simeq \frac{1}{a^2}\frac{d}{d\chi}\left(f_K^2\,\omega_{bc}\frac{dx^c}{d\chi}\right) \\
&= \frac{\omega_{bc}}{a^2}\frac{d}{d\chi}\left(f_K^2\frac{dx^c}{d\chi}\right) \tag{2.48}
\end{aligned}$$

と計算できる. 左辺第 2 項についても

$$\begin{aligned}
\frac{1}{2}g_{\mu\nu,b}\frac{dx^\mu}{d\lambda}\frac{dx^\nu}{d\lambda} &\simeq \frac{1}{2}g_{00,b}\left(\frac{c\,dt}{d\lambda}\right)^2 + \frac{1}{2}g_{11,b}\left(\frac{d\chi}{d\lambda}\right)^2 \\
&\simeq -\frac{\Phi_{,b}}{a^2 c^2} - \frac{\Psi_{,b}}{a^2 c^2} \tag{2.49}
\end{aligned}$$

と計算できるので, 最終的に測地線方程式 (2.20) を

$$\omega_{bc}\frac{d}{d\chi}\left[f_K^2(\chi)\frac{dx^c}{d\chi}\right] + \frac{1}{c^2}\left(\Phi_{,b} + \Psi_{,b}\right) = 0 \tag{2.50}$$

と計算することができた. さらに ω^{ab} を両辺に掛けて

$$\frac{d}{d\chi}\left[f_K^2(\chi)\frac{dx^a}{d\chi}\right] + \frac{1}{c^2}\omega^{ab}\left(\Phi_{,b} + \Psi_{,b}\right) = 0 \tag{2.51}$$

という式が得られた．この式は，一様等方宇宙における，重力レンズ効果による光（ないし質量ゼロの粒子）の経路の曲がりを表す重要な式である．

式 (2.51) の左辺の第 2 項が，重力場による光の曲がりを表す．この項の表式から，重力レンズ効果は，$\Phi + \Psi$，すなわち重力ポテンシャルと曲率ゆらぎの和で決まることがわかる．一方，重力レンズ計算で興味がある範囲で，式 (2.42) が成り立つことから，$\Phi + \Psi = 2\Phi$ となる．この前係数の 2 こそが，第 1 章で紹介した，Newton 力学と一般相対論での曲がり角の 2 倍の違いに対応しているのである．一般相対論以外の修正重力理論を考えると，一般に $\Phi \neq \Psi$ なので，$\Phi + \Psi \neq 2\Phi$ となり，重力レンズ効果の大きさが変化する．この事実を用いた一般相対論の検証はこれまで数多く行われてきているが[45]，今のところ一般相対論からの有意なずれは発見されていない．以下では，式 (2.51) に $\Phi = \Psi$ を代入した表式

$$\frac{d}{d\chi}\left[f_K^2(\chi)\frac{dx^a}{d\chi}\right] + \frac{2}{c^2}\omega^{ab}\Phi_{,b} = 0 \tag{2.52}$$

を用いて，重力レンズ方程式を導出していく[46]．

まず，式 (2.52) を，χ について 0 から χ' まで積分することで

$$f_K^2(\chi')\frac{dx^a}{d\chi'} = -\frac{2}{c^2}\int_0^{\chi'} d\chi\,\omega^{ab}\Phi_{,b}(\chi,\boldsymbol{\theta}(\chi)) \tag{2.53}$$

が得られ，さらに両辺を $f_K^2(\chi')$ で割って，χ' について 0 から χ_s まで積分すると

$$x^a(\chi_s) - x^a(0) = -\frac{2}{c^2}\int_0^{\chi_s} d\chi'\frac{1}{f_K^2(\chi')}\int_0^{\chi'} d\chi\,\omega^{ab}\Phi_{,b}(\chi,\boldsymbol{\theta}(\chi)) \tag{2.54}$$

となる．ここで $\boldsymbol{\theta} = (\theta, \phi)$ であり，光の伝播に伴って，重力レンズ効果による光の経路の曲がりによって，天球座標での位置が変わっていくため，重力ポテンシャル Φ の引数において $\boldsymbol{\theta}(\chi)$ と表記している．この 2 重積分は，積分区間が図 2.2 で表せることに注意して，積分の順番を入れ替えることで

$$x^a(\chi_s) - x^a(0) = -\frac{2}{c^2}\int_0^{\chi_s} d\chi\,\omega^{ab}\Phi_{,b}(\chi,\boldsymbol{\theta}(\chi))\int_\chi^{\chi_s} d\chi'\frac{1}{f_K^2(\chi')} \tag{2.55}$$

と書き換えることができる．右辺の 2 番目の積分について，付録 B の公式を用いることで

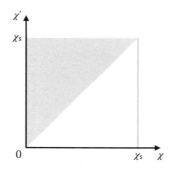

図 2.2 式 (2.54) の χ と χ' の 2 重積分の積分区間が，灰色の領域で示されている．

$$\int_\chi^{\chi_s} d\chi' \frac{1}{f_K^2(\chi')} = \left[-\frac{f_K'(\chi')}{f_K(\chi')}\right]_\chi^{\chi_s}$$
$$= \frac{f_K'(\chi) f_K(\chi_s) - f_K'(\chi_s) f_K(\chi)}{f_K(\chi) f_K(\chi_s)}$$
$$= \frac{f_K(\chi_s - \chi)}{f_K(\chi) f_K(\chi_s)} \tag{2.56}$$

と計算できるので，式 (2.52) は 2 回積分を実行することで，最終的に

$$x^a(\chi_s) - x^a(0) = -\frac{2}{c^2} \int_0^{\chi_s} d\chi \frac{f_K(\chi_s - \chi)}{f_K(\chi) f_K(\chi_s)} \omega^{ab} \Phi_{,b}(\chi, \boldsymbol{\theta}(\chi)) \tag{2.57}$$

となることがわかる．この式を天球面上のベクトル表記で全て書き換えると，$(\nabla_{\boldsymbol\theta} \Phi)^a = \omega^{ab} \Phi_{,b}$ を用い，かつ $\boldsymbol{\theta}(0)$ を移項して

$$\boldsymbol{\theta}(\chi_s) = \boldsymbol{\theta}(0) - \frac{2}{c^2} \int_0^{\chi_s} d\chi \frac{f_K(\chi_s - \chi)}{f_K(\chi) f_K(\chi_s)} \nabla_{\boldsymbol\theta} \Phi(\chi, \boldsymbol{\theta}(\chi)) \tag{2.58}$$

が得られる．式 (2.58) が，いわゆる重力レンズ方程式の 1 つの表式である．図 2.3 で示されているように，共動動径距離 χ_s および天球座標 $\boldsymbol{\theta}(\chi_s)$ にある天体からの光が，重力レンズ効果によって光の経路が曲がり，観測者は天球座標 $\boldsymbol{\theta}(0)$ の位置で，この天体からの光が観測されることになる．重力レンズ方程式は，このような状況において $\boldsymbol{\theta}(\chi_s)$ と $\boldsymbol{\theta}(0)$ の関係を決める方程式である．

式 (2.58) において，重力ポテンシャルの微分は $\boldsymbol{\theta}(\chi)$ で評価される必要があるが，一方で $\boldsymbol{\theta}(\chi)$ は重力レンズ方程式を解いて初めてわかる．したがって，式 (2.58) はいわば積分方程式 (integral equation) であり，そのままでは扱いにくい．この後の節で，いくつかの異なる状況下で，式 (2.58) をさらにどのように変形ないし近似するかを議論する．

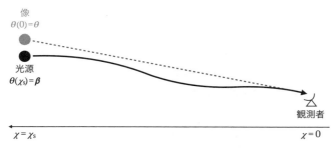

図 2.3　天体の元々の天球座標の位置 $\boldsymbol{\theta}(\chi_\mathrm{s})$ と，観測される天球座標の位置 $\boldsymbol{\theta}(0)$ との関係の模式図．

2.3　局所平面座標および Born 近似

本書で考える，弱い重力場 $|\Phi/c^2| \ll 1$ の状況では，重力レンズによる天球面上の位置の変化，すなわち $\boldsymbol{\theta}(\chi_\mathrm{s})$ と $\boldsymbol{\theta}(0)$ との角度の差は小さい．このことは，重力レンズ効果の計算において，天球座標の球面の効果を考える必要があまりなく，局所平面座標 (locally flat coordinates) を用いてよい，ということを意味する．局所平面座標は，図 2.4 で示されるとおり，天球面上のある点 (θ, ϕ) を原点として，その点の周りで θ_1 および θ_2 でラベルされる 2 次元のデカルト座標系である．$\theta_1\theta_2$ 平面の原点のごく近傍の小さい角度スケールを考える限りにおいて，球面の天球座標と局所平面座標の違いは無視できる．局所平面座標は，式 (2.44) で定義

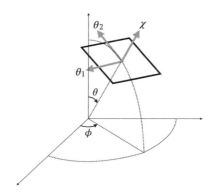

図 2.4　天球面上の局所平面座標 (θ_1, θ_2)．

される天球座標の計量テンソルを

$$\omega_{ab}dx^a dx^b = \tilde{\omega}_{ab}d\tilde{x}^a d\tilde{x}^b := d\theta_1^2 + d\theta_2^2 \tag{2.59}$$

と座標変換することに対応している．局所平面座標では計量テンソルが Kronecker
のデルタ (Kronecker delta)，すなわち $\tilde{\omega}_{ab} = \delta_{ab}$ となるため，上付き添字と下
付き添字の違いは重要でなくなる．参考までに，θ_1，θ_2 軸の向きの取り方は回転
の自由度があり，考える問題に応じて自由に設定すればよい．

　さらに，重力レンズの計算においてしばしば採用される近似として，Born 近似
(Born approximation) がある．Born 近似は，元々は量子力学の散乱問題で使わ
れる近似[47] だが，重力レンズにおいては，例えば式 (2.53) などで重力ポテンシャ
ル微分を経路に沿って積分する際に，光の経路の曲がりを考慮せず直線に沿って
積分を行う近似である．

　注意点として，重力レンズにおける Born 近似は，さまざまな文脈でさまざま
な形で使われる点である．例えば，ある恒星や銀河などの天体が単独で重力レン
ズ効果を起こす状況においては，Born 近似は，その曲がり角を，重力ポテンシャ
ルの微分を直線上で積分して評価する近似である．より大胆な Born 近似として，
式 (2.58) で与えられる重力レンズ方程式において，重力ポテンシャルの引数 $\boldsymbol{\theta}(\chi)$
を $\boldsymbol{\theta}(0)$ とする，すなわち式 (2.58) を

$$\boldsymbol{\theta}(\chi_{\mathrm{s}}) = \boldsymbol{\theta}(0) - \frac{2}{c^2} \int_0^{\chi_{\mathrm{s}}} d\chi \frac{f_K(\chi_{\mathrm{s}} - \chi)}{f_K(\chi)f_K(\chi_{\mathrm{s}})} \nabla_{\boldsymbol{\theta}} \Phi(\chi, \boldsymbol{\theta}(0)) \tag{2.60}$$

と置き換える近似もしばしば採用される．この Born 近似は，重力ポテンシャル
の微分を図 2.3 の実線でなく破線に沿って積分する近似に対応している．あるい
は，式 (2.58) で与えられる積分方程式の逐次近似の最低次ということもできる．

　前者の Born 近似は，ほとんどの重力レンズ解析の場面で採用されるが，後者
の Born 近似は主に弱い重力レンズの解析で仮定される．例えば 2.5 節で考える
複数レンズ平面 (multiple lens planes) 近似は，重力ポテンシャルの微分の経路
に沿った積分において実質的に光の経路の曲がりの効果を考慮することになるの
で，後者の Born 近似で得られる計算よりも正確な結果が得られると期待される．

　式 (2.60) は，観測者が観測する天体の位置 $\boldsymbol{\theta}(0)$ から天球座標上での元々の天
体の位置 $\boldsymbol{\theta}(\chi_{\mathrm{s}})$ への写像 (mapping) と見ることもできる．慣習に従い，本書で
は混同のおそれがない範囲で断りなく，$\boldsymbol{\beta}$ を，光源と呼ばれる，元々の天体の天

球座標の位置，すなわち仮に重力レンズ効果による光の経路の曲がりをゼロとしたときに天球面上で観測されるはずの天体の位置，を表す記号とし，$\boldsymbol{\theta}$ を，像と呼ばれる，重力レンズ効果による光の経路の曲がりの結果，実際に観測される天体の天球座標の位置を表す記号とする (図 2.3). 式 (2.60) においては

$$\boldsymbol{\beta} = \boldsymbol{\theta}(\chi_{\mathrm{s}}) \tag{2.61}$$

$$\boldsymbol{\theta} = \boldsymbol{\theta}(0) \tag{2.62}$$

であり，これらの記法を用いて式 (2.60) を

$$\boldsymbol{\beta} = \boldsymbol{\theta} - \frac{2}{c^2} \int_0^{\chi_{\mathrm{s}}} d\chi \frac{f_K(\chi_{\mathrm{s}} - \chi)}{f_K(\chi) f_K(\chi_{\mathrm{s}})} \nabla_{\boldsymbol{\theta}} \Phi(\chi, \boldsymbol{\theta}) \tag{2.63}$$

と書き表すことができる．局所平面座標を採用するものとすると，$\boldsymbol{\beta}$ は (β_1, β_2) を成分とする 2 次元のデカルト座標系の位置であり，$\boldsymbol{\theta}$ は (θ_1, θ_2) を成分とする 2 次元のデカルト座標系の位置である．また $\nabla_{\boldsymbol{\theta}} = (\partial/\partial\theta_1, \partial/\partial\theta_2)$ である．$\boldsymbol{\beta}$ が存在する平面は光源平面 (source plane)，$\boldsymbol{\theta}$ が存在する平面は像平面 (image plane) と呼ばれる．重力レンズ方程式は，像平面から光源平面への写像を表す方程式と言える．

Born 近似のもとでの重力レンズ方程式 (2.63) は，さらに

$$\boldsymbol{\beta} = \boldsymbol{\theta} - \nabla_{\boldsymbol{\theta}} \psi \tag{2.64}$$

と簡潔に書くことができる．$\psi = \psi(\boldsymbol{\theta})$ は

$$\psi(\boldsymbol{\theta}) := \frac{2}{c^2} \int_0^{\chi_{\mathrm{s}}} d\chi \frac{f_K(\chi_{\mathrm{s}} - \chi)}{f_K(\chi) f_K(\chi_{\mathrm{s}})} \Phi(\chi, \boldsymbol{\theta}) \tag{2.65}$$

で定義される重力レンズポテンシャル (lens potential) である．また，曲がり角を重力レンズポテンシャルの勾配，つまり

$$\boldsymbol{\alpha}(\boldsymbol{\theta}) := \nabla_{\boldsymbol{\theta}} \psi = \frac{2}{c^2} \int_0^{\chi_{\mathrm{s}}} d\chi \frac{f_K(\chi_{\mathrm{s}} - \chi)}{f_K(\chi) f_K(\chi_{\mathrm{s}})} \nabla_{\boldsymbol{\theta}} \Phi(\chi, \boldsymbol{\theta}) \tag{2.66}$$

と定義することで，重力レンズ方程式 (2.64) を

$$\boldsymbol{\beta} = \boldsymbol{\theta} - \boldsymbol{\alpha}(\boldsymbol{\theta}) \tag{2.67}$$

という形で書くことも一般的である．この形に書くことで，重力レンズ方程式が像平面で観測される像の位置 $\boldsymbol{\theta}$ から天球面上の光源の位置 $\boldsymbol{\beta}$ への写像を表すことがより明瞭になる．

2.4 薄レンズ近似および単一レンズ平面近似

式 (2.66) で定義される重力レンズの曲がり角の表式などから，重力レンズ効果は基本的に視線方向の重力ポテンシャルないし密度ゆらぎを視線方向に積分した量で決まることがわかる．しかしながら，観測される強い重力レンズでは，多くの場合は主に単独の銀河や銀河団によって引き起こされている．重力レンズ効果を引き起こす銀河や銀河団などのレンズ天体の大きさは，重力レンズ効果を受ける光源までの距離に比べて通常はずっと小さいため，それらレンズ天体は「薄い」，つまり視線方向のそれらレンズ天体の大きさが無視できるとする，薄レンズ近似 (thin lens approximation) がほとんどの重力レンズ解析において採用される．

薄レンズ近似を数学的に以下のとおりに表現する．レンズ天体は赤方偏移 $z_l = 1/a_l - 1$ にあるとし，レンズ天体の近傍で物理距離の 3 次元デカルト座標 $\boldsymbol{X} = (\boldsymbol{X}_\perp, Z)$ を考える．図 2.5 に示されているとおり，Z 軸方向は視線方向 χ の方向にとり，Z と垂直な 2 次元平面は局所平面座標 $\boldsymbol{\theta}$ を用いて

$$\boldsymbol{X}_\perp := a_l f_K(\chi_l) \boldsymbol{\theta} \tag{2.68}$$

で定義されるものとする．$\chi_l := \chi(z_l)$ は赤方偏移 z_l に対応した共動動径座標である．また $Z = 0$ は $\chi = \chi_l$ にとるものとする．この座標系を用いて，薄レンズ近似は，レンズ天体の 3 次元質量密度分布を

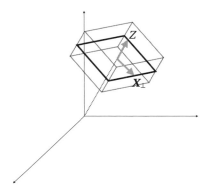

図 **2.5** 図 2.4 に示されたある点 (χ, θ, ϕ) の近傍で定義された，視線方向の物理距離を Z としそれと直交する 2 次元物理座標を $\boldsymbol{X}_\perp$ とした，局所的な 3 次元デカルト座標．

$$\rho(\boldsymbol{X}) \simeq \delta^{\mathrm{D}}(Z)\,\Sigma(\boldsymbol{X}_\perp) \tag{2.69}$$

とする近似として定義できる.$\delta^{\mathrm{D}}(x)$ は Dirac のデルタ関数 (Dirac delta function) であり,レンズ天体の質量面密度 (surface mass density) 分布 $\Sigma(\boldsymbol{X}_\perp)$ はレンズ天体の 3 次元質量密度分布を視線方向に積分したもの,すなわち

$$\Sigma(\boldsymbol{X}_\perp) := \int_{-\infty}^{\infty} dZ\,\rho(\boldsymbol{X}) \tag{2.70}$$

である.質量面密度分布 $\Sigma(\boldsymbol{X}_\perp)$ が存在する平面はしばしばレンズ平面 (lens plane) と呼ばれる.

重力レンズの曲がり角は重力ポテンシャルの微分から計算されるので,質量密度分布 $\rho(\boldsymbol{X})$ と重力ポテンシャル $\Phi(\boldsymbol{X})$ との以下の関係式

$$\Phi(\boldsymbol{X}) = -\int d\boldsymbol{X}' \frac{G\rho(\boldsymbol{X}')}{|\boldsymbol{X} - \boldsymbol{X}'|} \tag{2.71}$$

に式 (2.69) を代入して重力ポテンシャルを計算すると

$$\Phi(\boldsymbol{X}) = -G \int d\boldsymbol{X}'_\perp \frac{1}{\sqrt{|\boldsymbol{X}_\perp - \boldsymbol{X}'_\perp|^2 + Z^2}} \Sigma(\boldsymbol{X}'_\perp) \tag{2.72}$$

となる.この重力ポテンシャルの表式を用いて,式 (2.68) も使って重力ポテンシャルの勾配を計算すると

$$\nabla_{\boldsymbol{\theta}} \Phi = G a_1 f_K(\chi_1) \int d\boldsymbol{X}'_\perp \frac{\boldsymbol{X}_\perp - \boldsymbol{X}'_\perp}{\left\{|\boldsymbol{X}_\perp - \boldsymbol{X}'_\perp|^2 + Z^2\right\}^{3/2}} \Sigma(\boldsymbol{X}'_\perp) \tag{2.73}$$

となる.この式の被積分関数が,レンズ天体のレンズ平面での大きさで決まる $\boldsymbol{X}_\perp$ の範囲を超えて $|Z|$ が大きくなるにつれて,急激に小さくなることに着目して

$$\frac{1}{\left\{|\boldsymbol{X}_\perp - \boldsymbol{X}'_\perp|^2 + Z^2\right\}^{3/2}} \simeq \frac{2\delta^{\mathrm{D}}(Z)}{|\boldsymbol{X}_\perp - \boldsymbol{X}'_\perp|^2} \simeq \frac{2a_1^{-1}\delta^{\mathrm{D}}(\chi - \chi_1)}{|\boldsymbol{X}_\perp - \boldsymbol{X}'_\perp|^2} \tag{2.74}$$

とする近似を採用しよう.上式右辺の a_1^{-1} は,Z が物理座標である一方で χ が共動座標であることに由来している.式 (2.74) を式 (2.73) に代入すると

$$\nabla_{\boldsymbol{\theta}} \Phi \simeq 2G f_K(\chi_1) \delta^{\mathrm{D}}(\chi - \chi_1) \int d\boldsymbol{X}'_\perp \frac{\boldsymbol{X}_\perp - \boldsymbol{X}'_\perp}{|\boldsymbol{X}_\perp - \boldsymbol{X}'_\perp|^2} \Sigma(\boldsymbol{X}'_\perp) \tag{2.75}$$

となる.式 (2.68) を用いて $\boldsymbol{\theta}$ を関数とする表式に書き直すと

$$\nabla_{\boldsymbol{\theta}}\Phi \simeq 2Ga_1 \{f_K(\chi_1)\}^2 \, \delta^{\mathrm{D}}(\chi - \chi_1) \int d\boldsymbol{\theta}' \frac{\boldsymbol{\theta} - \boldsymbol{\theta}'}{|\boldsymbol{\theta} - \boldsymbol{\theta}'|^2} \Sigma(\boldsymbol{\theta}') \tag{2.76}$$

と書き換えられる．視線方向で，赤方偏移 z_1 にあるこのレンズ天体のみによって重力レンズ効果が引き起こされるとする単一レンズ平面 (single lens plane) 近似を採用したとして，上記の表式を重力レンズ方程式 (2.63) に代入すると

$$\boldsymbol{\beta} = \boldsymbol{\theta} - \frac{4G}{c^2} \frac{a_1 f_K(\chi_1) f_K(\chi_{\mathrm{s}} - \chi_1)}{f_K(\chi_{\mathrm{s}})} \int d\boldsymbol{\theta}' \frac{\boldsymbol{\theta} - \boldsymbol{\theta}'}{|\boldsymbol{\theta} - \boldsymbol{\theta}'|^2} \Sigma(\boldsymbol{\theta}') \tag{2.77}$$

となり，薄レンズ近似および単一レンズ平面近似のもとでの重力レンズ方程式の表式の 1 つが得られた．式 (2.77) の右辺第 2 項が重力レンズの曲がり角 $\boldsymbol{\alpha}(\boldsymbol{\theta})$ であり，式 (2.65) と同様に，薄レンズ近似のもとでの重力レンズポテンシャルを

$$\psi(\boldsymbol{\theta}) := \frac{4G}{c^2} \frac{a_1 f_K(\chi_1) f_K(\chi_{\mathrm{s}} - \chi_1)}{f_K(\chi_{\mathrm{s}})} \int d\boldsymbol{\theta}' \Sigma(\boldsymbol{\theta}') \ln |\boldsymbol{\theta} - \boldsymbol{\theta}'| \tag{2.78}$$

と定義することで，薄レンズ近似および単一レンズ平面近似のもとでの重力レンズ方程式 (2.77) を

$$\boldsymbol{\beta} = \boldsymbol{\theta} - \nabla_{\boldsymbol{\theta}}\psi = \boldsymbol{\theta} - \boldsymbol{\alpha}(\boldsymbol{\theta}) \tag{2.79}$$

のように式 (2.64)，(2.67) と同様の表式で書くことができる．図 2.6 に示されているとおり，薄レンズ近似および単一レンズ平面近似のもとでは，レンズ平面で 1 度だけ光の進む向きが変わり，観測者に到達することになる．

式 (2.77) や (2.78) を，より直接的に観測量と結びついた量，角径距離 (angular diameter distance) を用いて書き換えられた表式もよく用いられるので紹介しておく．赤方偏移 z_1 から z_2 までの角径距離は

$$D_{\mathrm{A}}(z_1, z_2) := \frac{f_K\left(\chi(z_2) - \chi(z_1)\right)}{1 + z_2} \tag{2.80}$$

で与えられるため，観測者からレンズ天体までの角径距離 D_{ol}，観測者から光源までの角径距離 D_{os}，レンズ天体から光源までの角径距離 D_{ls} はそれぞれ

$$D_{\mathrm{ol}} := D_{\mathrm{A}}(0, z_1) = \frac{f_K(\chi_1)}{1 + z_1} = a_1 f_K(\chi_1) \tag{2.81}$$

$$D_{\mathrm{os}} := D_{\mathrm{A}}(0, z_{\mathrm{s}}) = \frac{f_K(\chi_{\mathrm{s}})}{1 + z_{\mathrm{s}}} = a_{\mathrm{s}} f_K(\chi_{\mathrm{s}}) \tag{2.82}$$

$$D_{\mathrm{ls}} := D_{\mathrm{A}}(z_1, z_{\mathrm{s}}) = \frac{f_K(\chi_{\mathrm{s}} - \chi_1)}{1 + z_{\mathrm{s}}} = a_{\mathrm{s}} f_K(\chi_{\mathrm{s}} - \chi_1) \tag{2.83}$$

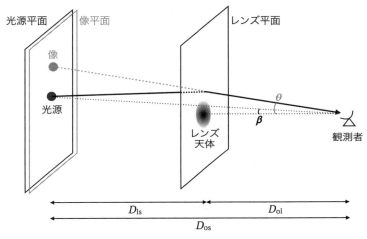

図 2.6 薄レンズ近似および単一レンズ平面近似のもとでの重力レンズ.

となる. それぞれの角径距離は図 2.6 にも示されている. これらの角径距離を用いて, 臨界質量面密度 (critical surface mass density) を

$$\Sigma_{\mathrm{cr}} := \frac{c^2}{4\pi G} \frac{D_{\mathrm{os}}}{D_{\mathrm{ol}} D_{\mathrm{ls}}} \tag{2.84}$$

と定義すると, 式 (2.78) の重力レンズポテンシャルは

$$\psi(\boldsymbol{\theta}) = \frac{1}{\pi} \int d\boldsymbol{\theta}' \frac{\Sigma(\boldsymbol{\theta}')}{\Sigma_{\mathrm{cr}}} \ln|\boldsymbol{\theta} - \boldsymbol{\theta}'| \tag{2.85}$$

と書き換えられる. 重力レンズの計算においてよく使われる, 質量面密度分布を臨界質量面密度で規格化した無次元量, 収束場

$$\kappa(\boldsymbol{\theta}) := \frac{\Sigma(\boldsymbol{\theta})}{\Sigma_{\mathrm{cr}}} \tag{2.86}$$

を用いると, 式 (2.85) は

$$\psi(\boldsymbol{\theta}) = \frac{1}{\pi} \int d\boldsymbol{\theta}' \kappa(\boldsymbol{\theta}') \ln|\boldsymbol{\theta} - \boldsymbol{\theta}'| \tag{2.87}$$

となる. 同様に, 収束場を用いて曲がり角は

$$\alpha(\boldsymbol{\theta}) = \nabla_{\boldsymbol{\theta}} \psi = \frac{1}{\pi} \int d\boldsymbol{\theta}' \kappa(\boldsymbol{\theta}') \frac{\boldsymbol{\theta} - \boldsymbol{\theta}'}{|\boldsymbol{\theta} - \boldsymbol{\theta}'|^2} \tag{2.88}$$

と表される. 重力レンズにおける収束場 $\kappa(\boldsymbol{\theta})$ の役割や性質については, 第 3 章で詳しく見ていく.

2.5 複数レンズ平面近似

2.4 節では，薄レンズ近似されたレンズ平面が 1 つの状況を考えた．一方で，重力レンズがある特定の赤方偏移の質量密度分布で引き起こされるわけではなく，視線方向の複数の赤方偏移の質量密度分布が無視できない寄与をする場合にも，薄レンズ近似は有効である．この状況下では，それぞれ薄レンズ近似された，複数のレンズ平面を考えることで，視線方向全体での Born 近似を用いない重力レンズ方程式 (2.58) を計算することができる．

具体的に，光源と観測者の間に N 枚のレンズ平面がある状況を考える．レンズ平面は，図 2.7 に示されているとおり，観測者に近いほうから順番に $i = 1, 2, \ldots, N$ と番号が振られている．i 番目のレンズ平面の共動動径距離を χ_i ($\chi_1 < \chi_2 < \cdots < \chi_N < \chi_s$)，赤方偏移を z_i，スケール因子を a_i，などと表す．また，各レンズ平面における天球面上での像の位置を $\boldsymbol{\theta}_i := \boldsymbol{\theta}(\chi_i)$ と書くことにする．この状況下では，薄レンズ近似のもとでの重力ポテンシャルの勾配の表式 (2.76) を複数レンズ平面に拡張することで，i 番目のレンズ平面の質量面密度分布を $\Sigma_i(\boldsymbol{\theta})$ として

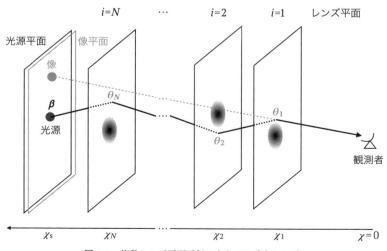

図 2.7　複数レンズ平面近似のもとでの重力レンズ．

2.5 複数レンズ平面近似

$$\nabla_{\boldsymbol{\theta}}\Phi \simeq \sum_{i=1}^{N} 2Ga_i \left\{f_K(\chi_i)\right\}^2 \delta^{\mathrm{D}}(\chi - \chi_i) \int d\boldsymbol{\theta}' \frac{\boldsymbol{\theta}_i - \boldsymbol{\theta}'}{|\boldsymbol{\theta}_i - \boldsymbol{\theta}'|^2} \Sigma_i(\boldsymbol{\theta}') \tag{2.89}$$

となる．この表式を重力レンズ方程式 (2.58) に代入して計算すると

$$\boldsymbol{\beta} = \boldsymbol{\theta}_1 - \frac{2}{c^2} \int_0^{\chi_{\mathrm{s}}} d\chi \frac{f_K(\chi_{\mathrm{s}} - \chi)}{f_K(\chi)f_K(\chi_{\mathrm{s}})} \nabla_{\boldsymbol{\theta}}\Phi(\chi, \boldsymbol{\theta}(\chi))$$

$$\simeq \boldsymbol{\theta}_1 - \frac{4G}{c^2} \sum_{i=1}^{N} \frac{a_i f_K(\chi_i) f_K(\chi_{\mathrm{s}} - \chi_i)}{f_K(\chi_{\mathrm{s}})} \int d\boldsymbol{\theta}' \frac{\boldsymbol{\theta}_i - \boldsymbol{\theta}'}{|\boldsymbol{\theta}_i - \boldsymbol{\theta}'|^2} \Sigma_i(\boldsymbol{\theta}') \tag{2.90}$$

と計算される．ここで，光源の位置を慣習に従って $\boldsymbol{\beta} = \boldsymbol{\theta}(\chi_{\mathrm{s}})$ と表記し，また $\boldsymbol{\theta}_1 = \boldsymbol{\theta}(0)$ は観測者が実際にその天体を観測する天球面上の位置，すなわち像の位置，である．式 (2.78) と同様に，i 番目のレンズ平面の重力レンズポテンシャルを

$$\psi_i(\boldsymbol{\theta}) := \frac{4G}{c^2} \frac{a_i f_K(\chi_i) f_K(\chi_{\mathrm{s}} - \chi_i)}{f_K(\chi_{\mathrm{s}})} \int d\boldsymbol{\theta}' \Sigma_i(\boldsymbol{\theta}') \ln |\boldsymbol{\theta} - \boldsymbol{\theta}'| \tag{2.91}$$

と定義すると，各レンズ平面での曲がり角

$$\boldsymbol{\alpha}_i(\boldsymbol{\theta}) = \nabla_{\boldsymbol{\theta}} \psi_i(\boldsymbol{\theta}) \tag{2.92}$$

を用いて，複数レンズ平面近似のもとでの重力レンズ方程式 (2.90) を

$$\boldsymbol{\beta} = \boldsymbol{\theta}_1 - \sum_{i=1}^{N} \boldsymbol{\alpha}_i(\boldsymbol{\theta}_i) \tag{2.93}$$

と簡潔に書き表すことができる．

ただし，重力レンズ方程式 (2.93) を実際に計算するためには，各レンズ平面での天球面上の像の位置 $\boldsymbol{\theta}_i$ を全て知る必要がある．これらについては，重力レンズ方程式 (2.90) において $\boldsymbol{\beta}$ を $\boldsymbol{\theta}_j$ で置き換えた式

$$\boldsymbol{\theta}_j = \boldsymbol{\theta}_1 - \frac{4G}{c^2} \sum_{i=1}^{j-1} \frac{a_i f_K(\chi_i) f_K(\chi_j - \chi_i)}{f_K(\chi_j)} \int d\boldsymbol{\theta}' \frac{\boldsymbol{\theta}_i - \boldsymbol{\theta}'}{|\boldsymbol{\theta}_i - \boldsymbol{\theta}'|^2} \Sigma_i(\boldsymbol{\theta}')$$

$$= \boldsymbol{\theta}_1 - \sum_{i=1}^{j-1} \frac{f_K(\chi_j - \chi_i) f_K(\chi_{\mathrm{s}})}{f_K(\chi_{\mathrm{s}} - \chi_i) f_K(\chi_j)} \boldsymbol{\alpha}_i(\boldsymbol{\theta}_i) \tag{2.94}$$

から計算することができる．角径距離を $D_{ij} := D_{\mathrm{A}}(z_i, z_j)$, $D_{\mathrm{o}i} := D_{\mathrm{A}}(0, z_i)$, $D_{i\mathrm{s}} := D_{\mathrm{A}}(z_i, z_{\mathrm{s}})$ などと表記することにして，i 番目と j 番目のレンズ平面に関

する角径距離の比を

$$\beta_{ij} := \frac{f_K(\chi_j - \chi_i) f_K(\chi_s)}{f_K(\chi_s - \chi_i) f_K(\chi_j)} = \frac{D_{ij} D_{os}}{D_{is} D_{oj}} \tag{2.95}$$

として定義すると，式 (2.94) は

$$\boldsymbol{\theta}_j = \boldsymbol{\theta}_1 - \sum_{i=1}^{j-1} \beta_{ij} \boldsymbol{\alpha}_i(\boldsymbol{\theta}_i) \tag{2.96}$$

と書き表せる．まとめると，複数レンズ平面近似のもとでは，式 (2.93) および式 (2.96) で $j = 2, \ldots, N$ とした N 個の式を組み合わせることで，観測される像の位置 $\boldsymbol{\theta} = \boldsymbol{\theta}_1$ から光源の位置 $\boldsymbol{\beta}$ への写像が計算できる．

参考までに，$N+1$ 番目のレンズ平面を $\chi = \chi_s$ の光源平面にとると，式 (2.95) で定義される β_{ij} について，$j = N+1$ のとき $\beta_{ij} = 1$ となることから，式 (2.93) は式 (2.96) の $j = N+1$ の場合の式として見ることもできる．したがって，複数レンズ平面近似の重力レンズ方程式は式 (2.96) で $j = 2, \ldots, N+1$ とした N 個の方程式，として定義することもできる．

2.6 Fermat の原理との対応

Fermat の原理 (Fermat's principle) は幾何光学における基礎原理の 1 つであり，光の経路は所要時間が極値をとる，より厳密には停留点 (stationary point) となる，ように決定されるという原理である．重力レンズ方程式も Fermat の原理と深く対応していることが知られており[48]，その対応はさまざまな形で現れるが，この節では Fermat の原理に基づく重力レンズ方程式の導出の 1 つを紹介する．

一般相対論では，時空が定常 (stationary)，すなわち計量テンソルの各成分に対する時間座標の微分がゼロの場合に，Fermat の原理によって測地線方程式が導出できるので，重力レンズ方程式も同様に導出できると期待される．しかし，式 (2.22) で定義される FLRW 計量は，ゆらぎのない完全に一様等方の状況でも定常時空ではなく，このままでは Fermat の原理の適用に問題が生じる．この問題を回避するには

$$d\eta := \frac{dt}{a} \tag{2.97}$$

で定義される共形時間 (conformal time) η を用いればよく，その場合計量テンソ

ルの時間依存性は全体の係数 a のみとなるが，そのような全体の係数は $ds^2 = 0$ で決まるヌル測地線には影響を与えないために，結局共形時間の変分がゼロとなる条件

$$\delta \int d\eta = 0 \tag{2.98}$$

によって光の経路が決まることになる．ゆらぎの成分を加えた，式 (2.40) で与えられる計量テンソルの場合には，共形時間に変換しても Ψ や Φ の部分に時間依存性が残るが，密度ゆらぎの時間微分に対応する物質の特異速度 (peculiar velocity) が光の速さ c より十分小さい場合には，光の経路を計算する上ではそれらの物質成分の運動は無視してよいだろう．この近似を採用すると，式 (2.40) で与えられる計量テンソルにおいても，式 (2.98) の変分原理 (variational principle) によって光の経路が決まることになる．

具体的に，式 (2.98) から重力レンズ方程式がどのように導出できるか見てみよう．ヌル条件 $ds^2 = 0$ と計量テンソルの定義式 (2.40) から

$$\frac{c\,d\eta}{d\chi} = -\left(1 + \frac{2\Phi}{c^2}\right)^{-1/2}\left(1 - \frac{2\Psi}{c^2}\right)^{1/2}\left[1 + f_K^2(\chi)\omega_{ab}\frac{dx^a}{d\chi}\frac{dx^b}{d\chi}\right]^{1/2}$$
$$\simeq -\left[1 - \frac{\Phi}{c^2} - \frac{\Psi}{c^2} + \frac{f_K^2(\chi)}{2}\omega_{ab}\frac{dx^a}{d\chi}\frac{dx^b}{d\chi}\right] \tag{2.99}$$

となり，式 (2.98) に代入して

$$\delta \int_0^{\chi_s} d\chi \left[1 - \frac{\Phi}{c^2} - \frac{\Psi}{c^2} + \frac{f_K^2(\chi)}{2}\omega_{ab}\frac{dx^a}{d\chi}\frac{dx^b}{d\chi}\right] = 0 \tag{2.100}$$

が Fermat の原理の具体的な表式となる．ここで L を

$$L\left(x^a, \frac{dx^a}{d\chi}, \chi\right) := 1 - \frac{\Phi}{c^2} - \frac{\Psi}{c^2} + \frac{f_K^2(\chi)}{2}\omega_{ab}\frac{dx^a}{d\chi}\frac{dx^b}{d\chi} \tag{2.101}$$

と定義すると，式 (2.100) はラグランジアン (Lagrangian) を積分した作用 (action) の変分の式と見ることができ，したがって L が Euler–Lagrange 方程式 (Euler-Lagrange equation)

$$\frac{d}{d\chi}\left(\frac{\partial L}{\partial(dx^a/d\chi)}\right) - \frac{\partial L}{\partial x^a} = 0 \tag{2.102}$$

を満たすことがわかる．式 (2.101) を代入して，具体的に Euler–Lagrange 方程式を書き下すと

$$\frac{d}{d\chi}\left[f_K^2(\chi)\omega_{ab}\frac{dx^b}{d\chi}\right] + \frac{1}{c^2}\left(\Phi_{,a} + \Psi_{,a}\right) = 0 \tag{2.103}$$

が得られる．この式は，少し変形することで，式 (2.51) と同一の式となることが示せるので，2.2 節の計算と同様の計算によって，重力レンズ方程式が導出できることがわかる．

2.7 曲がり角のよく知られた表式との対応

本書では，式 (2.40) で与えられる，FLRW 計量にゆらぎの成分を加えた計量テンソルから出発して，膨張宇宙における重力レンズ方程式を直接導出した．他の教科書では，重力レンズによる局所的な曲がり角をまず計算し，それを膨張宇宙に拡張する手順をとることも多いため，他の教科書の式と正しく対応しているか，ややわかりにくい部分もあるかもしれない．この節では，蛇足かもしれないが，そのような曲がり角のよく知られた表式との対応について述べておく．

まず，本書で求めた一般的な曲がり角の表式から，あるレンズ天体近傍の局所的な曲がり角の表式を求めるために，スケール因子を現在の宇宙の $a = 1$ に固定し，また空間の曲率も無視して $f_K(\chi) = \chi$ とする．さらに式 (2.59) で与えられる，局所平面座標を考える．このとき，式 (2.52) は

$$\frac{d}{d\chi}\left(\chi^2\frac{d\boldsymbol{\theta}}{d\chi}\right) = -\frac{2}{c^2}\nabla_{\boldsymbol{\theta}}\Phi \tag{2.104}$$

と書き換えられる．また，式 (2.68) と同様に，視線方向と直交する 2 次元座標を

$$\boldsymbol{X}_\perp = \chi\boldsymbol{\theta} \tag{2.105}$$

とおくと，式 (2.104) は

$$\frac{1}{\chi}\frac{d}{d\chi}\left[\chi^2\frac{d}{d\chi}\left(\frac{\boldsymbol{X}_\perp}{\chi}\right)\right] = -\frac{2}{c^2}\nabla_{\boldsymbol{X}_\perp}\Phi \tag{2.106}$$

となり，計算すると

$$\frac{d^2\boldsymbol{X}_\perp}{d\chi^2} = -\frac{2}{c^2}\nabla_{\boldsymbol{X}_\perp}\Phi \tag{2.107}$$

が得られる．この微分方程式は，重力レンズによる光の経路の曲がりを計算する式として，文献にたびたび登場する式である．

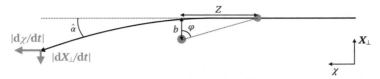

図 2.8 質点レンズ天体による光の経路の曲がり.

さらに，図 2.8 のような設定で，重力レンズによる光の曲がりを考える．重力レンズによって $|d\boldsymbol{X}_\perp/d\chi|$ が変化した分が局所的な曲がり角 $\hat{\alpha}$ なので，レンズ天体が $\chi = 0$ より十分遠方にあるとすると

$$\hat{\alpha} = \left[\left|\frac{d\boldsymbol{X}_\perp}{d\chi}\right|\right]_{\chi=0}^{\chi=\infty} = \left|-\int_0^\infty d\chi \frac{2}{c^2}\nabla_{\boldsymbol{x}_\perp}\Phi\right| \tag{2.108}$$

となる．具体的に図 2.8 に示されているとおり，衝突パラメータ b で入射する状況を考え，レンズ天体が質量 M の質点として，Born 近似により積分経路を χ 方向に真っ直ぐとり，さらに積分変数を図 2.8 の Z, φ に変換することにより

$$\begin{aligned}\left|-\int_0^\infty d\chi \frac{2}{c^2}\nabla_{\boldsymbol{x}_\perp}\Phi\right| &\simeq \int_{-\infty}^\infty dZ \frac{2GMb}{c^2(b^2+Z^2)^{3/2}} \\ &= \int_{-\pi/2}^{\pi/2} \frac{d\varphi}{\cos^2\varphi} \frac{2GMb^2}{c^2(b^2+b^2\tan^2\varphi)^{3/2}} \\ &= \frac{2GM}{c^2 b}\int_{-\pi/2}^{\pi/2} d\varphi \cos\varphi \end{aligned} \tag{2.109}$$

となり，最終的に，式 (1.2) で与えられていた，質点による重力レンズの曲がり角の有名な式

$$\hat{\alpha} = \frac{4GM}{c^2 b} \tag{2.110}$$

が得られた．

3
重力レンズの基本的性質

この章では，第2章で導出した重力レンズ方程式を出発点として，重力レンズによる像の変形や増光，複数像の生成，時間の遅れといった，重力レンズの基本的な性質について議論する．これらの性質は，この後の章で紹介される，強い重力レンズ，重力マイクロレンズ，弱い重力レンズの具体的な応用を理解する上での基礎となる事柄である．

3.1 重力レンズ方程式のまとめ

読者の便利のため，第2章で導出した重力レンズ方程式をまとめておく．考える状況に応じて，以下の3通りの重力レンズ方程式が主に使い分けられる．

3.1.1 単一レンズ平面の重力レンズ方程式

薄レンズ近似を仮定しレンズ平面を1つだけ考える状況であり，強い重力レンズや重力マイクロレンズ等の計算で使われる．局所平面座標で表される天球面上の光源の位置を $\boldsymbol{\beta}$，像の位置を $\boldsymbol{\theta}$ とすると (図 2.6)，重力レンズ方程式は

$$\boldsymbol{\beta} = \boldsymbol{\theta} - \boldsymbol{\alpha}(\boldsymbol{\theta}) \tag{3.1}$$

となる．曲がり角 $\boldsymbol{\alpha}(\boldsymbol{\theta})$ は重力レンズポテンシャル $\psi(\boldsymbol{\theta})$ の勾配で与えられ，具体的には

$$\boldsymbol{\alpha}(\boldsymbol{\theta}) = \nabla_{\boldsymbol{\theta}}\psi = \frac{1}{\pi} \int d\boldsymbol{\theta}' \kappa(\boldsymbol{\theta}') \frac{\boldsymbol{\theta} - \boldsymbol{\theta}'}{|\boldsymbol{\theta} - \boldsymbol{\theta}'|^2} \tag{3.2}$$

$$\psi(\boldsymbol{\theta}) = \frac{1}{\pi} \int d\boldsymbol{\theta}' \kappa(\boldsymbol{\theta}') \ln |\boldsymbol{\theta} - \boldsymbol{\theta}'| \tag{3.3}$$

である．収束場 $\kappa(\boldsymbol{\theta})$ は質量面密度分布 $\Sigma(\boldsymbol{\theta})$ と臨界質量面密度 Σ_{cr} との比

$$\kappa(\boldsymbol{\theta}) := \frac{\Sigma(\boldsymbol{\theta})}{\Sigma_{\mathrm{cr}}} \tag{3.4}$$

で定義される．$\Sigma(\boldsymbol{\theta})$ は，レンズ天体の近傍で定義されたデカルト座標 $\boldsymbol{X} = (\boldsymbol{X}_\perp, Z)$ で質量密度分布 $\rho(\boldsymbol{X})$ を視線方向 Z に沿って積分することで

$$\Sigma(\boldsymbol{\theta}) := \int_{-\infty}^{\infty} dZ \, \rho(D_{\mathrm{ol}}\boldsymbol{\theta}, \, Z) \tag{3.5}$$

と計算され，Σ_{cr} は，観測者からレンズ天体までの角径距離，観測者から光源までの角径距離，レンズ天体から光源までの角径距離，をそれぞれ D_{ol}，D_{os}，D_{ls}，として

$$\Sigma_{\mathrm{cr}} := \frac{c^2}{4\pi G} \frac{D_{\mathrm{os}}}{D_{\mathrm{ol}}D_{\mathrm{ls}}} \tag{3.6}$$

で定義される．

■ 3.1.2 複数レンズ平面の重力レンズ方程式

複数レンズ平面の重力レンズ方程式は，強い重力レンズの解析で使われることがあり，また宇宙論的シミュレーションの光線追跡シミュレーション (ray-tracing simulation) による重力レンズマップの作成などでも用いられる．N 枚のレンズ平面を観測者から近い順に $i = 1, 2, \ldots, N$ と番号を振ることとし (図 2.7)，光源の位置を $\boldsymbol{\beta}$ として，重力レンズ方程式は

$$\boldsymbol{\beta} = \boldsymbol{\theta}_1 - \sum_{i=1}^{N} \boldsymbol{\alpha}_i(\boldsymbol{\theta}_i) \tag{3.7}$$

となる．$\boldsymbol{\theta}_i$ は i 番目のレンズ平面における天体の位置であり，$\boldsymbol{\theta} = \boldsymbol{\theta}_1$ が実際に観測される天球面上の像の位置である．i 番目の質量面密度分布 $\Sigma_i(\boldsymbol{\theta})$，また観測者から i 番目のレンズ平面，i 番目のレンズ天体から光源までの角径距離をそれぞれ $D_{\mathrm{o}i}$，$D_{i\mathrm{s}}$ のように表すとすると，$\boldsymbol{\alpha}_i(\boldsymbol{\theta})$ は

$$\boldsymbol{\alpha}_i(\boldsymbol{\theta}) = \nabla_{\boldsymbol{\theta}} \psi_i = \frac{1}{\pi} \int d\boldsymbol{\theta}' \kappa_i(\boldsymbol{\theta}') \frac{\boldsymbol{\theta} - \boldsymbol{\theta}'}{|\boldsymbol{\theta} - \boldsymbol{\theta}'|^2} \tag{3.8}$$

$$\kappa_i(\boldsymbol{\theta}) := \frac{\Sigma_i(\boldsymbol{\theta})}{\Sigma_{\mathrm{cr}}} = \frac{4\pi G}{c^2} \frac{D_{\mathrm{o}i} D_{i\mathrm{s}}}{D_{\mathrm{os}}} \Sigma_i(\boldsymbol{\theta}) \tag{3.9}$$

と計算され，それぞれのレンズ平面の重力レンズポテンシャル $\psi_i(\boldsymbol{\theta})$ も同様に定義される．この重力レンズ方程式を具体的に計算するためには，それぞれのレン

ズ平面での天体の位置 $\boldsymbol{\theta}_i$ が必要になるが，それについては

$$\boldsymbol{\theta}_j = \boldsymbol{\theta}_1 - \sum_{i=1}^{j-1} \beta_{ij} \boldsymbol{\alpha}_i(\boldsymbol{\theta}_i) \qquad (j = 2, \ldots, N) \tag{3.10}$$

$$\beta_{ij} := \frac{D_{ij} D_{\mathrm{os}}}{D_{is} D_{\mathrm{o}j}} \tag{3.11}$$

から計算される．D_{ij} は i 番目のレンズ平面と j 番目のレンズ平面との間の角径距離である．$j = N+1$ を光源平面にとると，$\beta_{i(N+1)} = 1$ なので，式 (3.7) は式 (3.10) で $j = N+1$ とおいた式，と見ることも可能である．

■ 3.1.3 Born 近似された重力レンズ方程式

視線方向全体にわたった Born 近似を採用した重力レンズ方程式は，弱い重力レンズの計算で主に用いられる．重力レンズ方程式は単一レンズ平面の場合と同様の式

$$\boldsymbol{\beta} = \boldsymbol{\theta} - \boldsymbol{\alpha}(\boldsymbol{\theta}) = \boldsymbol{\theta} - \nabla_{\boldsymbol{\theta}} \psi \tag{3.12}$$

となるが，光源の共動動径距離を χ_{s} として，重力レンズポテンシャルを

$$\psi(\boldsymbol{\theta}) := \frac{2}{c^2} \int_0^{\chi_{\mathrm{s}}} d\chi \frac{f_K(\chi_{\mathrm{s}} - \chi)}{f_K(\chi) f_K(\chi_{\mathrm{s}})} \Phi(\chi, \boldsymbol{\theta}) \tag{3.13}$$

と定義したものを使う．式 (2.39) から，$d\chi = c\,dz/H(z)$ なので，光源の赤方偏移を z_{s} とし角径距離と赤方偏移を用いて

$$\psi(\boldsymbol{\theta}) = \frac{2}{c} \int_0^{z_{\mathrm{s}}} dz \frac{D_{\mathrm{ls}}}{H(z)(1+z) D_{\mathrm{ol}} D_{\mathrm{os}}} \Phi(z, \boldsymbol{\theta}) \tag{3.14}$$

と書き表すこともできる．

弱い重力レンズでは，複数像は通常形成されないため，光源の位置を知ることは基本的には不可能であり，曲がり角 $\boldsymbol{\alpha}(\boldsymbol{\theta})$ 自体もそれほど重要な役割を果たさない．弱い重力レンズにおいては，3.4 節以降で詳しく見ていくように，像の変形や増光を頼りに重力レンズ効果を測定することになる．

3.2 重力レンズポテンシャルと質量密度分布との対応

重力レンズポテンシャル $\psi(\boldsymbol{\theta})$ はレンズ天体の質量面密度分布によって決まるが，その対応を詳しく見ておこう．

3.2　重力レンズポテンシャルと質量密度分布との対応　　　37

■ 3.2.1　薄レンズ近似の場合の対応

単一平面レンズの場合は，重力レンズポテンシャル $\psi(\boldsymbol{\theta})$ と質量面密度分布に対応する収束場 $\kappa(\boldsymbol{\theta})$ の関係は式 (3.3) で与えられる．複数レンズ平面の場合でも，それぞれのレンズ平面で同様に重力レンズポテンシャルと質量面密度分布ないし収束場が結びついている．両者の関係をより詳しく見るために，式 (3.3) の両辺に $\boldsymbol{\theta}$ の Laplace 演算子 (Laplace operator) $\Delta_{\boldsymbol{\theta}} = \nabla_{\boldsymbol{\theta}}^2$ を作用させると

$$\Delta_{\boldsymbol{\theta}} \psi = \nabla_{\boldsymbol{\theta}} \boldsymbol{\alpha} = \frac{1}{\pi} \int d\boldsymbol{\theta}' \kappa(\boldsymbol{\theta}') \nabla_{\boldsymbol{\theta}} \frac{\boldsymbol{\theta} - \boldsymbol{\theta}'}{|\boldsymbol{\theta} - \boldsymbol{\theta}'|^2} \tag{3.15}$$

となる．2 次元の Gauss の発散定理 (Gauss's divergence theorem) を考えることで

$$\nabla_{\boldsymbol{\theta}} \frac{\boldsymbol{\theta} - \boldsymbol{\theta}'}{|\boldsymbol{\theta} - \boldsymbol{\theta}'|^2} = 2\pi \delta^{\mathrm{D}}(\boldsymbol{\theta} - \boldsymbol{\theta}') \tag{3.16}$$

が示されるので，この結果を式 (3.15) に代入して

$$\kappa(\boldsymbol{\theta}) = \frac{1}{2} \Delta_{\boldsymbol{\theta}} \psi \tag{3.17}$$

という重要な関係式が得られる．この関係式は，2 次元の Laplace 演算子の Green 関数 (Green's function) が $G(\boldsymbol{x}, \boldsymbol{x}') = (1/2\pi) \ln|\boldsymbol{x} - \boldsymbol{x}'|$ であることを知っていれば，式 (3.3) から直ちに導くこともでき，力学における重力ポテンシャルと質量密度分布を関係づける Poisson 方程式 (Poisson's equation) の重力レンズ版というべき式である．

■ 3.2.2　Born 近似の場合の対応

視線方向全体にわたった Born 近似が採用された場合には，重力レンズポテンシャルが式 (3.13) で定義されていた．この場合も，式 (3.3) や (3.17) が成り立つものとして，収束場 $\kappa(\boldsymbol{\theta})$ が定義されるものとしよう．この場合に収束場を計算するために，重力の Poisson 方程式が必要となるが，式 (2.40) の計量テンソルから計算される膨張宇宙の Poisson 方程式は，付録 A でも導出されたとおり

$$^{(3)}\Delta\Phi = 4\pi G a^2 \bar{\rho}_{\mathrm{m}} \delta_{\mathrm{m}} \tag{3.18}$$

となる．$\bar{\rho}_{\mathrm{m}} := \langle \rho_{\mathrm{m}} \rangle$ は各時刻での宇宙の平均質量密度であり，δ_{m} は

$$\delta_{\mathrm{m}} := \frac{\rho_{\mathrm{m}} - \bar{\rho}_{\mathrm{m}}}{\bar{\rho}_{\mathrm{m}}} \tag{3.19}$$

で定義される質量密度の密度ゆらぎ (density fluctuation) である．$^{(3)}\Delta$ は 3 次元共動座標の Laplace 演算子であり，視線方向 χ と天球座標 $\boldsymbol{\theta}$ に分けて具体的に書き下すと

$$^{(3)}\Delta\Phi = \frac{1}{f_K^2(\chi)}\frac{\partial}{\partial\chi}\left(f_K^2(\chi)\frac{\partial\Phi}{\partial\chi}\right) + \frac{1}{f_K^2(\chi)}\Delta_{\boldsymbol{\theta}}\Phi \tag{3.20}$$

となる．式 (3.17) に式 (3.13) を代入して計算していくと

$$\begin{aligned}
\kappa(\boldsymbol{\theta}) &= \frac{1}{2}\Delta_{\boldsymbol{\theta}}\psi \\
&= \frac{1}{c^2}\int_0^{\chi_{\mathrm{s}}} d\chi \frac{f_K(\chi_{\mathrm{s}}-\chi)}{f_K(\chi)f_K(\chi_{\mathrm{s}})}\Delta_{\boldsymbol{\theta}}\Phi \\
&= \frac{1}{c^2}\int_0^{\chi_{\mathrm{s}}} d\chi \frac{f_K(\chi_{\mathrm{s}}-\chi)f_K(\chi)}{f_K(\chi_{\mathrm{s}})}\left[{}^{(3)}\Delta\Phi - \frac{1}{f_K^2(\chi)}\frac{\partial}{\partial\chi}\left(f_K^2(\chi)\frac{\partial\Phi}{\partial\chi}\right)\right]
\end{aligned} \tag{3.21}$$

となり，右辺第 2 項について，付録 B の公式も用いて

$$\begin{aligned}
&\int_0^{\chi_{\mathrm{s}}} d\chi \frac{f_K(\chi_{\mathrm{s}}-\chi)}{f_K(\chi_{\mathrm{s}})f_K(\chi)}\frac{\partial}{\partial\chi}\left(f_K^2(\chi)\frac{\partial\Phi}{\partial\chi}\right) \\
&= \left[\frac{f_K(\chi_{\mathrm{s}}-\chi)f_K(\chi)}{f_K(\chi_{\mathrm{s}})}\frac{\partial\Phi}{\partial\chi}\right]_0^{\chi_{\mathrm{s}}} - \int_0^{\chi_{\mathrm{s}}} d\chi \frac{\partial}{\partial\chi}\left(\frac{f_K(\chi_{\mathrm{s}}-\chi)}{f_K(\chi_{\mathrm{s}})f_K(\chi)}\right)f_K^2(\chi)\frac{\partial\Phi}{\partial\chi} \\
&= \int_0^{\chi_{\mathrm{s}}} d\chi \frac{\partial\Phi}{\partial\chi} \\
&= \Phi(\chi_{\mathrm{s}}) - \Phi(0)
\end{aligned} \tag{3.22}$$

と計算できる．宇宙論的な距離の弱い重力レンズを考えることとして，また密度ゆらぎの波数を k，Hubble パラメータを H として，上記の計算結果から，式 (3.21) の右辺第 2 項は第 1 項と比べておよそ $(ck/H)^{-2}$ 倍の大きさを持つことがわかるが，本書では地平線スケールよりずっと小さい長さスケールの密度ゆらぎに着目することから $k \gg (c/H)^{-1}$ であり，右辺第 2 項は結局無視してよい．したがって，式 (3.21) は，式 (3.18) も用いて

$$\begin{aligned}
\kappa(\boldsymbol{\theta}) &\simeq \frac{1}{c^2}\int_0^{\chi_{\mathrm{s}}} d\chi \frac{f_K(\chi_{\mathrm{s}}-\chi)f_K(\chi)}{f_K(\chi_{\mathrm{s}})}{}^{(3)}\Delta\Phi \\
&= \frac{4\pi G}{c^2}\int_0^{\chi_{\mathrm{s}}} d\chi \frac{f_K(\chi_{\mathrm{s}}-\chi)f_K(\chi)}{f_K(\chi_{\mathrm{s}})}\bar{\rho}_{\mathrm{m}}a^2\delta_{\mathrm{m}}(\chi,\boldsymbol{\theta})
\end{aligned} \tag{3.23}$$

と計算できる．この式を物質密度パラメータ (matter density parameter) Ω_{m0} および Hubble 定数 H_0 を使って書き換えると

$$\kappa(\boldsymbol{\theta}) = \frac{3\Omega_{m0}H_0^2}{2c^2}\int_0^{\chi_s} d\chi \frac{f_K(\chi_s - \chi)f_K(\chi)}{f_K(\chi_s)}\frac{\delta_m(\chi, \boldsymbol{\theta})}{a} \tag{3.24}$$

となる．あるいは，式 (3.6) で定義される臨界質量面密度を用いて

$$\kappa(\boldsymbol{\theta}) = \int_0^{\chi_s} d\chi \frac{a\bar{\rho}_m(\chi)}{\Sigma_{cr}(\chi, \chi_s)}\delta_m(\chi, \boldsymbol{\theta})$$
$$= \int_0^{z_s} dz \frac{c\bar{\rho}_m(z)}{H(z)(1+z)\Sigma_{cr}(z, z_s)}\delta_m(z, \boldsymbol{\theta}) \tag{3.25}$$

と書き表すこともできる．いずれにせよ，視線方向全体にわたった Born 近似が採用された場合にも，収束場 $\kappa(\boldsymbol{\theta})$ を式 (3.17) を満たす場として定義することができ，密度ゆらぎ δ_m をある重みで視線方向に沿って積分することで計算することができる．

3.3 像の位置および複数像

3.1 節でまとめた重力レンズ方程式，式 (3.1)，(3.7)，(3.12)，はいずれも天球面上の像の位置 $\boldsymbol{\theta}$ を右辺に代入することで光源の位置 $\boldsymbol{\beta}$ が計算できる式の形になっている．すなわち，第 2 章でも述べたように，重力レンズ方程式は $\boldsymbol{\theta}$ から $\boldsymbol{\beta}$ への写像を与える．このことから，レンズ天体の質量分布を既知としたとき，像の位置 $\boldsymbol{\theta}$ から光源の位置 $\boldsymbol{\beta}$ は容易に計算できることがわかる．逆に，光源の位置 $\boldsymbol{\beta}$ から像の位置 $\boldsymbol{\theta}$ を求めることは，重力レンズ方程式が一般に $\boldsymbol{\theta}$ に関して非線形の方程式であることから，少数の例外を除いて容易ではない．つまり，重力レンズ方程式は重力レンズ効果の「逆変換」を与える式であり，そこから重力レンズ効果の「順変換」，すなわち光源の位置 $\boldsymbol{\beta}$ から像の位置 $\boldsymbol{\theta}$ への変換，を求めるのは実は自明ではない．この事実は，重力レンズの解析をしばしば困難なものにするのである．

また，重力レンズ方程式が一般に $\boldsymbol{\theta}$ に関して非線形の方程式であることは，ある光源の位置 $\boldsymbol{\beta}$ に対して，重力レンズ方程式を満たす $\boldsymbol{\theta}$ の解は 1 つとは限らないことを意味する．重力レンズ方程式の $\boldsymbol{\theta}$ の複数の解こそが，強い重力レンズで観測されている，複数像に対応しているのである！ 複数像が存在しうる状況で重力レンズ方程式を $\boldsymbol{\theta}$ について解くためには，多くの場合，数値的に解を探す必要があるが，全ての解を見つけるためには解が存在する可能性をくまなく探索す

る必要があり，計算量が多くなる．数値的に重力レンズ方程式を解く手法については，付録 C で紹介する．

3.4 像の変形

重力レンズ方程式は，天球面上の光源の位置 β と観測される像の位置 θ を関係づける方程式である．重力レンズによって，天体の観測される位置がどう変化するかも重要だが，その天体の形状を考えたときに，形状が重力レンズによってどのように変化するかも重要である．天体の形状がどのように変化するかは，光源の位置 β 周りの微小ベクトル $\delta\beta$ を考え，この微小ベクトルが重力レンズでどのように変化するか，つまり像の位置周りの微小ベクトル $\delta\theta$ とどのように結びつくかを見ればよい．具体的には，$\delta\beta$ と $\delta\theta$ の関係は

$$\delta\beta = A(\theta)\delta\theta \tag{3.26}$$

のように，Jacobi 行列 (Jacobian matrix) $A(\theta)$ によって結びつく．$A(\theta)$ は

$$A(\theta) := \frac{\partial \beta}{\partial \theta} \tag{3.27}$$

で定義され，重力レンズ方程式を代入することで計算することができる．β と θ は局所平面座標の 2 成分ベクトルなので，Jacobi 行列は 2×2 行列である．これまでと同様に，$\partial\beta_1/\partial\theta_1 = \beta_{1,\theta_1}$ などのように偏微分をコンマで表すとして，Jacobi 行列を具体的に書き下すと

$$A(\theta) = \begin{pmatrix} \beta_{1,\theta_1} & \beta_{1,\theta_2} \\ \beta_{2,\theta_1} & \beta_{2,\theta_2} \end{pmatrix} \tag{3.28}$$

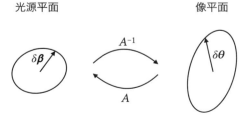

図 **3.1** 式 (3.26) で表される，光源の位置周りの微小ベクトル $\delta\beta$ と像の位置周りの微小ベクトル $\delta\theta$ との関係．

3.4 像 の 変 形 41

である．重要な注意点として，3.3節でも議論されたように，重力レンズ方程式は
重力レンズのいわば逆変換を計算する方程式であることから，Jacobi 行列 $A(\boldsymbol{\theta})$
も $\delta\boldsymbol{\theta}$ から $\delta\boldsymbol{\beta}$ への変換に対応する行列であり，図 3.1 に示されているように，重
力レンズによる像の変形の逆変換に対応している点がある．

■ 3.4.1 重力レンズポテンシャルが定義できる場合の像の変形

単一レンズ平面ないし視線方向全体にわたった Born 近似が採用された場合に
は，重力レンズポテンシャルをそれぞれ式 (3.3) や (3.13) のように定義できる．
このとき，重力レンズ方程式 $\boldsymbol{\beta} = \boldsymbol{\theta} - \nabla_{\boldsymbol{\theta}}\psi$ から，Jacobi 行列を

$$A(\boldsymbol{\theta}) = \frac{\partial}{\partial\boldsymbol{\theta}}(\boldsymbol{\theta} - \nabla_{\boldsymbol{\theta}}\psi) = \begin{pmatrix} 1 - \psi_{,\theta_1\theta_1} & -\psi_{,\theta_1\theta_2} \\ -\psi_{,\theta_1\theta_2} & 1 - \psi_{,\theta_2\theta_2} \end{pmatrix} \tag{3.29}$$

と書き下すことができる．この式からわかる重要な事実として，重力レンズポテ
ンシャルが定義できる場合には Jacobi 行列が対称行列 (symmetric matrix) とな
る．また，式 (3.17) より

$$\kappa(\boldsymbol{\theta}) = \frac{1}{2}(\psi_{,\theta_1\theta_1} + \psi_{,\theta_2\theta_2}) \tag{3.30}$$

なので，行列 $A(\boldsymbol{\theta})$ の対角和 (trace) は

$$\mathrm{tr}\,(A) = 2 - \psi_{,\theta_1\theta_1} - \psi_{,\theta_2\theta_2} = 2(1 - \kappa) \tag{3.31}$$

となる．この点を踏まえて，歪み場を

$$\gamma_1 := \frac{1}{2}(\psi_{,\theta_1\theta_1} - \psi_{,\theta_2\theta_2}) \tag{3.32}$$

$$\gamma_2 := \psi_{,\theta_1\theta_2} \tag{3.33}$$

と定義することで，行列 $A(\boldsymbol{\theta})$ を

$$A(\boldsymbol{\theta}) = \begin{pmatrix} 1 - \kappa - \gamma_1 & -\gamma_2 \\ -\gamma_2 & 1 - \kappa + \gamma_1 \end{pmatrix} \tag{3.34}$$

と κ, γ_1, γ_2 を用いて書き表すことができる．式 (3.26) から，A が重力レンズ
の逆変換に対応していることに注意すると，図 3.2 のように κ, γ_1, γ_2 によっ
て重力レンズ像がどのように変形されるかを理解することができる．一例とし
て，$\gamma_1 > 0$ かつ $\kappa = \gamma_2 = 0$ の状況を考えると，$\delta\theta_1 = (1 - \gamma_1)^{-1}\delta\beta_1$ および

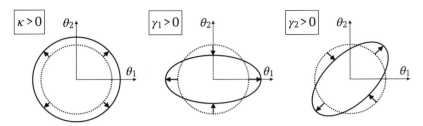

図 3.2 重力レンズ効果による，式 (3.26) と (3.34) で与えられる観測される像の変形．収束場 κ は像を拡大縮小し，歪み場 γ_1, γ_2 は像をある方向に引き伸ばす．

$\delta\theta_2 = (1 + \gamma_1)^{-1} \delta\beta_2$ となるので，図 3.2 のように θ_1 方向に引き伸ばされ θ_2 方向は縮むことが理解できるだろう．このように，それぞれの物理的意味を定義から考えることで，収束場 κ は像を一様に拡大または縮小し，歪み場 γ_1, γ_2 は像をある方向に引き伸ばすことが理解できる．γ_1 と γ_2 の違いは，像を引き伸ばす向きの違いである．

注意点として，γ_1 と γ_2 は局所平面座標の向きに依存する，つまり座標系の選び方に依存する量である点を挙げておく．この点を見るために，例えば $\theta_1\theta_2$ 平面を角度 α だけ回転させた新しい $\theta'_1\theta'_2$ 座標系を考えると，両者は

$$\theta_1 = \theta'_1 \cos\alpha - \theta'_2 \sin\alpha \tag{3.35}$$

$$\theta_2 = \theta'_1 \sin\alpha + \theta'_2 \cos\alpha \tag{3.36}$$

で結びつくため

$$\psi_{,\theta'_1\theta'_1} = \psi_{,\theta_1\theta_1} \cos^2\alpha + 2\psi_{,\theta_1\theta_2} \sin\alpha\cos\alpha + \psi_{,\theta_2\theta_2} \sin^2\alpha \tag{3.37}$$

$$\psi_{,\theta'_2\theta'_2} = \psi_{,\theta_1\theta_1} \sin^2\alpha - 2\psi_{,\theta_1\theta_2} \sin\alpha\cos\alpha + \psi_{,\theta_2\theta_2} \cos^2\alpha \tag{3.38}$$

$$\psi_{,\theta'_1\theta'_2} = -\psi_{,\theta_1\theta_1} \sin\alpha\cos\alpha + \psi_{,\theta_1\theta_2}(\cos^2\alpha - \sin^2\alpha)$$
$$+ \psi_{,\theta_2\theta_2} \sin\alpha\cos\alpha \tag{3.39}$$

となって，新しい座標系の収束場と歪み場を κ', γ'_1, γ'_2 と表したとき

$$\kappa' = \kappa \tag{3.40}$$

$$\gamma'_1 = \gamma_1 \cos 2\alpha + \gamma_2 \sin 2\alpha \tag{3.41}$$

$$\gamma'_2 = -\gamma_1 \sin 2\alpha + \gamma_2 \cos 2\alpha \tag{3.42}$$

3.4 像 の 変 形　　　43

となって，収束場は変化しないが歪み場は変更を受けることがわかる．座標軸の α の回転により，歪み場は 2α の回転行列がかかる形で変化するので，歪み場はスピン 2 の場であるということができる．

■ 3.4.2 複数レンズ平面の場合の像の変形

複数レンズ平面の Jacobi 行列は，式 (3.7) より

$$A(\boldsymbol{\theta}_1) = \frac{\partial \boldsymbol{\beta}}{\partial \boldsymbol{\theta}_1} = I - \sum_{i=1}^{N} \frac{\partial \boldsymbol{\alpha}_i}{\partial \boldsymbol{\theta}_i} \frac{\partial \boldsymbol{\theta}_i}{\partial \boldsymbol{\theta}_1} \tag{3.43}$$

となる．行列 I は，対角行列 (diagonal matrix) diag を用いて $I = \mathrm{diag}(1,\, 1)$ と表される単位行列 (identity matrix) である．$\partial \boldsymbol{\alpha}_i / \partial \boldsymbol{\theta}_i$ については，式 (3.8) から重力レンズポテンシャルが定義できる場合の計算と同様になることがわかり，i 番目のレンズ平面および $z = z_{\mathrm{s}}$ の光源に対して定義される，収束場 κ_i，歪み場 γ_{i1}，γ_{i2} で表される，この行列を U_i で表すことにすると，U_i は具体的に

$$U_i := \frac{\partial \boldsymbol{\alpha}_i}{\partial \boldsymbol{\theta}_i} = \begin{pmatrix} \kappa_i + \gamma_{i1} & \gamma_{i2} \\ \gamma_{i2} & \kappa_i - \gamma_{i1} \end{pmatrix} \tag{3.44}$$

となる．$\kappa_i = \kappa_i(\boldsymbol{\theta}_i)$，$\gamma_{i1} = \gamma_{i1}(\boldsymbol{\theta}_i)$，$\gamma_{i2} = \gamma_{i2}(\boldsymbol{\theta}_i)$ はそれぞれのレンズ平面での像の位置 $\boldsymbol{\theta}_i$ で計算される必要がある点に注意してほしい．一方で，$\partial \boldsymbol{\theta}_i / \partial \boldsymbol{\theta}_1$ については，式 (3.10) から式 (3.43) と同様に計算できるので，この行列を A_i と定義すると，式 (3.43) は

$$A(\boldsymbol{\theta}_1) = I - \sum_{i=1}^{N} U_i A_i \tag{3.45}$$

と書き換えられ，A_i は

$$A_j := \frac{\partial \boldsymbol{\theta}_j}{\partial \boldsymbol{\theta}_1} = I - \sum_{i=1}^{j-1} \beta_{ij} U_i A_i \tag{3.46}$$

から計算できる．この式は右辺にも A_i を含んでいるため，$A_1 = I$，$A_2 = I - \beta_{12} U_1 A_1$，と $j = 1$ から順番に j を増加させ，A_i を $i = 1$ から N まで順番に計算していく必要がある．計算した A_i を最後に式 (3.45) に代入することで，複数レンズ平面の場合の Jacobi 行列 $A(\boldsymbol{\theta}_1)$ が得られる．

一般に対称行列の積は対称行列とは限らないため，複数レンズ平面の場合には，

Jacobi 行列 $A(\boldsymbol{\theta}_1)$ は対称行列とは限らない. 具体例として, $N = 2$ のレンズ平面が 2 枚の場合を考えてみると, $A_1 = I$ に注意して

$$
\begin{aligned}
A(\boldsymbol{\theta}_1) &= I - U_1 A_1 - U_2 \left(I - \beta_{12} U_1 A_1 \right) \\
&= I - U_1 - U_2 + \beta_{12} U_2 U_1 \\
&= I - \begin{pmatrix} \kappa_1 + \gamma_{11} & \gamma_{12} \\ \gamma_{12} & \kappa_1 - \gamma_{11} \end{pmatrix} - \begin{pmatrix} \kappa_2 + \gamma_{21} & \gamma_{22} \\ \gamma_{22} & \kappa_2 - \gamma_{21} \end{pmatrix} \\
&\quad + \beta_{12} \begin{pmatrix} \kappa_1 + \gamma_{11} & \gamma_{12} \\ \gamma_{12} & \kappa_1 - \gamma_{11} \end{pmatrix} \begin{pmatrix} \kappa_2 + \gamma_{21} & \gamma_{22} \\ \gamma_{22} & \kappa_2 - \gamma_{21} \end{pmatrix} \\
&= \begin{pmatrix} 1 - \kappa_1 - \kappa_2 - \gamma_{11} - \gamma_{21} & -\gamma_{12} - \gamma_{22} \\ -\gamma_{12} - \gamma_{22} & 1 - \kappa_1 - \kappa_2 + \gamma_{11} + \gamma_{21} \end{pmatrix} + \beta_{12}
\end{aligned}
$$
$$
\times \begin{pmatrix} (\kappa_1 + \gamma_{11})(\kappa_2 + \gamma_{21}) + \gamma_{12}\gamma_{22} & (\kappa_1 + \gamma_{11})\gamma_{22} + (\kappa_2 - \gamma_{21})\gamma_{12} \\ (\kappa_2 + \gamma_{21})\gamma_{12} + (\kappa_1 - \gamma_{11})\gamma_{22} & (\kappa_1 - \gamma_{11})(\kappa_2 - \gamma_{21}) + \gamma_{12}\gamma_{22} \end{pmatrix} \tag{3.47}
$$

と計算でき, β_{12} に比例する非対称成分が確かに現れることがわかる. また複数レンズ平面の重力レンズの計算は一般にたいへん煩雑になることも見てとれる.

Jacobi 行列が対称行列ではないということは, 重力レンズポテンシャルが定義できる場合とは異なり, 像の変形が拡大縮小および歪みだけでは表せないことを意味する. 新しい変形の効果として, 像の回転があり, 実際に非対称行列 $A(\boldsymbol{\theta}_1)$ は一般に回転行列と対称行列の積で書くことができるので

$$
A(\boldsymbol{\theta}_1) = \begin{pmatrix} \cos\omega & -\sin\omega \\ \sin\omega & \cos\omega \end{pmatrix} \begin{pmatrix} 1 - \kappa - \gamma_1 & -\gamma_2 \\ -\gamma_2 & 1 - \kappa + \gamma_1 \end{pmatrix} \tag{3.48}
$$

と分解することができる. Jacobi 行列が, 式 (3.26) によって, $\delta\boldsymbol{\beta}$ と $\delta\boldsymbol{\theta}_1$ を結びつけていたことを思い出すと, この分解で定義される κ, γ_1, γ_2 が依然として図 3.2 で示される拡大縮小や歪みの効果を生むことが理解でき, さらに回転場 (rotation) ω によって, 図 3.3 で示されるとおり観測される像が回転されることもわかる.

したがって, まず式 (3.45) に従って Jacobi 行列を計算し, それらの各成分を

$$
A(\boldsymbol{\theta}_1) = \begin{pmatrix} A_{11} & A_{12} \\ A_{21} & A_{22} \end{pmatrix} \tag{3.49}
$$

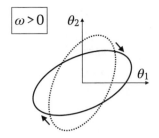

図 3.3 複数レンズ平面の重力レンズ効果により生じる，式 (3.26) と (3.48) で与えられる観測される像の回転．

と置いたとすると，式 (3.48) と各成分を比較することで複数レンズ平面の重力レンズにおける ω, κ, γ_1, γ_2 をそれぞれ計算できる．具体的には

$$\omega = -\arctan\left(\frac{A_{12} - A_{21}}{A_{11} + A_{22}}\right) \tag{3.50}$$

$$\kappa = 1 - \frac{A_{11} + A_{22}}{2\cos\omega} \tag{3.51}$$

$$\gamma_1 = -\frac{1}{2}\left[(A_{11} - A_{22})\cos\omega + (A_{12} + A_{21})\sin\omega\right] \tag{3.52}$$

$$\gamma_2 = -\frac{1}{2}\left[-(A_{11} - A_{22})\sin\omega + (A_{12} + A_{21})\cos\omega\right] \tag{3.53}$$

として計算すればよい．

参考までに，状況によっては，ω, κ, γ_1, γ_2 が小さいとする近似で式 (3.48) を展開した場合に相当する式

$$A(\boldsymbol{\theta}_1) = \begin{pmatrix} 1 - \kappa - \gamma_1 & -\gamma_2 - \omega \\ -\gamma_2 + \omega & 1 - \kappa + \gamma_1 \end{pmatrix} \tag{3.54}$$

が用いられることがある．この場合は，例えば $\omega = (A_{21} - A_{12})/2$ などのように，Jacobi 行列の成分との関連づけがより容易となるが，得られた ω や κ などの物理的解釈においては注意を要する．

■ 3.4.3 高次の像の変形

式 (3.26) から最低次の像の変形を議論したが，より高次の像の変形も議論されている．収束場や歪み場は重力レンズポテンシャルの 2 階微分であったが，さらに高次の，重力レンズポテンシャルの 3 階微分で表される像の変形を決める場は

屈曲場 (flexion) と呼ばれる．歪み場は図 3.2 に示されているとおり，重力レンズにより形状を楕円に歪める効果を表すが，さらに屈曲場を考えることで，形状を円弧状に歪める効果を計算できる．屈曲場は弱い重力レンズと強い重力レンズをつなぐ中間領域で特に重要になると考えられており，理論的な研究も進められているが[49]，現在のところ実際の観測データを用いた応用は限定的である．

3.5 増光率と像のパリティ

3.5.1 Liouville の定理

重力レンズによる増光の効果を計算するために重要となるのが，放射強度 (specific intensity)[*1] が吸収や新たな放射がない限り伝播に従って保存する，いわゆる Liouville の定理 (Liouville's theorem) である．放射強度 I_ν は，時間 dt の間に光線と垂直な面積 dA の領域を通過して立体角 $d\Omega$ の方向に放射される光の単位振動数 ν あたりのエネルギーを dE として

$$dE = I_\nu \, dA \, dt \, d\Omega \, d\nu \tag{3.55}$$

から定義される量である．この放射強度 I_ν が光の伝播で保存するというのが Liouville の定理である．

この定理が成り立つことを見るために，図 3.4 のように，ある時刻に面積 dA の領域を通過し立体角 $d\Omega$ の方向に放射される放射強度 I_ν の光線束が，距離 s

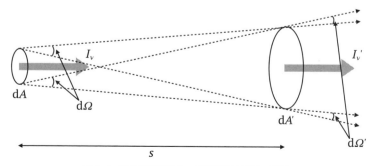

図 3.4　光の伝播に伴う，放射強度の保存の説明．

[*1] 輝度 (brightness) とも呼ばれる．

を伝播後に dA', $d\Omega'$, I'_ν になったとする．$dA' = s^2 d\Omega$ かつ $dA = s^2 d\Omega'$ なので $dA\, d\Omega = dA'\, d\Omega'$ となり，エネルギーや光子数の変化がない限りにおいて $dE = dE'$ かつ $d\nu = d\nu'$ なので，式 (3.55) より，$I_\nu = I'_\nu$，つまり放射強度が光の伝播に伴って保存することがわかる．dA の増加は位置空間での広がりに対応するが，$d\Omega$ の減少は運動量空間での狭まりに対応しており，位相空間 (phase space) の体積が時間発展に対して保存するとする Liouville の定理によりこれらの変化が相殺するため，放射強度が保存するのである．

宇宙論的な距離の光の伝播では，赤方偏移によって $\nu \propto (1+z)^{-1}$ と光子の振動数およびエネルギーが変化するため，放射強度も $I_\nu \propto (1+z)^{-3}$ と変更を受けるが，赤方偏移の効果を補正した放射強度については同様の保存則が成り立つ．I_ν/ν^3 は位相空間の分布関数に比例しており，放射強度の保存は分布関数の保存に由来している．

■ 3.5.2 増光率の計算およびその符号

Liouville の定理によって，光の伝播に伴い放射強度は保存することがわかるので，観測される重力レンズ像の明るさは，$\boldsymbol{\beta}$ と $\boldsymbol{\theta}$ の位置での微小面積の比だけ明るくなる．式 (3.26) から，微小面積の比は Jacobi 行列の行列式 (determinant) の逆数で与えられることがわかるので，$\boldsymbol{\theta}$ の位置にある像の増光率 (magnification factor) $\mu(\boldsymbol{\theta})$ を

$$\mu(\boldsymbol{\theta}) := \frac{1}{\det A(\boldsymbol{\theta})} = \frac{1}{(1-\kappa)^2 - |\gamma|^2} \tag{3.56}$$

のように定義する．ここで

$$|\gamma| := \sqrt{\gamma_1^2 + \gamma_2^2} \tag{3.57}$$

は歪み場の大きさである．

面積の比は Jacobi 行列式の絶対値で与えられるので，像の明るさの変化も，あくまで式 (3.56) の絶対値

$$|\mu(\boldsymbol{\theta})| = \left| \frac{1}{\det A(\boldsymbol{\theta})} \right| = \left| \frac{1}{(1-\kappa)^2 - |\gamma|^2} \right| \tag{3.58}$$

で与えられる．つまり，ある天体に対し重力レンズ効果がない場合の見かけの明るさ，フラックス (flux) が F のとき，重力レンズ効果の結果，実際に観測されるフラックスが $|\mu|F$ となるという意味である．

48   3. 重力レンズの基本的性質

図 3.5 増光率の符号による，像のパリティの保存と反転の模式図．

　行列式は一般に負の値をとるので，式 (3.56) で定義される増光率 μ も負の値をとりうる．増光率の符号，つまり正か負かは，像のパリティ (parity) が保存するか ($\mu > 0$) 反転するか ($\mu < 0$) に対応している．パリティが反転する場合，天体の見かけの形状がちょうど鏡に映った反転した形状に観測される．図 3.5 に模式図を示す．複数像のパリティが正か負かは，5.4.1 項で見るように，摂動に対する応答が異なるため，星による重力マイクロレンズや小質量ハロー (small-mass halo) による摂動の効果を考えるときに特に重要となる．

3.6 臨界曲線および焦線

　像平面で $\det A = 0$ となる点の集合 $\{\boldsymbol{\theta}_\mathrm{c}\}$ は，一般に曲線となる．この曲線は臨界曲線 (critical curve) と呼ばれ，具体的には，式 (3.56) より

$$[1 - \kappa(\boldsymbol{\theta}_\mathrm{c})]^2 - |\gamma(\boldsymbol{\theta}_\mathrm{c})|^2 = 0 \tag{3.59}$$

で決まる曲線である．また，式 (3.56) から，臨界曲線上は増光率が形式的に発散することがわかる．臨界曲線を重力レンズ方程式 (3.1) や (3.7) に代入し得られる光源平面上の曲線 $\{\boldsymbol{\beta}(\boldsymbol{\theta}_\mathrm{c})\}$ は焦線 (caustic) と呼ばれる．

　3.3 節で議論したように，ある光源の位置 $\boldsymbol{\beta}$ に対して得られる重力レンズ方程式の複数の $\boldsymbol{\theta}$ の解が重力レンズ複数像に対応している．図 3.6 の模式図でも示されるとおり，光源の位置を動かしていくと，光源が焦線を通過したときに複数像が臨界曲線で生成されたり消滅したりするので，臨界曲線と焦線は重力レンズ複

3.6 臨界曲線および焦線　　　　　　　　　　　　　　　　　　　　　　　49

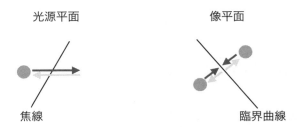

図 3.6　光源天体の焦線の通過による，臨界曲線の周辺での像の生成や消滅の模式図.

数像を議論する上で重要な役割を果たす.

図 3.7 に臨界曲線および焦線の具体例を示す．図には点状光源の複数像の位置，および同じ位置の広がった光源の複数像の形状も参考のために示している．3.4 節で紹介した像の変形の効果によって，実際にどのように広がった光源の像の形状が歪められているかが示されている．また，3.5 節の議論から，広がった光源について，像の大きさが増光率に対応していることがわかるが，図 3.7 の例では，臨界曲線に近い像が増光率も大きくなっていることがわかる．さらに，他のいくつかのレンズ天体の質量モデルにおける臨界曲線と焦線の例が第 4 章にあるので，そちらも参照してほしい.

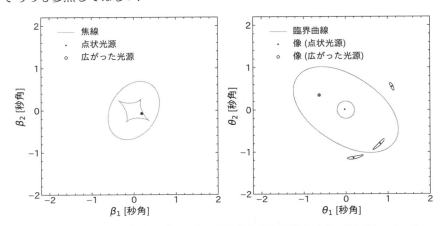

図 3.7　臨界曲線および焦線の具体例．左が光源平面，右が像平面であり，それぞれ 2 本の焦線と臨界曲線が示されている．ある場所に点状の光源と広がった光源を置いた場合の像の位置と形状も参考のために示している.

3.7 時間の遅れ

複数像はそれぞれ異なる経路を通ってくるので，同じ時刻に光源から発せられた光が観測者に到達するときの時刻の差，すなわち時間の遅れ Δt が生じる．時間の遅れは，強い重力レンズにおける重要な観測量であり，宇宙論パラメータの測定をはじめ，さまざまな応用がある．複数像間の到達時間の差を計算するために，まずは1個の重力レンズ像に対して，重力レンズ効果を受けずに光が真っ直ぐ観測者に到達する場合に比べて，重力レンズによって光の到達時刻がどのように変わるかを計算しよう．

3.7.1 時間の遅れの一般的な表式

時間の遅れの計算で重要になる概念が宇宙論的な時間の膨張 (cosmological time dilation) なので，まずはこの概念を説明する．共動座標で距離 χ の位置にある光源から時刻 t_1，$t_1 + \delta t_1$ に発せられた光を，$\chi = 0$ の原点にいる観測者が時刻 t_0，$t_0 + \delta t_0$ で観測するとすると

$$\chi = \int_{t_1}^{t_0} \frac{c\,dt}{a} = \int_{t_1+\delta t_1}^{t_0+\delta t_0} \frac{c\,dt}{a} \tag{3.60}$$

となるので，これより

$$\delta t_0 = \frac{a(t_0)}{a(t_1)}\delta t_1 = (1+z)\delta t_1 \tag{3.61}$$

となる．すなわち，赤方偏移 z での時間差 δt_1 は，観測者には $\delta t_0 = (1+z)\delta t_1$ のように $(1+z)$ 倍に引き伸ばされて観測されるのである．例として，遠方の超新星爆発の光度曲線 (light curve) も，宇宙論的な時間の膨張によって時間方向に $(1+z)$ 倍引き伸ばされるため，あたかも超新星爆発がより長時間持続しているように観測されることになるのである．このような宇宙膨張に起因する時間間隔の増加が，宇宙論的な時間の膨張である．

宇宙論的な時間の膨張を考慮すると，ある重力レンズ像に対する，重力レンズに起因する観測される到達時刻の遅れは，重力レンズ効果を考えない場合と考えた場合のそれぞれの経路に沿った dt/a の積分の差を考えて

$$\Delta t := \int_{\text{重力レンズあり}} \frac{dt}{a} - \int_{\text{重力レンズなし}} \frac{dt}{a} \tag{3.62}$$

と書くことができるだろう．dt/a の具体的な表式として，式 (2.99) の近似式を用い，$\Phi = \Psi$ としてかつ局所平面座標 $\omega_{ab} = \delta_{ab}$ を採用すると，式 (3.62) を

$$\Delta t = \frac{1}{c} \int_0^{\chi_s} d\chi \left[\frac{f_K^2(\chi)}{2} \left| \frac{d\boldsymbol{\theta}}{d\chi} \right|^2 - \frac{2\Phi}{c^2} \right] \tag{3.63}$$

と具体的に書き下すことができる．式 (3.63) の右辺第 1 項は，光の経路の違いによる純粋に幾何学的な効果に由来し，右辺第 2 項は，重力場によって時間の進みが遅くなる重力的な効果を表す．それぞれ $\Delta t_{\rm geom}$，$\Delta t_{\rm grav}$ とおくと，これらは具体的に

$$\Delta t_{\rm geom} = \frac{1}{c} \int_0^{\chi_s} d\chi \frac{f_K^2(\chi)}{2} \left| \frac{d\boldsymbol{\theta}}{d\chi} \right|^2 \tag{3.64}$$

$$\Delta t_{\rm grav} = -\frac{1}{c} \int_0^{\chi_s} d\chi \frac{2\Phi}{c^2} \tag{3.65}$$

と書き表せる．

■ 3.7.2 複数レンズ平面の場合の時間の遅れ

2.5 節で考えた，複数レンズ平面近似を採用した場合に，時間の遅れがどのように計算されるかを見てみよう．まず，幾何学的な時間の遅れ $\Delta t_{\rm geom}$ を計算するために，i 番目のレンズ平面と $i+1$ 番目のレンズ平面の間を光が伝播している状況を考える．図 3.8 のように角度 $\hat{\boldsymbol{\alpha}}_i$ を定義すると，$\hat{\boldsymbol{\alpha}}_i$ はそれぞれのレンズ平面での光線の天球座標 $\boldsymbol{\theta}_i$，$\boldsymbol{\theta}_{i+1}$ を用いて

$$\hat{\boldsymbol{\alpha}}_i = \frac{f_K(\chi_{i+1})}{f_K(\chi_{i+1} - \chi_i)} (\boldsymbol{\theta}_i - \boldsymbol{\theta}_{i+1}) \tag{3.66}$$

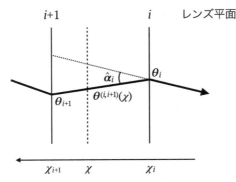

図 3.8 複数レンズ平面の場合の時間の遅れの計算．

となる．また，この角度 $\hat{\boldsymbol{\alpha}}_i$ を用いて，$\chi_i < \chi < \chi_{i+1}$ を満たす共動動径距離 χ の位置での光の天球座標 $\boldsymbol{\theta}^{(i,i+1)}(\chi)$ は，これらのレンズ平面の間を光が真っ直ぐ伝播するとして

$$\boldsymbol{\theta}^{(i,i+1)}(\chi) = \boldsymbol{\theta}_i - \frac{f_K(\chi - \chi_i)}{f_K(\chi)}\hat{\boldsymbol{\alpha}}_i \tag{3.67}$$

と書くことができるだろう．この表式を χ で微分すると，付録 B も参考にして

$$\frac{d\boldsymbol{\theta}^{(i,i+1)}}{d\chi} = \left[\frac{f_K(\chi - \chi_i)f_K'(\chi)}{f_K^2(\chi)} - \frac{f'(\chi - \chi_i)}{f_K(\chi)}\right]\hat{\boldsymbol{\alpha}}_i = -\frac{f_K(\chi_i)}{f_K^2(\chi)}\hat{\boldsymbol{\alpha}}_i \tag{3.68}$$

と計算できるので，幾何学的な時間の遅れ Δt_{geom} の $\chi_i < \chi < \chi_{i+1}$ からの寄与を $\Delta t_{\mathrm{geom}}^{(i,i+1)}$ と書き表すことにすると，式 (3.64) より

$$\begin{aligned}
\Delta t_{\mathrm{geom}}^{(i,i+1)} &= \frac{1}{c}\int_{\chi_i}^{\chi_{i+1}} d\chi \frac{f_K^2(\chi)}{2}\left|\frac{d\boldsymbol{\theta}^{(i,i+1)}}{d\chi}\right|^2 \\
&= \frac{1}{c}f_K^2(\chi_i)\frac{|\hat{\boldsymbol{\alpha}}_i|^2}{2}\int_{\chi_i}^{\chi_{i+1}} d\chi \frac{1}{f_K^2(\chi)} \\
&= \frac{1}{c}\frac{f_K(\chi_{i+1} - \chi_i)f_K(\chi_i)}{f_K(\chi_{i+1})}\frac{|\hat{\boldsymbol{\alpha}}_i|^2}{2}
\end{aligned} \tag{3.69}$$

と計算できる．さらに，式 (3.66) を代入することで

$$\Delta t_{\mathrm{geom}}^{(i,i+1)} = \frac{1}{c}\frac{f_K(\chi_i)f_K(\chi_{i+1})}{f_K(\chi_{i+1} - \chi_i)}\frac{|\boldsymbol{\theta}_i - \boldsymbol{\theta}_{i+1}|^2}{2} \tag{3.70}$$

となる．したがって，全ての経路の寄与を足し合わせることで，幾何学的な時間の遅れは

$$\Delta t_{\mathrm{geom}} = \sum_{i=1}^{N}\Delta t_{\mathrm{geom}}^{(i,i+1)} = \sum_{i=1}^{N}\frac{1}{c}\frac{f_K(\chi_i)f_K(\chi_{i+1})}{f_K(\chi_{i+1} - \chi_i)}\frac{|\boldsymbol{\theta}_i - \boldsymbol{\theta}_{i+1}|^2}{2} \tag{3.71}$$

となることがわかる．式 (2.80) の角径距離を用いると，幾何学的な時間の遅れは

$$\Delta t_{\mathrm{geom}} = \sum_{i=1}^{N}\frac{1 + z_i}{c}\frac{D_{\mathrm{o}i}D_{\mathrm{o}(i+1)}}{D_{i(i+1)}}\frac{|\boldsymbol{\theta}_i - \boldsymbol{\theta}_{i+1}|^2}{2} \tag{3.72}$$

と書き表せる．ただし $\boldsymbol{\theta}_{N+1} = \boldsymbol{\beta}$ とすることとし，$D_{\mathrm{o}i} = D_{\mathrm{A}}(0, z_i)$，$D_{\mathrm{o}(i+1)} = D_{\mathrm{A}}(0, z_{i+1})$，$D_{i(i+1)} = D_{\mathrm{A}}(z_i, z_{i+1})$ である．

次に，重力的な時間の遅れ Δt_{grav} を計算しよう．式 (2.89) より，薄レンズ近似のもとでの i 番目のレンズ平面からの重力ポテンシャル Φ への寄与 $\Phi^{(i)}$ は

$$\Phi^{(i)}(\boldsymbol{\theta}_i) \simeq \frac{2G}{1+z_i} \left\{ f_K(\chi_i) \right\}^2 \delta^{\mathrm{D}}(\chi - \chi_i) \int d\boldsymbol{\theta}' \Sigma_i(\boldsymbol{\theta}') \ln |\boldsymbol{\theta}_i - \boldsymbol{\theta}'| \tag{3.73}$$

と書けることがわかる．式 (2.91) を用いて ψ_i で書き換えると

$$\Phi^{(i)}(\boldsymbol{\theta}_i) \simeq \frac{c^2}{2} \frac{f_K(\chi_i) f_K(\chi_\mathrm{s})}{f_K(\chi_\mathrm{s} - \chi_i)} \delta^{\mathrm{D}}(\chi - \chi_i) \psi_i(\boldsymbol{\theta}_i) \tag{3.74}$$

となり，この式を式 (3.65) に代入することで，i 番目のレンズ平面からの重力的な時間の遅れの寄与 $\Delta t_\mathrm{grav}^{(i)}$ は

$$\Delta t_\mathrm{grav}^{(i)} = -\frac{1}{c} \frac{f_K(\chi_i) f_K(\chi_\mathrm{s})}{f_K(\chi_\mathrm{s} - \chi_i)} \psi_i(\boldsymbol{\theta}_i) \tag{3.75}$$

となる．幾何学的な時間の遅れの場合と同様に，角径距離を用いて書き換えると

$$\begin{aligned} \Delta t_\mathrm{grav}^{(i)} &= -\frac{1+z_i}{c} \frac{D_\mathrm{oi} D_\mathrm{os}}{D_{is}} \psi_i(\boldsymbol{\theta}_i) \\ &= -\frac{1+z_i}{c} \frac{D_\mathrm{oi} D_\mathrm{o(i+1)}}{D_{i(i+1)}} \beta_{i(i+1)} \psi_i(\boldsymbol{\theta}_i) \end{aligned} \tag{3.76}$$

となる．ここで，$\beta_{i(i+1)}$ は式 (2.95) で $j = i+1$ とおいたものであり，具体的には

$$\beta_{i(i+1)} = \frac{D_{i(i+1)} D_\mathrm{os}}{D_{is} D_\mathrm{o(i+1)}} \tag{3.77}$$

である．全てのレンズ平面からの寄与を足し合わせることで，重力的な時間の遅れを

$$\Delta t_\mathrm{grav} = \sum_{i=1}^{N} \Delta t_\mathrm{grav}^{(i)} = -\sum_{i=1}^{N} \frac{1+z_i}{c} \frac{D_\mathrm{oi} D_\mathrm{o(i+1)}}{D_{i(i+1)}} \beta_{i(i+1)} \psi_i(\boldsymbol{\theta}_i) \tag{3.78}$$

と求めることができた．

最終的に，式 (3.72) と式 (3.78) を組み合わせて，複数レンズ平面の場合の時間の遅れを

$$\Delta t = \sum_{i=1}^{N} \frac{1+z_i}{c} \frac{D_\mathrm{oi} D_\mathrm{o(i+1)}}{D_{i(i+1)}} \left[\frac{|\boldsymbol{\theta}_i - \boldsymbol{\theta}_{i+1}|^2}{2} - \beta_{i(i+1)} \psi_i(\boldsymbol{\theta}_i) \right] \tag{3.79}$$

と求めることができる．各レンズ平面での像の位置 $\boldsymbol{\theta}_i$ については式 (3.10) から導出する必要がある．

3.7.3 単一レンズ平面の場合の時間の遅れ

赤方偏移 z_1 にある単一レンズ平面の場合の時間の遅れは,式 (3.79) で $N=1$ とすることで容易に得られ,具体的には 3.1.1 項の記法を用いて

$$\Delta t = \frac{1+z_1}{c}\frac{D_{\mathrm{ol}}D_{\mathrm{os}}}{D_{\mathrm{ls}}}\left[\frac{|\boldsymbol{\theta}-\boldsymbol{\beta}|^2}{2}-\psi(\boldsymbol{\theta})\right] \tag{3.80}$$

となる.

他の教科書では,幾何学的な時間の遅れを幾何学的な考察から直接導出することが多いので,その結果と無矛盾であることも確認しておこう.レンズ平面の近傍の時間の遅れは,宇宙論的な時間の膨張によって観測者には $(1+z_1)$ 倍引き延ばされて観測されることに注意すると,図 3.9 から,2.4 節で考えたレンズ平面の物理座標 $\boldsymbol{X}_\perp$ で定義される物理距離 ξ を用いて,幾何学的な時間の遅れを

$$\Delta t_{\mathrm{geom}} \simeq (1+z_1)\frac{|\hat{\boldsymbol{\alpha}}|\xi}{2c} \tag{3.81}$$

と書くことができる.さらに

$$|\hat{\boldsymbol{\alpha}}| = \frac{D_{\mathrm{os}}}{D_{\mathrm{ls}}}|\boldsymbol{\theta}-\boldsymbol{\beta}| \tag{3.82}$$

$$\xi = D_{\mathrm{ol}}|\boldsymbol{\theta}-\boldsymbol{\beta}| \tag{3.83}$$

を代入すると

$$\Delta t_{\mathrm{geom}} = \frac{1+z_1}{c}\frac{D_{\mathrm{ol}}D_{\mathrm{os}}}{D_{\mathrm{ls}}}\frac{|\boldsymbol{\theta}-\boldsymbol{\beta}|^2}{2} \tag{3.84}$$

となって,式 (3.80) の幾何学的な時間の遅れの項と確かに一致することがわかる.

3.7.4 観測される時間の遅れ

観測される像が 1 個の場合は,光源からの光の重力レンズがない場合の到達時刻との比較もできないため,時間の遅れを観測することはできない.時間の遅れは,重力レンズ複数像が観測されたときに,光源からの光の到達時刻の差として

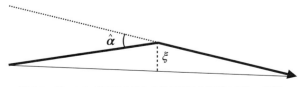

図 3.9 単一レンズ平面の場合の幾何学的な時間の遅れの計算.

観測される. 例えば, 式 (3.80) で表される, 光源の位置 $\boldsymbol{\beta}$ および像の位置 $\boldsymbol{\theta}$ の場合の時間の遅れを $\Delta t(\boldsymbol{\theta}; \boldsymbol{\beta})$ のように書き表すこととし, ある光源の位置 $\boldsymbol{\beta}$ に対して複数像が $\boldsymbol{\theta}_{\mathrm{A}}$ および $\boldsymbol{\theta}_{\mathrm{B}}$ の位置に観測されている状況を考えると, それらの複数像の間の時間の遅れ, すなわち到達時刻の差

$$\Delta t_{\mathrm{AB}} := \Delta t(\boldsymbol{\theta}_{\mathrm{A}}; \boldsymbol{\beta}) - \Delta t(\boldsymbol{\theta}_{\mathrm{B}}; \boldsymbol{\beta}) \tag{3.85}$$

を観測することができる.

ただし, 光源が通常の銀河のように, その明るさが短い時間スケールで変化しない天体の場合は, 時間の遅れは観測できない. 時間の遅れは, クエーサーや超新星爆発など, 明るさが年や月などの短い時間スケールで変動する天体が, 重力レンズ効果によって複数像が形成される場合にのみ観測される.

3.8　Fermat の原理との対応および複数像の分類

3.8.1　時間の遅れからの重力レンズ方程式の導出

2.6 節で紹介したとおり, 重力レンズ方程式は Fermat の原理からも導出することができる. 2.6 節の方法とは異なる, もう 1 つの Fermat の原理に基づく重力レンズ方程式の導出方法は, 時間の遅れの計算結果を用いた方法なので, それを紹介する.

式 (3.79) や (3.80) の時間の遅れの表式は, その導出から, 実は重力レンズ方程式の解となっていない $\boldsymbol{\beta}$ と $\boldsymbol{\theta}$ の組に対しても正しい時間の遅れの表式になっている. Fermat の原理の要請は, 実現され観測される光の経路は, 時間の遅れが停留点となる経路である, というものである. 具体的に単一レンズ平面の場合に見てみると, Fermat の原理から

$$\nabla_{\boldsymbol{\theta}} \Delta t = 0 \tag{3.86}$$

が要請され, 式 (3.80) を代入して計算すると

$$\boldsymbol{\theta} - \boldsymbol{\beta} - \nabla_{\boldsymbol{\theta}} \psi = 0 \tag{3.87}$$

となり, 重力レンズ方程式 (3.1) を確かに再現することが見てとれる.

複数レンズ平面の場合は, 各レンズ平面での像の位置 $\boldsymbol{\theta}_i$ のそれぞれに対して停留点となること, すなわち

$$\nabla_{\boldsymbol{\theta}_i} \Delta t = 0 \tag{3.88}$$

が要請される．式 (3.79) で与えられる複数レンズ平面の時間の遅れについて，計算の便利のため

$$\tau_{i(i+1)} := \frac{1 + z_i}{c} \frac{D_{oi} D_{o(i+1)}}{D_{i(i+1)}} \tag{3.89}$$

を定義すると

$$\Delta t = \sum_{i=1}^{N} \tau_{i(i+1)} \left[\frac{|\boldsymbol{\theta}_i - \boldsymbol{\theta}_{i+1}|^2}{2} - \beta_{i(i+1)} \psi_i(\boldsymbol{\theta}_i) \right] \tag{3.90}$$

と，より簡潔に書き表すことができる．式 (3.90) を式 (3.88) に代入して計算すると，$i = 1$ のとき

$$\tau_{12} \left[\boldsymbol{\theta}_1 - \boldsymbol{\theta}_2 - \beta_{12} \boldsymbol{\alpha}_1(\boldsymbol{\theta}_1) \right] = 0 \tag{3.91}$$

となり，$2 \leq i \leq N$ のとき

$$\tau_{i(i+1)} \left[\boldsymbol{\theta}_i - \boldsymbol{\theta}_{i+1} - \beta_{i(i+1)} \boldsymbol{\alpha}_i(\boldsymbol{\theta}_i) \right] + \tau_{(i-1)i}(\boldsymbol{\theta}_i - \boldsymbol{\theta}_{i-1}) = 0 \tag{3.92}$$

となる．この式を整理すると

$$\boldsymbol{\theta}_{i+1} - \boldsymbol{\theta}_i = \frac{\tau_{(i-1)i}}{\tau_{i(i+1)}} (\boldsymbol{\theta}_i - \boldsymbol{\theta}_{i-1}) - \beta_{i(i+1)} \boldsymbol{\alpha}_i(\boldsymbol{\theta}_i) \tag{3.93}$$

となるので，式 (3.91) も組み合わせて

$$\boldsymbol{\theta}_{i+1} - \boldsymbol{\theta}_i = - \sum_{k=1}^{i} \frac{\beta_{k(k+1)} \tau_{k(k+1)}}{\tau_{i(i+1)}} \boldsymbol{\alpha}_k(\boldsymbol{\theta}_k) \tag{3.94}$$

が得られる．式 (3.94) において $1 \leq i \leq j - 1$ の範囲で i を変えた式を辺々加えることで

$$\begin{aligned}
\boldsymbol{\theta}_j - \boldsymbol{\theta}_1 &= - \sum_{i=1}^{j-1} \sum_{k=1}^{i} \frac{\beta_{k(k+1)} \tau_{k(k+1)}}{\tau_{i(i+1)}} \boldsymbol{\alpha}_k(\boldsymbol{\theta}_k) \\
&= - \sum_{k=1}^{j-1} \sum_{i=k}^{j-1} \frac{\beta_{k(k+1)} \tau_{k(k+1)}}{\tau_{i(i+1)}} \boldsymbol{\alpha}_k(\boldsymbol{\theta}_k) \\
&= - \sum_{k=1}^{j-1} \frac{\beta_{k(k+1)} \tau_{k(k+1)}}{\tau_{kj}} \boldsymbol{\alpha}_k(\boldsymbol{\theta}_k) \tag{3.95}
\end{aligned}$$

と計算できる．ただし最後の等式では付録 B の公式を用いた．さらに，β_{ij} と τ_{ij}

の定義より

$$\frac{\beta_{k(k+1)}\tau_{k(k+1)}}{\tau_{kj}} = \beta_{kj} \tag{3.96}$$

となることがわかるので, 式 (3.95) は

$$\boldsymbol{\theta}_j - \boldsymbol{\theta}_1 = -\sum_{k=1}^{j-1} \beta_{kj}\boldsymbol{\alpha}_k(\boldsymbol{\theta}_k) \tag{3.97}$$

と簡略化される. 式 (3.97) は複数レンズ平面の重力レンズ方程式 (3.7) および (3.10) と同じ式なので, 複数レンズ平面の場合も, 時間の遅れの表式に Fermat の原理を適用することで, 重力レンズ方程式を導出できることが確認された.

◼ **3.8.2 複数像の分類**

Fermat の原理より, ある光源の位置 $\boldsymbol{\beta}$ が与えられたとき, 観測される像の位置は, $\Delta t(\boldsymbol{\theta}; \boldsymbol{\beta}) = $ 一定, で決まる時間の遅れ平面 (time delay surface) と呼ばれる 2 次元平面の停留点として与えられることがわかる. この事実から, 複数像の配置や個数などをある程度直感的に理解することができる.

図 3.10 に, 例として, 重力レンズポテンシャルの影響が大きくなるに従って, 時間の遅れ平面の形状および複数像の個数がどのように変化するかの例を示している. 重力レンズポテンシャルの影響が大きくなるにつれて, 時間の遅れ平面が複雑になり, 停留点が増えて複数像が増えていく様子が見てとれる. また, レンズ天体が存在しない場合の像の位置は, 時間の遅れ平面の極小点 (minimum) に対応しているが, 重力レンズ効果によって新たにできる複数像については, 時間の遅れ平面の鞍点 (saddle point) や極大点 (maximum) に対応する像が形成されていることもわかる.

2 変数関数の停留点の分類は, 一般に Hesse 行列 (Hessian matrix)

$$H(\Delta t) = \begin{pmatrix} \Delta t_{,\theta_1\theta_1} & \Delta t_{,\theta_1\theta_2} \\ \Delta t_{,\theta_2\theta_1} & \Delta t_{,\theta_2\theta_2} \end{pmatrix} \tag{3.98}$$

によってなされるが, 3.8.1 項の計算により, Hesse 行列は結局正の定数倍を除いて式 (3.27) で定義される Jacobi 行列 $A(\boldsymbol{\theta})$ と同じであることがわかる. したがって, 複数像のそれぞれの位置での $A(\boldsymbol{\theta})$ の性質によって複数像の分類ができる.

表 3.1 に複数像の分類をまとめる. タイプ I, II, III はそれぞれ時間の遅れ平面

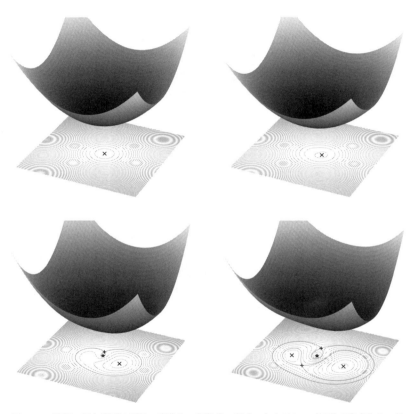

図 3.10 時間の遅れ平面の形状の変化と，複数像の形成．左上はレンズ天体が存在しない場合の時間の遅れ平面で，右上，左下，右下の順番に，ある楕円状の分布を持つ重力レンズポテンシャルの質量に相当するパラメータを増やしていったときに，複数像の数が 1 個，3 個，5 個と増えていく様子を示している．各パネルで時間の遅れ平面の下に像平面での時間の遅れの等高線を描いている．×，+，★ はそれぞれ時間の遅れ平面が極小点，鞍点，極大点となる複数像の位置を表す．

表 3.1 式 (3.27) で定義される Jacobi 行列 $A(\boldsymbol{\theta})$ による複数像の分類

タイプ	時間の遅れ平面における分類	行列 $A(\boldsymbol{\theta})$ の性質
I	極小点	$\det A > 0,\ \mathrm{tr} A > 0$
II	鞍点	$\det A < 0$
III	極大点	$\det A > 0,\ \mathrm{tr} A < 0$

の極小点，鞍点，極大点に対応している．これらのタイプは，Hesse 行列を用いた極小点，鞍点，極大点の判定条件から，行列 $A(\boldsymbol{\theta})$ の行列式と対角和の符号により判定できることがわかる．3.5.2 項の議論から，タイプ I と III の複数像はパリティが保存され，タイプ II の複数像はパリティが反転することもわかる．

図 3.10 の時間の遅れの等高線の変化から，像の個数が増えるときは，鞍点および極大点の組，ないし鞍点および極小点の組で増えると考えられる．これらの複数像の組は，お互いに異なる増光率 μ の符号を持つため，それら複数像の間を臨界曲線が通過することになる．したがって，3.6 節で紹介した，臨界曲線での複数像の生成や消滅は，時間の遅れ平面に基づく考察からも理解できるだろう．

さらに考察を進めると，複数像は必ず 2 個の組で生成，消滅するため，複数像の個数は必ず奇数個となることが期待される．この事実は奇数定理 (odd number theorem) として有名な定理であり[50]，時間の遅れ平面が滑らかで連続であるときに成立する．証明は Morse 理論 (Morse theory) を用いるものが有名であり，その証明の流れを以下簡潔に紹介する．時間の遅れ平面を上部で閉じさせた多様体 (manifold) を考え，極小点，鞍点，極大点の数をそれぞれ n_{min}，n_{sad}，n_{max} とすると，上部からの停留点の寄与も考慮して

$$n_{\mathrm{min}} - n_{\mathrm{sad}} + n_{\mathrm{max}} + 1 = \chi = 2 \tag{3.99}$$

が成り立つ．ここで χ は Euler 標数 (Euler characteristic) であり，2 次元球面の Euler 標数が $\chi = 2$ であることを用いた．したがって，複数像の数 n_{tot} について

$$n_{\mathrm{tot}} := n_{\mathrm{min}} + n_{\mathrm{sad}} + n_{\mathrm{max}} = 1 + 2n_{\mathrm{sad}} \tag{3.100}$$

となって，複数像の個数が常に奇数となることが示される．しかし，具体的に第 4 章で見るように，実際の解析で使われるいくつかの質量モデルについて，中心で重力レンズポテンシャルが発散したり滑らかではないなどの理由により，奇数定理が必ずしも成り立っていないので注意が必要である．

4 重力レンズ方程式とその解の具体的な例

　この章では，いくつかの具体的な質量モデルについて，重力レンズ方程式の解やその性質を議論することで，重力レンズ現象の理解を深め，また重力レンズを用いたさまざまな応用の準備とする．

4.1 球対称レンズの一般論

　単一レンズ平面，かつレンズ天体の質量分布が球対称[*1]の状況は，さまざまな重力レンズ解析の出発点となる状況であり，重力レンズ現象の理解を深める上でもきわめて重要である．まずはそのような状況の重力レンズの一般的な性質を見ていこう．

■ 4.1.1 球対称レンズの重力レンズ方程式

　レンズ天体が球対称のとき，天球座標の原点を質量面密度分布の中心にとったとすると，式 (3.4) で与えられる収束場 $\kappa(\boldsymbol{\theta})$ も，2 次元天球座標で原点周りの回転について対称である．よって，収束場は

$$\theta := |\boldsymbol{\theta}| \tag{4.1}$$

のみの関数として $\kappa(\theta)$ と書ける．このとき，重力レンズポテンシャルを，式 (3.3) から，$(\theta_1, \theta_2) = (\theta \cos \varphi, \theta \sin \varphi)$ の極座標を用いて計算すると

$$\psi(\boldsymbol{\theta}) = \frac{1}{\pi} \int_0^\infty d\theta' \int_0^{2\pi} d\varphi' \, \theta' \kappa(\theta') \ln \sqrt{\theta^2 + \theta'^2 - 2\theta\theta' \cos \varphi'} \tag{4.2}$$

[*1]　薄レンズ近似のもとでは，視線方向に投影した面密度分布によって重力レンズ効果が全て計算されるので，投影した 2 次元平面内で回転対称，すなわち 3 次元密度分布が視線方向に対して軸対称であれば，この節で議論する球対称レンズの一般論が同様に成り立つ．

となる．ここで $\theta > 0$，$\theta' > 0$ の場合に成り立つ積分公式

$$\int_0^{2\pi} d\varphi' \ln \sqrt{\theta^2 + \theta'^2 - 2\theta\theta' \cos \varphi'} = \pi \ln \left[\frac{1}{2} \left(\theta^2 + \theta'^2 + \left| \theta^2 - \theta'^2 \right| \right) \right]$$

$$= \begin{cases} 2\pi \ln \theta & (\theta \geq \theta') \\ 2\pi \ln \theta' & (\theta < \theta') \end{cases} \tag{4.3}$$

を用いると，式 (4.2) はさらに

$$\psi(\boldsymbol{\theta}) = 2 \int_0^{\theta} d\theta' \, \theta' \kappa(\theta') \ln \theta + 2 \int_{\theta}^{\infty} d\theta' \, \theta' \kappa(\theta') \ln \theta' \tag{4.4}$$

と計算できる．重力レンズポテンシャルに定数項を足してもその後の議論には影響を与えないため

$$\psi(\boldsymbol{\theta}) - 2 \int_0^{\infty} d\theta' \, \theta' \kappa(\theta') \ln \theta' \to \psi(\boldsymbol{\theta}) \tag{4.5}$$

のように定数項を足したものを重力レンズポテンシャルと定義しなおすと，最終的に

$$\psi(\theta) = 2 \int_0^{\theta} d\theta' \, \theta' \kappa(\theta') \ln \left(\frac{\theta}{\theta'} \right) \tag{4.6}$$

が示せ，重力レンズポテンシャルも θ のみの関数として書けることがわかる．

曲がり角は重力レンズポテンシャルの勾配で与えられる．式 (4.6) の重力レンズポテンシャルの表式を用いて計算すると，球対称レンズの場合の曲がり角を

$$\boldsymbol{\alpha}(\boldsymbol{\theta}) = \nabla_{\boldsymbol{\theta}} \psi(\theta) = \left[\frac{2}{\theta^2} \int_0^{\theta} d\theta' \, \theta' \kappa(\theta') \right] \boldsymbol{\theta} = \bar{\kappa}(< \theta) \boldsymbol{\theta} \tag{4.7}$$

と求めることができる．ただし

$$\bar{\kappa}(< \theta) := \frac{2}{\theta^2} \int_0^{\theta} d\theta' \, \theta' \kappa(\theta') \tag{4.8}$$

は半径 θ 内で $\kappa(\theta)$ を平均した平均収束場 (average convergence) である．結果を重力レンズ方程式 (3.1) に代入すると，$\boldsymbol{\beta}$ と $\boldsymbol{\theta}$ が平行でなくてはならないことがわかる．言い換えると，天球面上で球対称レンズの中心，光源の位置，および複数像の位置は常に一直線上に並ぶことになる．このため，光源の位置ベクトルの大きさ，すなわち天球面上での球対称レンズの中心と光源との距離を

$$\beta := |\boldsymbol{\beta}| \tag{4.9}$$

と書くことにすると，重力レンズ方程式は

$$\beta = \theta - \alpha(\theta) = [1 - \bar{\kappa}(< \theta)]\,\theta \tag{4.10}$$

と1次元の方程式に帰着するため，その解析が大幅に簡単化されることになる．
ただし，上の式では，式 (4.7) より曲がり角の大きさが

$$\alpha(\theta) = \bar{\kappa}(< \theta)\theta \tag{4.11}$$

となることを用いた．

■ 4.1.2　球対称レンズの歪み場と増光率

式 (3.32) および (3.33) に従って，球対称レンズ中心から θ 離れた $\boldsymbol{\theta} = (\theta_1, \theta_2)$
での歪み場を計算すると

$$\gamma_1 = \frac{1}{2}\left[\frac{\partial(\bar{\kappa}\theta_1)}{\partial\theta_1} - \frac{\partial(\bar{\kappa}\theta_2)}{\partial\theta_2}\right] = -(\bar{\kappa} - \kappa)\frac{\theta_1^2 - \theta_2^2}{\theta^2} \tag{4.12}$$

$$\gamma_2 = \frac{\partial(\bar{\kappa}\theta_1)}{\partial\theta_2} = -(\bar{\kappa} - \kappa)\frac{2\theta_1\theta_2}{\theta^2} \tag{4.13}$$

となる．ただし，$\kappa = \kappa(\theta)$ は収束場，$\bar{\kappa} = \bar{\kappa}(< \theta)$ は式 (4.8) で定義される平均収束場である．歪み場の大きさは

$$|\gamma| := \sqrt{\gamma_1^2 + \gamma_2^2} = |\bar{\kappa} - \kappa| \tag{4.14}$$

となることもわかる．

レンズ天体の質量分布は，通例中心近くで密度が高いため，一般に $\bar{\kappa}(< \theta) > \kappa(\theta)$
となることが期待され，ここではそのような状況を考えることとする．式 (3.26)
と (3.34) を用いて，さらに簡単のため κ を無視し $|\gamma_1| \ll 1$, $|\gamma_2| \ll 1$ とすると

$$\delta\boldsymbol{\theta} \simeq \begin{pmatrix} 1 - \gamma_1 & -\gamma_2 \\ -\gamma_2 & 1 + \gamma_1 \end{pmatrix}^{-1} \delta\boldsymbol{\beta} \simeq \begin{pmatrix} 1 + \gamma_1 & \gamma_2 \\ \gamma_2 & 1 - \gamma_1 \end{pmatrix} \delta\boldsymbol{\beta} \tag{4.15}$$

となることから，図 4.1 のように，球対称レンズの歪み場はレンズ周りの円の接線
方向を向くことがわかる．この考察から，球対称レンズの接線歪み場 (tangential
shear) を

$$\gamma_+(\theta) := \bar{\kappa}(< \theta) - \kappa(\theta) \tag{4.16}$$

と定義でき，球対称レンズにおける歪み場の大きさを接線歪み場で特徴づけるこ

4.1 球対称レンズの一般論

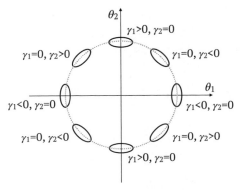

図 4.1 球対称レンズ周りの歪み場と像の変形.

とができる．上で議論した，中心集中した通常の質量分布では $\gamma_+(\theta) > 0$ となり，このとき歪み場はレンズ周りの円の接線方向を向くことになる．第 7 章で紹介する弱い重力レンズでは，基本的に接線歪み場で決まるこの円の接線方向の銀河の形状の歪みから，重力レンズ効果を測定することになる．またこの考察から，$\gamma_+(\theta) < 0$，すなわち $\bar{\kappa}(<\theta) < \kappa(\theta)$ の状況ではレンズ天体周りの銀河は接線方向ではなく動径方向に歪むことがわかる．宇宙の低密度領域，ボイド (void) ではこの条件が満たされており，実際に弱い重力レンズ効果による背景銀河の動径方向の歪みも観測されている[51]．

注意点として，上記の考察は $|\gamma| \ll 1$ を仮定したものであり，一方 $|\gamma|$ が $\mathcal{O}(1)$ の値を持つ強い重力レンズ領域では，通常の中心集中した密度分布を持つ球対称レンズにおいても，複数像は接線方向に歪むこともあれば動径方向に歪むこともある．この点については，4.1.4 項においてより詳しい考察を行う．

式 (4.12) および (4.13) で与えられる歪み場の表式から，球対称レンズの増光率の表式も求めておこう．式 (3.56) の増光率の定義から具体的に計算すると

$$\mu(\theta) = \frac{1}{(1-\bar{\kappa})(1-2\kappa+\bar{\kappa})} \tag{4.17}$$

となり，やはり θ のみの関数になることがわかる．すなわち，球対称レンズでは，臨界曲線と焦線はともに円となるのである．

■ 4.1.3 Einstein リングと Einstein 半径

天球面上で光源の位置と球対称レンズの中心が一致するとき，すなわち $\beta = 0$

の場合に何が起こるかを考察しよう．この場合，どの方位角に対しても球対称レンズの中心，光源の位置，および複数像の位置が一直線となる条件を満たすことから，像はレンズ天体の周りのある半径の円になると考えられる．このような円は Einstein リング，その半径 $\theta_{\rm Ein}$ は Einstein 半径 (Einstein radius) と呼ばれる．Einstein 半径を計算するためには，式 (4.10) で $\beta=0$ とおけばよく，Einstein 半径が

$$\bar{\kappa}(<\theta_{\rm Ein}) = 1 \tag{4.18}$$

を満たすことがわかる．式 (4.17) から Einstein リングは臨界曲線上に現れることもわかる．光源が点状の場合は増光率が形式的に発散することになるが，実際は光源はある大きさを持つことから，Einstein リングは円環となる．

レンズ天体の視線方向に投影したレンズ平面の半径 θ 内の質量，すなわち円柱内の全質量を

$$M(<\theta) := D_{\rm ol}^2 \int_0^\theta d\theta' 2\pi\theta' \Sigma(\theta') \tag{4.19}$$

で定義したとすると，式 (4.18) は，Einstein 半径の観測から，図 4.2 に示されている，Einstein 半径内の全質量を

$$M(<\theta_{\rm Ein}) = \pi D_{\rm ol}^2 \theta_{\rm Ein}^2 \Sigma_{\rm cr} \tag{4.20}$$

から測定できることを意味している．この結果はレンズ天体の動径密度分布に対して何の仮定も置いていない，きわめて一般的な結果であることに注意しよう．実際にはレンズ天体の質量分布は必ずしも球対称ではないが，重力レンズ複数像の観測から Einstein 半径は精度良く測定することができるので，強い重力レンズ

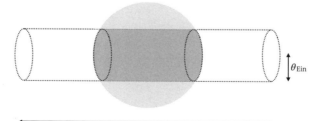

図 4.2 Einstein 半径内の全質量 $M(<\theta_{\rm Ein})$ の説明．薄い灰色で示されているレンズ天体のうち，濃い灰色の部分の質量が $M(<\theta_{\rm Ein})$ となる．

観測によって Einstein 半径内の全質量の信頼性の高い測定ができる. 5.2 節において, この応用をさらに詳しく議論する.

■ 4.1.4 点状光源と広がった光源の複数像

球対称レンズの重力レンズ方程式 (4.10) をもとに, 点状光源と広がった光源の両方の場合において, どのような複数像が期待されるかについての一般的な議論を行う[52].

まず, 球対称レンズの場合の 1 次元の重力レンズ方程式について, ある β を与えたときの解は Y-θ 平面で以下の 2 つの曲線

$$Y = \theta - \beta \tag{4.21}$$

$$Y = \alpha(\theta) \tag{4.22}$$

の交点と見ることができる. 式 (4.21) は $-\beta$ を切片とし, θ 軸と $\theta = \beta$ で交わる直線であり, 式 (4.22) は, 球対称レンズの質量分布によって曲がり角 $\alpha(\theta)$ の形状も変化するため, 具体的に 4.2 節で紹介するようにさまざまな状況が考えられる. また, $\theta := |\boldsymbol{\theta}|$ はその定義から $\theta \geq 0$ のみを考えるべきではあるが, 式 (4.7) から

$$\boldsymbol{\alpha}(-\boldsymbol{\theta}) = -\bar{\kappa}(< \theta)\boldsymbol{\theta} \tag{4.23}$$

なので, 1 次元の重力レンズ方程式の曲がり角について

$$\alpha(-\theta) = -\alpha(\theta) \tag{4.24}$$

と解釈すると, 球対称レンズの 1 次元の重力レンズ方程式 (4.10) を $\theta < 0$ にまで拡張して考えることができる. 重力レンズポテンシャルの微分が曲がり角なので, 重力レンズポテンシャルについては

$$\psi(-\theta) = \psi(\theta) \tag{4.25}$$

として $\theta < 0$ に拡張することになる.

この方法を用いて, ある曲がり角 $\alpha(\theta)$ の場合に, 複数像の個数やその位置を実際に考察した例を, 図 4.3 に示す. ある β の値を採用すると, 式 (4.21) と (4.22) が 3 箇所で交わるので, 複数像が θ_{A}, θ_{B}, θ_{C} の位置に 3 個存在することがわかる. また $\beta' > \beta$ を満たすある β' まで光源の位置を外側に移動させると, 交点が

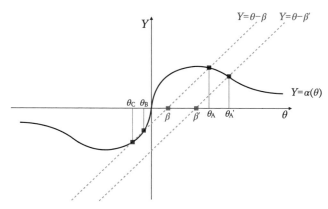

図 4.3 球対称レンズの重力レンズ方程式の解と像の位置の図形的考察.

1箇所になり,複数像も θ'_A の位置の1個になることが見てとれる.式 (4.21) と (4.22) がちょうど接する,複数像が1個と3個の境界を与える β が焦線の半径となる.このような図を描くことによって,それぞれの球対称質量モデルに対して,期待される解の個数やその変化が視覚的に理解できて便利である.

次に,図 4.4 左に,2次元像平面における点状光源の複数像の位置の例を示している.図 4.3 の例と同様に,3個の複数像が形成される状況を示しており,全ての複数像が球対称レンズの中心に対応する座標原点と光源の位置を結ぶ直線上に

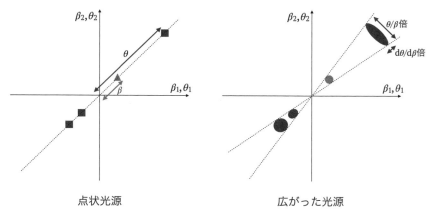

図 4.4 点状光源(左)と広がった光源(右)の重力レンズ複数像.点状光源については3角の光源の位置に対する3個の複数像の位置を4角で示している.広がった光源については,灰色の丸い光源に対して,黒色の3個の複数像の位置と形状を示している.

存在していることが見てとれる．この事実を利用することで，広がった光源の重力レンズ像についても，その性質を図 4.4 右のように理解することができる．より具体的には，光源の位置と像の位置が一直線上に乗る条件から，複数像はそれぞれの位置で図の点線で示される幅を持つことがわかり，相似関係より，球対称レンズを中心とする円の接線方向に，その大きさが θ/β 倍されることがわかる．動径方向には，光源の位置が $d\beta$ 変わるのに対して像の位置が $d\theta$ 動くことから，その大きさが $d\theta/d\beta$ されると考えられる．以上の考察から，接線方向の増光率が

$$\mu_{\mathrm{t}} := \frac{\theta}{\beta} = \frac{1}{1 - \bar{\kappa}} \tag{4.26}$$

となり，動径方向の増光率が

$$\mu_{\mathrm{r}} := \frac{d\theta}{d\beta} = \frac{1}{1 - 2\kappa + \bar{\kappa}} \tag{4.27}$$

となって，像の増光率はそれらの積

$$\mu = \mu_{\mathrm{t}}\mu_{\mathrm{r}} = \frac{1}{(1 - \bar{\kappa})(1 - 2\kappa + \bar{\kappa})} \tag{4.28}$$

で与えられると考えられる．このようにして得られた増光率が，定義から計算した式 (4.17) の増光率と確かに一致していることが確認できる．また，この結果から，複数像が接線方向と動径方向のどちらの方向に歪むかは，μ_{t} と μ_{r} の大きさの比較によって決まることもわかる．$\mu_{\mathrm{t}}^{-1} = 0$ および $\mu_{\mathrm{r}}^{-1} = 0$ から得られる臨界曲線は，接線臨界曲線 (tangential critical curve) および動径臨界曲線 (radial critical curve) と呼ばれる．さらに，μ_{t} と μ_{r} はどちらも正と負の値をとりうるが，その符号は接線方向と動径方向で向きを保つか反転するかに対応していることも，図 4.4 から理解できるだろう．接線方向と動径方向でどちらかが反転したときにのみ像のパリティが反転することになり，3.5.2 項のパリティの議論も，球対称レンズの場合はより直感的に理解できる．

4.2 球対称レンズの具体例

4.2.1 点質量レンズ

点質量レンズ (point mass lens) は，質量密度分布が

$$\rho(\boldsymbol{r}) = M\delta^{\mathrm{D}}(\boldsymbol{r}) \tag{4.29}$$

と Dirac のデルタ関数で与えられる質量モデルであり，星やブラックホールがレンズ天体となる場合の質量モデルとしてよく採用される．第 6 章で議論する重力マイクロレンズにおいて，重要な役割を果たす質量モデルである．収束場を計算すると

$$\kappa(\boldsymbol{\theta}) = \frac{4\pi GM}{c^2} \frac{D_{\mathrm{ls}}}{D_{\mathrm{ol}}D_{\mathrm{os}}} \delta^{\mathrm{D}}(\boldsymbol{\theta}) \tag{4.30}$$

となり，式 (4.8) で与えられる平均収束場は

$$\bar{\kappa}(<\theta) = \frac{1}{\pi\theta^2} \int_{|\boldsymbol{\theta}'|<\theta} d\boldsymbol{\theta}' \, \kappa(\boldsymbol{\theta}') = \frac{4GM}{c^2} \frac{D_{\mathrm{ls}}}{D_{\mathrm{ol}}D_{\mathrm{os}}} \frac{1}{\theta^2} \tag{4.31}$$

と計算できる．したがって，$\bar{\kappa}(<\theta_{\mathrm{Ein}}) = 1$ を満たす Einstein 半径を

$$\theta_{\mathrm{Ein}} = \sqrt{\frac{4GM}{c^2} \frac{D_{\mathrm{ls}}}{D_{\mathrm{ol}}D_{\mathrm{os}}}} \tag{4.32}$$

と求めることができる．この Einstein 半径を用いて，平均収束場および式 (4.16) で定義される接線歪み場を書き表すと

$$\bar{\kappa}(<\theta) = \gamma_+(\theta) = \frac{\theta_{\mathrm{Ein}}^2}{\theta^2} \tag{4.33}$$

となる．さらに，式 (4.11) から曲がり角を計算することで，点質量レンズの重力レンズ方程式を

$$\beta = \theta - \frac{\theta_{\mathrm{Ein}}^2}{\theta} \tag{4.34}$$

と求めることができる．曲がり角の表式から，重力レンズポテンシャルが

$$\psi(\theta) = \theta_{\mathrm{Ein}}^2 \ln \theta \tag{4.35}$$

となることもわかる．

図 4.5 左からわかるように，点質量レンズの重力レンズ方程式 (4.34) は全ての β の値に対して必ず 2 個の解を持つため，どの位置の光源に対しても常に 2 個の複数像が形成される．天球面上の光源の位置が点質量レンズから大きく離れていても複数像が形成されるのは一見奇妙だが，これはもちろん中心で発散する特異的な質量密度分布を採用しているからである．実際は，星であってもブラックホールであっても，ある有限の大きさを持つため，点質量レンズのデルタ関数の近似は，複数像の 1 個がレンズ天体に十分近づいたある段階で破綻することになる．

いずれにせよ，点質量レンズの複数像の位置と増光率は容易に計算できるので

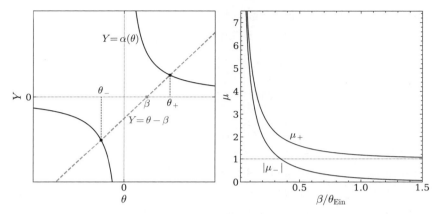

図 4.5 点質量レンズの重力レンズ方程式の図形的考察（左），および光源の位置 β とそれぞれの像の増光率との関係（右）．

求めておこう．Einstein 半径で規格化した光源の位置を

$$y := \frac{\beta}{\theta_{\rm Ein}} \tag{4.36}$$

とおくと，複数像の位置は式 (4.34) を θ についての 2 次方程式と見て解くことで得られ，具体的には 2 個の複数像の位置 θ_+ と θ_- は，複合同順として

$$\frac{\theta_\pm}{\theta_{\rm Ein}} = \frac{y \pm \sqrt{y^2+4}}{2} \tag{4.37}$$

となる．それぞれの像の増光率は，式 (4.17) から計算すると

$$\mu_\pm = \left[1-\left(\frac{\theta_{\rm Ein}}{\theta_\pm}\right)^4\right]^{-1} = \frac{1}{2} \pm \frac{y^2+2}{2y\sqrt{y^2+4}} \tag{4.38}$$

である．図 4.5 右に光源の位置とそれぞれの像の増光率の関係を示す．$y \gg 1$，すなわち $\beta \gg \theta_{\rm Ein}$ の極限で，$|\mu_+| \simeq 1$ および $|\mu_-| \simeq 0$ となり，重力レンズ効果が実質的に無視できることが確認できる．一方で，$y \ll 1$，すなわち $\beta \ll \theta_{\rm Ein}$ では $|\mu_+| \simeq |\mu_-| \simeq 1/(2y) \gg 1$ である．2 個の複数像の増光率の和，すなわち全増光率は

$$\mu_{\rm tot} = |\mu_+| + |\mu_-| = \frac{y^2+2}{y\sqrt{y^2+4}} \tag{4.39}$$

で与えられる．式 (4.38) から，増光率が発散する臨界曲線は $\theta = \theta_{\rm Ein}$ の円のみであることもわかり，対応する焦線は $\beta = 0$ で原点に縮退している．このことは

点質量レンズにおいて複数像の個数が変化しないことと整合的である.

さらに,時間の遅れを式 (3.80) から計算すると,それぞれの複数像に対して

$$
\begin{aligned}
\Delta t(\theta_{\pm};\,\beta) &= \frac{1+z_1}{c}\frac{D_{\mathrm{ol}}D_{\mathrm{os}}}{D_{\mathrm{ls}}}\theta_{\mathrm{Ein}}^2\left(\frac{\theta_{\mathrm{Ein}}^2}{2\theta_{\pm}^2}-\ln|\theta_{\pm}|\right)\\
&= \frac{4GM(1+z_1)}{c^3}\left(\frac{\theta_{\mathrm{Ein}}^2}{2\theta_{\pm}^2}-\ln|\theta_{\pm}|\right)
\end{aligned}
\tag{4.40}
$$

と計算できる.重力レンズポテンシャルについては,式 (4.25) から $\theta_{\pm}$ の絶対値を代入していることに注意する.点質量レンズの時間の遅れは,Schwarzschild 半径 (Schwarzschild radius) $2GM/c^2$ の長さを光が通過する時間のオーダーであることがわかる.観測される時間の遅れは 2 個の複数像の時間の遅れの差であり,これを式 (4.36) で定義される,規格化された光源の位置 y の関数として書き表すと

$$
\begin{aligned}
&\Delta t(\theta_-;\,\beta)-\Delta t(\theta_+;\,\beta)\\
&= \frac{4GM(1+z_1)}{c^3}\left[\frac{y\sqrt{y^2+4}}{2}+\ln\left(\frac{\sqrt{y^2+4}+y}{\sqrt{y^2+4}-y}\right)\right]
\end{aligned}
\tag{4.41}
$$

となる.β が大きいほど 2 個の複数像の経路が非対称的になり経路差が大きくなるため,時間の遅れの差は y の増加関数となっている.またこの表式より,ある時刻に光源から発せられた光は,θ_+ に先に到達し,その後,式 (4.41) で表される時間差ののちに θ_- で観測されることもわかる.

■ 4.2.2 特異等温球

特異等温球 (singular isothermal sphere) は,銀河や銀河団がレンズ天体となるときにしばしば採用される球対称質量モデルである.圧力を与える速度分散 (velocity dispersion) が半径によらず一定であることから等温と呼ばれ,原点で密度分布が発散することから特異と呼ばれる.具体的には,速度分散 σ^2 を用いて,動径質量密度分布が

$$
\rho(r)=\frac{\sigma^2}{2\pi Gr^2}
\tag{4.42}
$$

と与えられる.収束場を計算すると

$$
\kappa(\theta)=\frac{2\sigma^2}{c^2}\frac{D_{\mathrm{ol}}D_{\mathrm{ls}}}{D_{\mathrm{os}}}\int_{-\infty}^{\infty}dZ\frac{1}{Z^2+D_{\mathrm{ol}}^2\theta^2}=\frac{2\pi\sigma^2}{c^2}\frac{D_{\mathrm{ls}}}{D_{\mathrm{os}}}\frac{1}{\theta}
\tag{4.43}
$$

となるため，Einstein 半径は

$$\theta_{\mathrm{Ein}} = \frac{4\pi\sigma^2}{c^2} \frac{D_{\mathrm{ls}}}{D_{\mathrm{os}}} \tag{4.44}$$

となり，Einstein 半径を用いて収束場と平均収束場を

$$\kappa(\theta) = \frac{\theta_{\mathrm{Ein}}}{2\theta} \tag{4.45}$$

$$\bar{\kappa}(<\theta) = \frac{\theta_{\mathrm{Ein}}}{\theta} \tag{4.46}$$

と表すことができる．これらの結果から，式 (4.16) より接線歪み場を

$$\gamma_+(\theta) = \frac{\theta_{\mathrm{Ein}}}{2\theta} \tag{4.47}$$

と計算でき，収束場と接線歪み場が一致することがわかる．

式 (4.6) に従って重力レンズポテンシャルを計算すると

$$\psi(\theta) = \theta_{\mathrm{Ein}}\theta \tag{4.48}$$

となるため，曲がり角は

$$\alpha(\theta) = \theta_{\mathrm{Ein}} \tag{4.49}$$

と定数になる．θ の大きい極限でも $\alpha(\theta)$ がゼロに漸近しないのは一見すると不思議だが，これは式 (4.42) から計算される，特異等温球の半径 r の 3 次元球内の全質量が $M(<r) \propto r$ と r に比例するため，$r \to \infty$ で $M(<r) \to \infty$ と発散することに由来する．全質量が発散するため，特異等温球は物理的に整合的な質量モデルではないが，例えば銀河の中心部分の質量密度分布の近似モデルとしては，観測と比較的よく一致していることもあり，依然として有用である．

特異等温球の重力レンズ方程式は，式 (4.24) に従って $\theta < 0$ に拡張すると

$$\beta = \theta - \theta_{\mathrm{Ein}} \frac{\theta}{|\theta|} \tag{4.50}$$

と書ける．図 4.6 左の図形的考察により，この重力レンズ方程式は，$\beta < \theta_{\mathrm{Ein}}$ のときに 2 個，$\beta > \theta_{\mathrm{Ein}}$ のときに 1 個の解を持つことがわかる．式 (4.36) と同様に，$y := \beta/\theta_{\mathrm{Ein}}$ とおくと，$y < 1$ の場合の複数像の位置 $\theta_\pm$ は，複合同順として

$$\frac{\theta_\pm}{\theta_{\mathrm{Ein}}} = y \pm 1 \tag{4.51}$$

となる．ここから直ちに，天球面上の 2 個の複数像の間の距離に対して

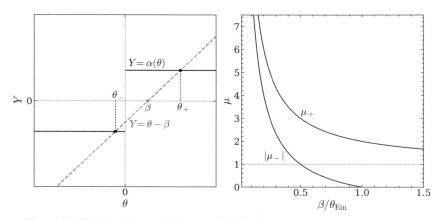

図 4.6 特異等温球の重力レンズ方程式の図形的考察(左),および光源の位置 β とそれぞれの像の増光率との関係(右).

$$\theta_+ - \theta_- = 2\theta_{\text{Ein}} \tag{4.52}$$

が成り立つことがわかるので,複数像の位置の観測によって Einstein 半径が測定できることになる.また,それぞれの像の増光率は,式 (4.17) より

$$\mu_\pm = \left(1 - \frac{\theta_{\text{Ein}}}{|\theta_\pm|}\right)^{-1} = 1 \pm \frac{1}{y} \tag{4.53}$$

である.図 4.6 右より,光源の位置 β を増やしていくと,θ_- に対応する複数像が原点に近づいていき,また増光率も 0 に近づいていって,$\beta = \theta_{\text{Ein}}$ でその複数像が消えることがわかる.原点が特異的なので,特異等温球の場合は像の増減は 1 個のみで,像平面の原点で起こる.全増光率は

$$\mu_{\text{tot}} = |\mu_+| + |\mu_-| = \frac{2}{y} \tag{4.54}$$

で与えられる.

時間の遅れは,式 (3.80) から,点質量レンズの場合と同様に重力レンズポテンシャルの符号に注意して,それぞれの複数像について

$$\Delta t(\theta_\pm; \beta) = \frac{1+z_{\text{l}}}{c}\frac{D_{\text{ol}}D_{\text{os}}}{D_{\text{ls}}}\theta_{\text{Ein}}^2\left(\frac{1}{2} - \frac{|\theta_\pm|}{\theta_{\text{Ein}}}\right) \tag{4.55}$$

と計算できる.観測可能な 2 個の複数像の間の時間の遅れを計算し,規格化された光源の位置 y の関数として書き表すと

$$\Delta t(\theta_-; \beta) - \Delta t(\theta_+; \beta) = 2\frac{1+z_1}{c}\frac{D_{\mathrm{ol}}D_{\mathrm{os}}}{D_{\mathrm{ls}}}\theta_{\mathrm{Ein}}^2 y$$

$$= 2\frac{1+z_1}{c}\frac{D_{\mathrm{ol}}D_{\mathrm{ls}}}{D_{\mathrm{os}}}\left(\frac{4\pi\sigma^2}{c^2}\right)^2 y \qquad (4.56)$$

となり，点質量レンズの場合と同様に，θ_+ に先に光が到達すること，および時間の遅れが y の増加関数であることがわかる．さらに，式 (4.51) から得られる以下の関係式

$$\frac{\theta_+^2 - \theta_-^2}{2} = 2\theta_{\mathrm{Ein}}^2 y \qquad (4.57)$$

を用いることで，式 (4.56) は

$$\Delta t(\theta_-; \beta) - \Delta t(\theta_+; \beta) = \frac{1+z_1}{c}\frac{D_{\mathrm{ol}}D_{\mathrm{os}}}{D_{\mathrm{ls}}}\frac{\theta_+^2 - \theta_-^2}{2} \qquad (4.58)$$

と，観測される複数像の位置 $\theta_\pm$ を用いた簡潔な形でも表すことができる．

■ 4.2.3　コア等温球

コア等温球 (cored isothermal sphere) は，式 (4.42) の質量密度分布で定義される特異等温球の中心に密度一定となるコアを導入し，原点の特異性を取り除いた質量モデルである．具体的には，コア等温球の質量密度分布は

$$\rho(r) = \frac{\sigma^2}{2\pi G}\frac{1}{r^2 + r_{\mathrm{c}}^2} \qquad (4.59)$$

で与えられる．Einstein 半径は，以下で具体的に示すように，式 (4.44) で与えられる特異等温球の場合の Einstein 半径とは異なるが，式 (4.44) は角度スケールの基準として依然として有用なので

$$\theta_0 := \frac{4\pi\sigma^2}{c^2}\frac{D_{\mathrm{ls}}}{D_{\mathrm{os}}} \qquad (4.60)$$

と定義しておき，またコア半径 r_{c} を見込む角度を

$$\theta_{\mathrm{c}} := \frac{r_{\mathrm{c}}}{D_{\mathrm{ol}}} \qquad (4.61)$$

と定義する．このとき，収束場および平均収束場は

$$\kappa(\theta) = \frac{2\sigma^2}{c^2}\frac{D_{\mathrm{ol}}D_{\mathrm{ls}}}{D_{\mathrm{os}}}\int_{-\infty}^{\infty}dZ\,\frac{1}{Z^2 + D_{\mathrm{ol}}^2(\theta^2 + \theta_{\mathrm{c}}^2)} = \frac{\theta_0}{2\sqrt{\theta^2 + \theta_{\mathrm{c}}^2}} \qquad (4.62)$$

$$\bar{\kappa}(<\theta) = \frac{\theta_0}{\theta^2}\left(\sqrt{\theta^2 + \theta_{\mathrm{c}}^2} - \theta_{\mathrm{c}}\right) \qquad (4.63)$$

となり，また重力レンズポテンシャルは，式 (4.6) から計算して定数項を無視することで

$$\psi(\theta) = \theta_0 \left[\sqrt{\theta^2 + \theta_c^2} - \theta_c \ln\left(\theta_c + \sqrt{\theta^2 + \theta_c^2}\right) \right] \tag{4.64}$$

と書き表すことができる．

これらの計算結果より，コア等温球の重力レンズ方程式は

$$\beta = \theta - \frac{\theta_0}{\theta}\left(\sqrt{\theta^2 + \theta_c^2} - \theta_c\right) \tag{4.65}$$

となる．この方程式は，整理すると θ についての 3 次方程式となることがわかるので，方程式の実数解に対応する複数像の個数が 1 個または 3 個であることがわかるが，複数像の個数については図 4.7 左の図形的考察からも明らかだろう．

式 (4.26) および (4.27) から，接線臨界曲線と動径臨界曲線を求めておく．まず，接線臨界曲線については，Einstein 半径 $\theta_{\rm Ein}$ を半径とする円となるが，Einstein 半径を式 (4.18) から計算すると，$\theta_c < \theta_0/2$ のとき解が存在し

$$\theta_{\rm Ein} = \theta_0\sqrt{1 - \frac{2\theta_c}{\theta_0}} \tag{4.66}$$

となることがわかる．コア半径 θ_c が増加するにつれて，Einstein 半径が減少していく．接線臨界曲線に対応する焦線は $\beta = 0$ であり原点で縮退している．一方，動径臨界曲線については，式 (4.27) より

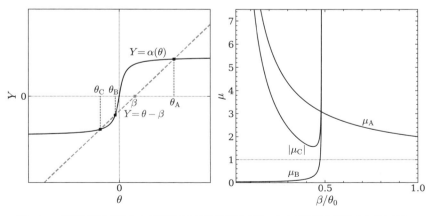

図 4.7 コア等温球の重力レンズ方程式の図形的考察（左），および光源の位置 β とそれぞれの像の増光率との関係（右）．この例では，コア半径は $\theta_c/\theta_0 = 0.08$ である．

$$1 - 2\kappa + \bar{\kappa} = 1 - \frac{\theta_0}{\sqrt{\theta^2 + \theta_{\rm c}^2}} + \frac{\theta_0}{\theta^2} \left(\sqrt{\theta^2 + \theta_{\rm c}^2} - \theta_{\rm c} \right) = 0 \tag{4.67}$$

を満たす θ がその半径となる. この方程式も $\theta_{\rm c} < \theta_0/2$ のときに解を持ち, その解を $\theta_{\rm r}$ と置くと

$$\theta_{\rm r} = \theta_0 \sqrt{\frac{\theta_{\rm c}}{\theta_0} - \frac{\theta_{\rm c}^2}{2\theta_0^2} - \frac{\theta_{\rm c}^2}{2\theta_0^2} \sqrt{1 + \frac{4\theta_0}{\theta_{\rm c}}}} \tag{4.68}$$

で与えられる. この解を重力レンズ方程式 (4.65) に代入することで, 対応する焦線の半径を求めることもできる.

図 4.7 右に, 複数像のそれぞれの明るさが光源の位置 β の変化に伴いどのように変化するかが示されている. $\beta \ll \theta_0$ のとき, 像Aと像Cが大きく増光されており, 像Bは非常に暗くなっている. β の増加に伴い, 像Bと像Cの位置が近づき, これらの増光率も近づいていく. 3.6 節でも議論されたように, 光源の位置が焦線に近づくと像Bと像Cが大きく増光され, 焦線を通過した段階で像Bと像Cは消滅し, 像Aのみが観測されるようになる. したがって, コア等温球は, 3.8.2 項で紹介した奇数定理が成り立つ最も単純な質量モデルの例の1つである.

■ 4.2.4 Navarro-Frenk-White (NFW) モデル

NFW モデル (NFW model) は, Navarro, Frenk, White によって提唱[53]された, N 体シミュレーション (N-body simulation) で得られたダークマターハロー (dark matter halo) の質量密度分布を表すモデルである. より具体的には, ある典型的な半径 $r_{\rm s}$ と密度 $\rho_{\rm s}$ を用いて, 質量密度分布が

$$\rho(r) = \frac{\rho_{\rm s}}{(r/r_{\rm s})(1 + r/r_{\rm s})^2} \tag{4.69}$$

で与えられるモデルである. ダークマターハローの質量を M[*2)], 半径を r_Δ とおくと, 質量と質量密度に対する以下の関係

$$M = \frac{4\pi}{3} r_\Delta^3 \Delta(z) \bar{\rho}_{\rm m}(z) = \int_0^{r_\Delta} dr \, \rho(r) 4\pi r^2 \tag{4.70}$$

から $\rho_{\rm s}$ と $r_{\rm s}$ が決まる. ただし $\Delta(z)$ は非線形密度超過 (nonlinear overdensity)

[*2)] あるダークマターハローを考えた場合, その質量 M は, 式 (4.70) にも示されているとおり, 質量密度分布 $\rho(r)$ を $r = r_\Delta$ まで積分して得られる質量なので, 非線形密度超過 $\Delta(z)$ の値に依存する. その依存性を示すために質量を M_Δ と書くこともあるが, ここでは質量を単に M と表記している.

であり，球対称崩壊モデル (spherical collapse model) から計算される値[54] や，宇宙の臨界質量密度の 200 倍などの値が典型的に採用される．$\bar{\rho}_{\mathrm{m}}(z)$ は赤方偏移 z における宇宙の平均質量密度である．NFW モデルの計算では，r_{s} の代わりに以下の中心集中度パラメータ (concentration parameter)

$$c_\Delta := \frac{r_\Delta}{r_{\mathrm{s}}} \tag{4.71}$$

がよくパラメータとして採用されるが，このとき ρ_{s} と r_{s} は，式 (4.70) より

$$\rho_{\mathrm{s}} = \frac{\Delta(z)\bar{\rho}_{\mathrm{m}}(z)c_\Delta^3}{3m_{\mathrm{NFW}}(c_\Delta)} \tag{4.72}$$

$$r_{\mathrm{s}} = \frac{r_\Delta}{c_\Delta} = \left[\frac{3M}{4\pi\Delta(z)\bar{\rho}_{\mathrm{m}}(z)}\right]^{1/3} \frac{1}{c_\Delta} \tag{4.73}$$

と表される．$m_{\mathrm{NFW}}(x)$ は

$$m_{\mathrm{NFW}}(x) := \int_0^x dr \frac{r}{(1+r)^2} = \ln(1+x) - \frac{x}{1+x} \tag{4.74}$$

で定義される，NFW モデルにおける，ある半径内の球の内部の全質量の計算に必要となる関数である．

　球対称 NFW モデルの重力レンズ計算の利点は，曲がり角などが解析的に計算できる点である[55, 56]．以下では導出を省略し，結果のみを示すことにすると，まず重力レンズポテンシャルについて

$$\psi(\theta) = \frac{2\rho_{\mathrm{s}}r_{\mathrm{s}}}{\Sigma_{\mathrm{cr}}} \theta_{\mathrm{s}}^2 \left[\left(x^2 - 1\right)F^2(x) + \ln^2\left(\frac{x}{2}\right)\right] \tag{4.75}$$

となる．ただし

$$\theta_{\mathrm{s}} := \frac{r_{\mathrm{s}}}{D_{\mathrm{ol}}} \tag{4.76}$$

$$x := \frac{\theta}{\theta_{\mathrm{s}}} \tag{4.77}$$

であり，関数 $F(x)$ は

$$F(x) := \begin{cases} \dfrac{1}{\sqrt{1 - x^2}} \operatorname{arctanh}\sqrt{1 - x^2} & (x < 1) \\[3mm] \dfrac{1}{\sqrt{x^2 - 1}} \arctan\sqrt{x^2 - 1} & (x > 1) \end{cases} \tag{4.78}$$

で定義される．曲がり角は

4.2 球対称レンズの具体例   77

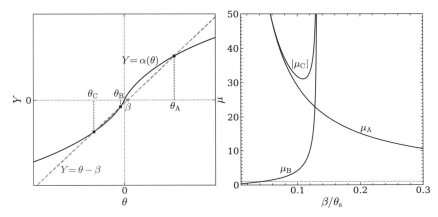

図 4.8 NFW モデルの重力レンズ方程式の図形的考察（左），および光源の位置 β とそれぞれの像の増光率との関係（右）．

$$\alpha(\theta) = \frac{4\rho_s r_s}{\Sigma_{\rm cr}} \frac{\theta_s}{x} \left[F(x) + \ln\left(\frac{x}{2}\right) \right] \tag{4.79}$$

となり，収束場と平均収束場はそれぞれ

$$\kappa(\theta) = \frac{2\rho_s r_s}{\Sigma_{\rm cr}} \frac{1}{(x^2-1)} \left[1 - F(x) \right] \tag{4.80}$$

$$\bar{\kappa}(<\theta) = \frac{4\rho_s r_s}{\Sigma_{\rm cr}} \frac{1}{x^2} \left[F(x) + \ln\left(\frac{x}{2}\right) \right] \tag{4.81}$$

となる．これらから接線歪み場も式 (4.16) によって計算できるが，具体的な表式はここでは省略する．図 4.8 に，NFW モデルの重力レンズ方程式の図形的考察および増光率を示しているが，像の個数については，4.2.3 項で紹介したコア等温球の場合と同様で，複数像の個数は 1 個または 3 個となる．これまでの質量モデルに比べて，増光率が全体的に大きめとなっているが，その理由について次項で考察する．

■ 4.2.5 冪分布レンズ

レンズ天体の動径質量密度分布の依存性を調べる上で有用となる質量モデルが，球対称の冪分布レンズ (power-law lens) なので紹介しておく．具体的には，冪のパラメータを η として，質量密度分布が

$$\rho(r) \propto r^{-\eta} \tag{4.82}$$

で与えられる質量モデルである. $\eta = 2$ が 4.2.2 項で紹介した特異等温球に対応している. 収束場は質量密度分布を視線方向に沿って積分して得られるので, $\kappa \propto \theta^{1-\eta}$ となると考えられる. 以下では, 収束場が中心集中した $\eta > 1$ の場合のみを考える. 式 (4.18) の平均収束場と Einstein 半径との関係から, 平均収束場が

$$\bar{\kappa}(<\theta) = \left(\frac{\theta}{\theta_{\mathrm{Ein}}}\right)^{1-\eta} \tag{4.83}$$

と書き表せることがわかるので, 曲がり角は

$$\alpha(\theta) = \theta_{\mathrm{Ein}} \left(\frac{\theta}{\theta_{\mathrm{Ein}}}\right)^{2-\eta} \tag{4.84}$$

となり, 収束場は

$$\kappa(\theta) = \frac{3-\eta}{2} \left(\frac{\theta}{\theta_{\mathrm{Ein}}}\right)^{1-\eta} \tag{4.85}$$

となることがわかる. 式 (4.16) から, 接線歪み場は

$$\gamma_+(\theta) = \frac{\eta-1}{2} \left(\frac{\theta}{\theta_{\mathrm{Ein}}}\right)^{1-\eta} \tag{4.86}$$

となって, $\eta > 1$ のとき確かに円の接線方向に像が歪むことがわかる. 重力レンズポテンシャルは, 式 (4.84) を積分すればよく

$$\psi(\theta) = \frac{\theta_{\mathrm{Ein}}^2}{3-\eta} \left(\frac{\theta}{\theta_{\mathrm{Ein}}}\right)^{3-\eta} \tag{4.87}$$

となる.

まず, 像の個数を議論するために, 式 (4.27) を用いて動径臨界曲線を考える. 動径臨界曲線は

$$\mu_{\mathrm{r}}^{-1} = 1 - 2\kappa + \bar{\kappa} = 1 - (2-\eta)\left(\frac{\theta}{\theta_{\mathrm{Ein}}}\right)^{1-\eta} = 0 \tag{4.88}$$

を満たす半径 θ の円で与えられるので, 動径臨界曲線が存在する条件は, 明らかに $\eta < 2$ である. $\eta < 2$ のとき複数像が最大 3 個生成され, 一方 $\eta \geq 2$ のときは複数像は 2 個まで生成される. 複数像の最大の個数は, 式 (4.84) の曲がり角の表式を用いた図形的な考察からも容易に得られる.

また, 複数像の典型的な増光率を議論するために, 例として Einstein 半径における動径方向の増光率を計算する. 式 (4.27) より具体的に計算すると

$$\mu_{\mathrm{r}}(\theta_{\mathrm{Ein}}) = \frac{1}{2\left[1 - \kappa(\theta_{\mathrm{Ein}})\right]} = \frac{1}{\eta - 1} \tag{4.89}$$

となって，η が小さいほど，すなわち冪が緩やかなほど，動径方向の増光率が大きくなり，全増光率も大きくなることがわかる．NFW モデルは，中心付近での動径質量密度分布が $\rho \propto r^{-1}$，すなわち $\eta = 1$ に漸近するため，図 4.8 の例にも示されているとおり，増光率が比較的大きくなるのである．

4.3 外部摂動の影響

これまで球対称の質量モデルを考えてきたが，詳細な重力レンズ解析を行う際には，レンズ天体の非球対称性を考慮することが必須である．非球対称性は，以下で具体的に見ていくように，複数像の個数を変えるなど，強い重力レンズにおいて特に大きな影響を及ぼす．ここでは，非球対称性を生む要因の 1 つとなる，レンズ天体近傍の他の天体等からの外部摂動の影響を議論する．

4.3.1 外部構造に起因する重力レンズポテンシャルの摂動

例として，$\boldsymbol{\theta}_0 = (\theta_0 \cos\varphi_0, \theta_0 \sin\varphi_0)$ の位置に，重力レンズポテンシャルが ψ_{X} で表される天体がある状況を考える．この重力レンズポテンシャルが，天球座標の原点付近で実効的に $\psi_{\mathrm{ext}}(\boldsymbol{\theta})$ の重力レンズポテンシャルを持つとして，$\psi_{\mathrm{ext}}(\boldsymbol{\theta})$ の表式を求めたい．$|\boldsymbol{\theta}_0|$ が十分大きいとして，Taylor 展開 (Taylor expansion) すると

$$\begin{aligned}
\psi_{\mathrm{ext}}(\boldsymbol{\theta}) &:= \psi_{\mathrm{X}}(\boldsymbol{\theta} - \boldsymbol{\theta}_0) \\
&= \psi_{\mathrm{X}}(-\boldsymbol{\theta}_0) + \boldsymbol{\theta} \cdot \left.\frac{\partial \psi_{\mathrm{X}}}{\partial \boldsymbol{\theta}}\right|_{-\boldsymbol{\theta}_0} + \frac{1}{2}\boldsymbol{\theta} \cdot H\left(\psi_{\mathrm{X}}(-\boldsymbol{\theta}_0)\right)\boldsymbol{\theta} + \cdots
\end{aligned} \tag{4.90}$$

となる．ただし $H(\psi_{\mathrm{X}})$ は Hesse 行列である．式 (4.90) の右辺の第 1 項は定数で意味がなく，第 2 項は曲がり角一定の項なので，その影響は光源の位置の平行移動に完全に押し込めることができる．したがって，物理的に意味のある影響は，右辺第 3 項以降から生じる．重力レンズポテンシャル ψ_{X} から計算される収束場 κ_{X} および歪み場 $\gamma_{\mathrm{X}1}$，$\gamma_{\mathrm{X}2}$ に対して

$$\kappa_{\mathrm{X}}(-\boldsymbol{\theta}_0) =: \kappa_{\mathrm{ext}} \tag{4.91}$$

$$\gamma_{\mathrm{X}1}(-\boldsymbol{\theta}_0) =: -\gamma_{\mathrm{ext}} \cos 2\varphi_0 \tag{4.92}$$

$$\gamma_{\mathrm{X}2}(-\boldsymbol{\theta}_0) =: -\gamma_{\mathrm{ext}} \sin 2\varphi_0 \tag{4.93}$$

によって，定数の収束場 κ_{ext} と歪み場 γ_{ext} を定義すると，式 (4.90) の右辺第 3 項は，$\boldsymbol{\theta} = (\theta\cos\varphi, \theta\sin\varphi)$ の極座標表示で

$$\psi_{\mathrm{ext}}(\boldsymbol{\theta}) \simeq \frac{\theta^2}{2}\left[\kappa_{\mathrm{ext}} - \gamma_{\mathrm{ext}}\cos 2(\varphi - \varphi_0)\right] \tag{4.94}$$

と書き表すことができるので，κ_{ext} と γ_{ext} が外部摂動の実質的な最低次の寄与として入ることがわかる[57]．κ_{ext} と γ_{ext} は，それぞれ外部収束場 (external convergence) と外部歪み場 (external shear) と呼ばれる．式 (4.92) と (4.93) から，外部歪み場 γ_{ext} は方位角 φ_0 の摂動天体に対する接線歪み場として定義されており，φ_0 が摂動を起こす天体の方向に対応する方位角を表していて，外部摂動の歪み場が確かに球対称性をやぶることが見てとれる．外部摂動の影響が大きい場合，より高次の摂動も無視できなくなるので注意が必要である．例えば，5.1 節で解説する質量モデリング (mass modeling) でたびたび採用される高次の摂動として，パラメータ δ と φ_δ で表される

$$\psi_{\mathrm{3rd}}(\boldsymbol{\theta}) = \frac{\delta}{4}\theta^3\left[\sin(\varphi - \varphi_\delta) + \sin 3(\varphi - \varphi_\delta)\right] \tag{4.95}$$

の重力レンズポテンシャルが知られている．

■ 4.3.2　外部歪み場による非球対称重力レンズ

外部摂動に起因する非球対称な重力レンズの簡単な例として，特異等温球に外部歪み場がある場合を考えよう．一般性を失うことなく外部構造が θ_2 軸上にあると仮定する，すなわち $\varphi_0 = \pi/2$ と選ぶことができ，このとき重力レンズポテンシャルは，極座標とデカルト座標の両方で表記して

$$\psi(\boldsymbol{\theta}) = \theta_{\mathrm{Ein}}\theta + \frac{\gamma_{\mathrm{ext}}}{2}\theta^2\cos 2\varphi = \theta_{\mathrm{Ein}}\sqrt{\theta_1^2 + \theta_2^2} + \frac{\gamma_{\mathrm{ext}}}{2}\left(\theta_1^2 - \theta_2^2\right) \tag{4.96}$$

となる．これより，重力レンズ方程式は

$$\beta_1 = \left[(1 - \gamma_{\mathrm{ext}})\theta - \theta_{\mathrm{Ein}}\right]\cos\varphi = (1 - \gamma_{\mathrm{ext}})\theta_1 - \frac{\theta_{\mathrm{Ein}}\theta_1}{\sqrt{\theta_1^2 + \theta_2^2}} \tag{4.97}$$

$$\beta_2 = \left[(1 + \gamma_{\mathrm{ext}})\theta - \theta_{\mathrm{Ein}}\right]\sin\varphi = (1 + \gamma_{\mathrm{ext}})\theta_2 - \frac{\theta_{\mathrm{Ein}}\theta_2}{\sqrt{\theta_1^2 + \theta_2^2}} \tag{4.98}$$

の2つの方程式となる．この方程式の一般解は，簡単な形では書き表せないが，複数像の配置や個数については，臨界曲線や焦線を調べることで定性的な理解が可能である．臨界曲線を求めるために，増光率の逆数を式 (3.56) に従って計算すると，極座標で表記して

$$\mu^{-1} = 1 - \gamma_{\text{ext}}^2 - \frac{\theta_{\text{Ein}}}{\theta} \left(1 - \gamma_{\text{ext}} \cos 2\varphi \right) \tag{4.99}$$

となるので，$\mu^{-1} = 0$ を解くことで，臨界曲線の媒介変数表示を

$$\theta(\varphi) = \frac{1 - \gamma_{\text{ext}} \cos 2\varphi}{1 - \gamma_{\text{ext}}^2} \theta_{\text{Ein}} \tag{4.100}$$

と得ることができる．ここから，$\gamma_{\text{ext}} > 0$ の場合，臨界曲線の長軸が外部摂動の方向を向くことがわかる．この結果を重力レンズ方程式 (4.97) および (4.98) に代入することで，焦線がアステロイド曲線 (astroid)

$$\beta_1(\varphi) = -\frac{2\gamma_{\text{ext}}}{1 + \gamma_{\text{ext}}} \theta_{\text{Ein}} \cos^3 \varphi \tag{4.101}$$

$$\beta_2(\varphi) = \frac{2\gamma_{\text{ext}}}{1 - \gamma_{\text{ext}}} \theta_{\text{Ein}} \sin^3 \varphi \tag{4.102}$$

となることが示せる．さらに，特異になっている $\boldsymbol{\theta} = 0$ に対応する光源平面の曲線は，半径 θ_{Ein} の円であり，これがもう1つの焦線となる．

図 4.9 に，このようにして求められる臨界曲線と焦線を示している．内側の焦線は4つの尖点 (cusp) を持つが，このような尖点は非球対称レンズの焦線に普遍的に見られる．また，この例でさまざまな光源の位置での複数像の位置も示している．外側から内側に光源天体の位置が移動するとき，焦線の通過に応じて複数像の個数が1個から2個，また2個から4個に増加していることが見てとれる．特異等温球の場合は最大で2個の複数像が生成されたが，外部歪み場を加えることで最大で4個の複数像が生成される．参考までに，γ_{ext} の値が大きくなると，内側の4つの尖点を持つ焦線の一部が円形の焦線の外側に出ることもあり，その場合は3個の複数像が生成される状況も生じうる．

■ 4.3.3 質量薄板縮退

式 (4.94) に含まれるもう1つの項，外部収束場 κ_{ext} の影響についてもここで議論しておく．一般的な質量レンズによる曲がり角 $\boldsymbol{\alpha}(\boldsymbol{\theta})$ に対して，外部収束場の摂動を加えると，重力レンズ方程式 (3.1) は

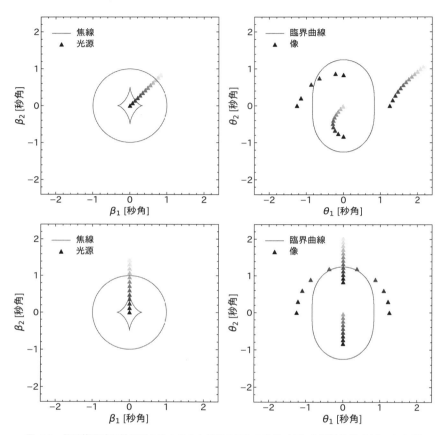

図 4.9 特異等温球に外部歪み場を加えた質量モデルの焦線（左）と臨界曲線（右），および光源の位置とそれに対応した複数像の位置．異なる光源およびそれに対応した複数像を異なる濃さで示している．この例ではモデルパラメータは $\theta_{\mathrm{Ein}} = 1$ 秒角および $\gamma_{\mathrm{ext}} = 0.2$ としている．上のパネルと下のパネルで光源の位置を異なる方向に動かしている．

$$\boldsymbol{\beta} = \boldsymbol{\theta} - \boldsymbol{\alpha}(\boldsymbol{\theta}) - \kappa_{\mathrm{ext}}\boldsymbol{\theta} \tag{4.103}$$

と変更を受ける．この式を書き換えると

$$(1-\kappa_{\mathrm{ext}})^{-1}\boldsymbol{\beta} = \boldsymbol{\theta} - (1-\kappa_{\mathrm{ext}})^{-1}\boldsymbol{\alpha}(\boldsymbol{\theta}) \tag{4.104}$$

となるので，観測できない光源の位置を $(1-\kappa_{\mathrm{ext}})$ 倍ずらし，もとの曲がり角 $\boldsymbol{\alpha}(\boldsymbol{\theta})$ も $(1-\kappa_{\mathrm{ext}})$ 倍変換することで，外部収束場の摂動の影響を見かけ上打ち消して，

観測される複数像の位置を不変に保つことができることを意味している．言い換えると，一般の単一レンズ平面の重力レンズ方程式において，直接観測できない重力レンズポテンシャル ψ と光源位置 $\boldsymbol{\beta}$ に対する以下の質量薄板変換 (mass-sheet transformation)

$$\psi(\boldsymbol{\theta}) \to (1 - \kappa_{\mathrm{ext}})\psi(\boldsymbol{\theta}) + \kappa_{\mathrm{ext}}\frac{|\boldsymbol{\theta}|^2}{2} \tag{4.105}$$

$$\boldsymbol{\beta} \to (1 - \kappa_{\mathrm{ext}})\boldsymbol{\beta} \tag{4.106}$$

によって，観測量である像の位置は不変に保たれる．この縮退は質量薄板縮退 (mass-sheet degeneracy) と呼ばれ，特に強い重力レンズ解析における不定性の一因となっている[58]．式 (4.105) の変換は，$\kappa_{\mathrm{ext}} > 0$ とすると，実効的に質量分布の中心集中度を下げる変換であるため，質量薄板縮退の存在は，重力レンズ現象の観測から動径密度分布，例えば 4.2.5 項で考えた冪分布レンズの冪，を決めることが容易ではないことを示唆する．

　質量薄板縮退が，重力レンズ像の位置以外の性質にどのような影響を与えるかも見ておこう．まず，式 (4.105) の質量薄板変換によって，式 (3.27) の Jacobi 行列が $(1 - \kappa_{\mathrm{ext}})$ 倍されるため，式 (3.56) で定義される増光率は

$$\mu \to (1 - \kappa_{\mathrm{ext}})^{-2}\mu \tag{4.107}$$

と変換される．薄板を挿入することで，実効的に質量分布の中心集中度を下げるため，4.2.5 項の議論に従って増光率は増加する．しかし，銀河やクエーサーなどの通常の光源の場合，重力レンズ増光前の元々の光源の明るさがわからないため，増光率は直接の観測量ではない．複数像の増光率の比については，観測された複数像の見かけの明るさの比から観測可能なので，観測量となるが，式 (4.107) の変換が全ての複数像に適用されるため，質量薄板変換によって，増光率の比は不変に保たれる．したがって，複数像の見かけの明るさの比の観測によって，質量薄板縮退をやぶることはできない．例外的な状況として，光源が Ia 型超新星爆発 (Type Ia supernova) のような標準光源 (standard candle) で，重力レンズ増光前の元々の光源の明るさが推定できる場合，質量薄板縮退をやぶることができる．

　次に，時間の遅れに対する影響を考える．式 (3.80) の右辺の前係数を除いた部分について，質量薄板変換によって

$$\frac{|\boldsymbol{\theta} - \boldsymbol{\beta}|^2}{2} - \psi(\boldsymbol{\theta}) \to (1 - \kappa_{\text{ext}}) \left[\frac{|\boldsymbol{\theta} - \boldsymbol{\beta}|^2}{2} - \psi(\boldsymbol{\theta}) \right]$$
$$- \kappa_{\text{ext}}(1 - \kappa_{\text{ext}}) \frac{|\boldsymbol{\beta}|^2}{2} \tag{4.108}$$

と複雑な形で変換される．ただし，実際に観測可能な時間の遅れは，式 (3.85) で表される複数像の間の時間の遅れである．同じ光源の複数像に対しては，光源の位置 $\boldsymbol{\beta}$ は共通のため，式 (4.108) の右辺第 2 項は観測される時間の遅れには寄与せず，結局 $\boldsymbol{\theta}_{\mathrm{A}}$ と $\boldsymbol{\theta}_{\mathrm{B}}$ の位置の複数像間の時間の遅れが，質量薄板変換によって

$$\Delta t_{\mathrm{AB}} \to (1 - \kappa_{\text{ext}}) \Delta t_{\mathrm{AB}} \tag{4.109}$$

と変換されることがわかる．したがって，もし角径距離の比で表される，時間の遅れの前係数が既知だとすると，時間の遅れの観測によって質量薄板縮退をやぶることができるが，多くの状況では，むしろ時間の遅れの観測によって角径距離ないし Hubble 定数を測定することになり，その場合は質量薄板縮退は測定の系統誤差の大きな要因の 1 つとなる．5.3 節において，時間の遅れを用いた Hubble 定数測定の系統誤差をより詳しく議論する．

4.4 楕円分布を持つ質量モデル

　非球対称性を持つ質量モデルとしてよく採用されるのが，球対称性を持つさまざまな質量モデルを楕円分布に拡張したモデルである．銀河や銀河団の実際の形状を観測すると，天球面上で円形ではなくどちらかといえば楕円の形状を有しているため，その意味でもより現実的な質量モデルと言える．

4.4.1 楕円質量面密度
　楕円質量面密度分布を持つ質量モデルは，球対称レンズに対して質量面密度分布ないし収束場の等密度線 (isodensity contour) を円から楕円に変更することで得られる．より具体的には，球対称モデルの収束場 $\kappa(\theta)$ に対して，θ を以下で定義される v に置き換える

$$\kappa(\theta): \quad \theta \to v := \sqrt{\frac{\theta_1^2}{(1-e)} + (1-e)\theta_2^2} \tag{4.110}$$

ことによって，θ_2 軸方向に伸びた楕円分布を持つ収束場 $\kappa(v)$ が得られる．さらに座標系を回転させることで，長軸が任意の向きの楕円分布を持つ収束場を得ることができる．楕円率 (ellipticity) e は，ここでは楕円の短軸 (minor axis) と長軸 (major axis) の比が $1 - e$ となる量として定義されている．

上記の手続きによって楕円分布を持つ収束場 $\kappa(v)$ が得られれば，式 (3.3) や (3.2) によって，重力レンズポテンシャルや曲がり角を計算できるが，これらの積分は多くの場合解析的に解けず，数値積分 (numerical integration) が必要となる．数値積分を行う場合，実際には式 (3.3) や (3.2) の 2 次元積分を直接行う必要はなく，楕円対称性を利用することで，楕円質量面密度分布の重力レンズポテンシャル，曲がり角，歪み場などは，球対称レンズの曲がり角や収束場を用いた 1 次元積分の形で書かれることが知られている[59]．

■ 4.4.2 特異等温楕円体およびコア等温楕円体

ここでは，解析的に計算できる楕円質量モデルの数少ない例の 1 つとして，4.2.2 項と 4.2.3 項で考えた特異等温球およびコア等温球を楕円分布に拡張した，特異等温楕円体 (singular isothermal ellipsoid) およびコア等温楕円体 (cored isothermal ellipsoid) を紹介する．

コア等温楕円体の収束場は，式 (4.62) のコア等温球の収束場を，式 (4.110) に基づいて楕円分布に拡張することで

$$\kappa(\boldsymbol{\theta}) = \frac{\theta_0}{2\sqrt{v^2 + \theta_{\rm c}^2}} \tag{4.111}$$

と得られる．コア半径を $\theta_{\rm c} = 0$ とした場合が特異等温楕円体に対応する．表記の簡便のため

$$\tilde{v} := \sqrt{v^2 + \theta_{\rm c}^2} \tag{4.112}$$

$$q := 1 - e \tag{4.113}$$

を定義してこれらを用いることとすると，重力レンズポテンシャルおよびその 1 階微分を，導出は省略して[60,61]

$$\psi = \theta_1 \psi_{,\theta_1} + \theta_2 \psi_{,\theta_2} + \theta_0 \theta_c \ln \left[\frac{(1+q)\theta_c}{\sqrt{(q\tilde{v} + \theta_c)^2 + q(1-q^2)\theta_2^2}} \right] \tag{4.114}$$

$$\psi_{,\theta_1} = \theta_0 \sqrt{\frac{q}{1-q^2}} \arctanh \left(\sqrt{\frac{1-q^2}{q}} \frac{\theta_1}{\tilde{v} + q\theta_c} \right) \tag{4.115}$$

$$\psi_{,\theta_2} = \theta_0 \sqrt{\frac{q}{1-q^2}} \arctan \left(\sqrt{\frac{1-q^2}{q}} \frac{\theta_2}{\tilde{v} + \theta_c/q} \right) \tag{4.116}$$

と表すことができる. さらに微分することで, 重力レンズポテンシャルの 2 階微分を

$$\psi_{,\theta_1 \theta_1} = \frac{\theta_0}{\tilde{v}} \frac{\theta_c^2/q + \theta_2^2 + \theta_c \tilde{v}}{(q+1/q)\theta_c^2 + 2\theta_c \tilde{v} + \theta_1^2 + \theta_2^2} \tag{4.117}$$

$$\psi_{,\theta_2 \theta_2} = \frac{\theta_0}{\tilde{v}} \frac{q\theta_c^2 + \theta_1^2 + \theta_c \tilde{v}}{(q+1/q)\theta_c^2 + 2\theta_c \tilde{v} + \theta_1^2 + \theta_2^2} \tag{4.118}$$

$$\psi_{,\theta_1 \theta_2} = -\frac{\theta_0}{\tilde{v}} \frac{\theta_1 \theta_2}{(q+1/q)\theta_c^2 + 2\theta_c \tilde{v} + \theta_1^2 + \theta_2^2} \tag{4.119}$$

と得ることができる. 式 (3.30) の計算によって, 式 (4.111) の収束場が確かに得られることが確認できる. また, 歪み場は, 式 (3.32) および (3.33) から計算できる. 座標系を回転させることによって, 長軸が任意の向きの楕円分布を持つ場合の重力レンズポテンシャルとその微分の表式も得ることができる.

特異等温楕円体の臨界曲線の形状や複数像の配置は, 4.3.2 項で紹介した, 特異等温球に外部歪み場がある質量モデルの場合と基本的に同様なので, ここではコア等温楕円体の場合について例をいくつか示そう. 図 4.10 および図 4.11 に, 臨界曲線と焦線, および複数像の配置の例を示している. この例では臨界曲線と焦線がそれぞれ 2 つずつあり, 光源が焦線を通過する度に複数像が 2 個ずつ増減している. ただし, 中心近くの像については, 増光率が小さいため観測は容易ではない. 図 4.10 および図 4.11 の両方の場合で, 複数像は最大 5 個生成される. 図 4.11 の例では, 4 つの尖点を持つ焦線の一部が外側にでており, この状況では同じ程度の増光率を持つ 3 個の複数像が生成されることもある.

$\theta_c = 0$ として得られる, 特異等温楕円体の重力レンズについて, 有用な性質がいくつかあるので見ておこう. まず, 式 (4.117)–(4.119) から計算することで, 以下の $(\theta_1, \theta_2) = (\theta \cos \varphi, \theta \sin \varphi)$ の極座標表示での単純な関係式

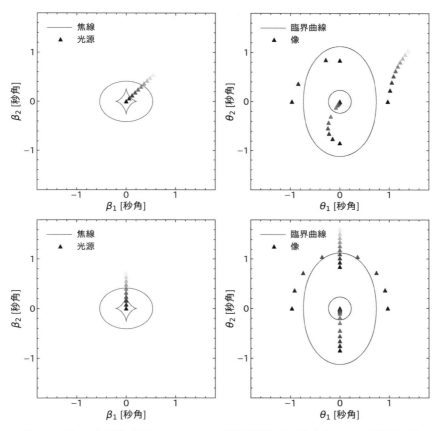

図 4.10　図 4.9 と同様の図を $e = 0.3$ のコア等温楕円体で作成したもの．コア半径は，図 4.7 と同様に，$\theta_c/\theta_0 = 0.08$ である．

$$\gamma_1 = -\kappa \cos 2\varphi \tag{4.120}$$

$$\gamma_2 = -\kappa \sin 2\varphi \tag{4.121}$$

が容易に示される．この結果をもとに，式 (3.56) の定義に従って増光率の逆数を計算すると

$$\mu^{-1} = 1 - 2\kappa \tag{4.122}$$

となり，接線臨界曲線が $\kappa = 1/2$ で定義される楕円になることがわかる．さらに，式 (4.114) から得られる，重力レンズポテンシャルに対する以下の関係式

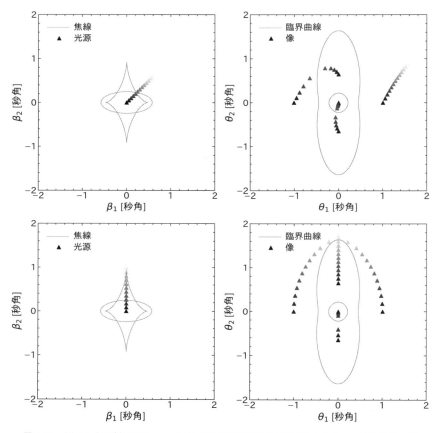

図 4.11　図 4.9 と同様の図を $e = 0.65$ のコア等温楕円体で作成したもの．コア半径は，図 4.7 と同様に，$\theta_c/\theta_0 = 0.08$ である．

$$\psi(\boldsymbol{\theta}) = \boldsymbol{\theta} \cdot \boldsymbol{\alpha}(\boldsymbol{\theta}) = \boldsymbol{\theta} \cdot (\boldsymbol{\theta} - \boldsymbol{\beta}) \tag{4.123}$$

を用いることで，式 (3.80) で与えられていた時間の遅れの表式が

$$\Delta t = \frac{1+z_l}{c} \frac{D_{ol} D_{os}}{D_{ls}} \frac{|\boldsymbol{\beta}|^2 - |\boldsymbol{\theta}|^2}{2} \tag{4.124}$$

と書き表せる．観測される時間の遅れは，複数像の間の時間の遅れの差なので，式 (3.85) に従って時間の遅れの差を計算すると

$$\Delta t_{AB} = \Delta t(\boldsymbol{\theta}_A; \boldsymbol{\beta}) - \Delta t(\boldsymbol{\theta}_B; \boldsymbol{\beta}) = \frac{1+z_l}{c} \frac{D_{ol} D_{os}}{D_{ls}} \frac{|\boldsymbol{\theta}_B|^2 - |\boldsymbol{\theta}_A|^2}{2} \tag{4.125}$$

となって，式 (4.58) と本質的に同じ表式となることがわかる．さらに，より一般的に，重力レンズポテンシャルが任意の方位角の関数 $f(\varphi)$ を用いて

$$\psi(\boldsymbol{\theta}) = \theta f(\varphi) \tag{4.126}$$

と書き表される場合においても，時間の遅れが式 (4.125) の簡便な形で表されることが知られている[62]．

■ 4.4.3　楕円重力レンズポテンシャル

楕円質量面密度における，重力レンズポテンシャルや曲がり角の計算は，一部の場合を除いて収束場から出発して数値積分が必要となり，その計算が容易ではない．より簡便なアプローチとして，重力レンズポテンシャルの等ポテンシャル線 (isopotential contour) を円から楕円に拡張する方法も知られているので[63]，ここで紹介しておく．式 (4.110) と同様に，等ポテンシャル線を v によって拡張してもよいが，以下の θ を v_P に置き換える変換

$$\psi(\theta): \quad \theta \to v_P := \sqrt{(1+e_P)\theta_1^2 + (1-e_P)\theta_2^2} \tag{4.127}$$

が楕円重力レンズポテンシャルの定義としてよく採用される．この形の変換によって，重力レンズポテンシャルの 1 階微分および 2 階微分から計算される曲がり角，収束場や歪み場などが比較的簡潔な式で表されるのが利点である．

楕円重力レンズポテンシャルは，球対称質量モデルにおいて解析的な重力レンズポテンシャルの表式が知られている限りにおいて，曲がり角や歪み場などが全て解析的に計算できる点が強みである．多くの場合数値積分が必要となる楕円質量面密度と比べて，計算コストの点で有利である．一方で，楕円重力レンズポテンシャルの欠点として，楕円重力レンズポテンシャルの 2 階微分から計算される収束場が，特に e_P が大きい状況で非物理的になる点が挙げられる．

図 4.12 に，NFW モデルを用いた楕円重力レンズポテンシャルの具体的な例を示している．収束場について，等高線が楕円ではなく，θ_1 軸方向に縮んだダンベル型の等高線となっていることが見てとれる．また，θ_1 軸方向に，収束場が負の領域も現れている．このような収束場は，実際の銀河や銀河団の質量分布から考えてあまり現実的ではないため，特に e_P が大きい場合には，楕円重力レンズポテンシャルの使用は注意を要する．

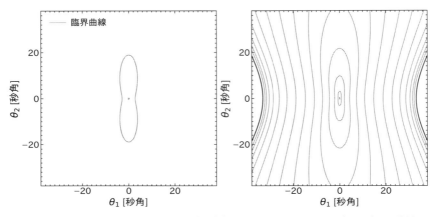

図 4.12 NFW モデルの $e_\mathrm{P} = 0.65$ の楕円重力レンズポテンシャルの例．左のパネルに臨界曲線を示し，右のパネルに収束場の等高線を示している．灰色の実線が，$\kappa(\boldsymbol{\theta}) > 0$ の範囲で収束場一定の等高線を示しており，黒太線が $\kappa(\boldsymbol{\theta}) = 0$ の等高線を表す．

4.5 臨界曲線近傍の複数像の振る舞い

これまで，さまざまな質量モデルにおいて，光源が焦線を通過することで，複数像がどのように生成ないし消滅するかを具体的に見てきた．複数像が 2 個ずつ生成消滅する，線状の焦線は折り目焦線 (fold caustic) と呼ばれる．一方で，楕円分布の例などで見られた，尖点焦線 (cusp caustic) では，3 個の複数像が生成ないし消滅した．この節では，Blandford と Narayan の論文[64]を参考に，光源がこれらの焦線の近くにある場合の複数像の性質を議論する．

4.5.1 折り目焦線

折り目焦線近くに光源がある場合の複数像の性質を議論するために，光源平面と像平面の原点がそれぞれ焦線上と臨界曲線上に存在する座標系を考えよう．原点の周りで重力レンズポテンシャルを Taylor 展開すると，光源平面の原点が像平面の原点に対応するという条件から，展開の 1 次の項はゼロとなるため，2 次以降の項を考えればよい．天下り的ではあるが，ここでは折り目焦線の具体的なモデルとして，以下の Taylor 展開の表式

$$\psi(\boldsymbol{\theta}) \simeq \frac{1}{2}\theta_1^2 + \frac{1}{2}(1 - b_\mathrm{f})\theta_2^2 - \frac{1}{3}a_\mathrm{f}\theta_1^3 \tag{4.128}$$

4.5 臨界曲線近傍の複数像の振る舞い　　*91*

を用いることにする．この重力レンズポテンシャルのもとで，重力レンズ方程式は

$$\beta_1 = a_f \theta_1^2 \tag{4.129}$$

$$\beta_2 = b_f \theta_2 \tag{4.130}$$

となり，増光率は

$$\mu = \frac{1}{2 a_f b_f \theta_1} \tag{4.131}$$

となって，臨界曲線に近づくにつれて，$\mu \propto \theta_1^{-1}$ とその大きさが増加していくことがわかる．また，臨界曲線が $\theta_1 = 0$，焦線が $\beta_1 = 0$ と非常に単純となる．さらに，重力レンズ方程式が簡単に解けて，$\beta_1 > 0$ のときに

$$\theta_1 = \pm \sqrt{\frac{\beta_1}{a_f}} \tag{4.132}$$

の2箇所に2個の像が形成されることがわかる．2個の像の増光率の絶対値の和は

$$\mu_{\text{tot}} = \frac{1}{b_f \sqrt{a_f \beta_1}} \tag{4.133}$$

となり，焦線に近づくにつれて $\mu \propto \beta_1^{-1/2}$ で増加していく．図4.9，図4.10，図4.11などで，折り目焦線の近傍で臨界曲線の両側に像が2個存在している様子が見てとれる．

　このモデルでは，臨界曲線の両側に存在する2個の複数像の増光率が同じ大きさで逆符号となっている．より一般に，臨界曲線近傍で両側に存在する複数像 A，B に対して，それらの増光率について

$$\mu_A + \mu_B \simeq 0 \tag{4.134}$$

の関係が成り立つことが知られている[65]．

■ 4.5.2 尖点焦線

　折り目焦線の場合と同様に，原点が焦線上と臨界曲線上に存在する座標系を考え，尖点焦線の具体的な例として，天下り的ではあるが原点の周りで

$$\psi(\boldsymbol{\theta}) \simeq \frac{1}{2}\left(1 - b_c\right)\theta_1^2 + \frac{1}{2}\theta_2^2 - \frac{1}{4}a_c\theta_1^4 - \frac{1}{2}c_c\theta_1\theta_2^2 \tag{4.135}$$

と Taylor 展開された重力レンズポテンシャルを考えよう．重力レンズ方程式は

$$\beta_1 = b_c \theta_1 + \frac{1}{2} c_c \theta_2^2 \tag{4.136}$$

$$\beta_2 = a_c \theta_2^3 + c_c \theta_1 \theta_2 \tag{4.137}$$

となり，増光率は

$$\mu = \frac{1}{(3a_c b_c - c_c^2)\,\theta_2^2 + b_c c_c \theta_1} \tag{4.138}$$

と計算される．この結果より，臨界曲線が直線 $\theta_2 = 0$ を軸とする放物線となることがわかり，対応する焦線を求めると $\beta_2^2 \propto \beta_1^3$ が得られ，原点に確かに尖点が現れることが確かめられる．

重力レンズ方程式の解は一般に複雑になるので，$\beta_2 = 0$ の場合に限って解を求めその性質を見てみよう．式 (4.136) および (4.137) を連立し $\beta_2 = 0$ とおくと，最大で 3 個の解が得られ，それらは

$$(\theta_1,\,\theta_2) = \left(\frac{\beta_1}{b_c},\, 0 \right), \quad \left(\frac{2a_c \beta_1}{2a_c b_c - c_c^2},\, \pm \sqrt{\frac{2c_c \beta_1}{c_c^2 - 2a_c b_c}} \right) \tag{4.139}$$

と書き表せ，解の 1 個が θ_1 軸上に現れ，残りの 2 個の解が θ_1 軸から見て対称の位置に現れることがわかる．図 4.9，図 4.10，図 4.11 などで，尖点焦線の近傍で臨界曲線の周りに 3 個の複数像が近接して存在している様子が見てとれる．これらの 3 個の複数像のそれぞれの増光率を計算すると

$$\mu = \frac{1}{c_c \beta_1},\quad -\frac{1}{2c_c \beta_1},\quad -\frac{1}{2c_c \beta_1} \tag{4.140}$$

となって，尖点に近づくと 3 個の複数像全てについて $\mu \propto \beta_1^{-1}$ で増光率が増加していくことがわかる．また θ_1 軸上の像の増光率は他の 2 個の像の増光率と逆符号であり，3 個の複数像の増光率の和がゼロとなっている．折り目焦線の場合と同様に，より一般に，尖点焦線に対応する臨界曲線近傍の 3 個の複数像 A, B, C に対して，それらの増光率について

$$\mu_A + \mu_B + \mu_C \simeq 0 \tag{4.141}$$

の関係が成り立つことが知られている[66]．

■ 4.5.3 広がった光源の増光率

これまで何度か見てきたように，点状光源が焦線に近づいて通過する，いわゆ

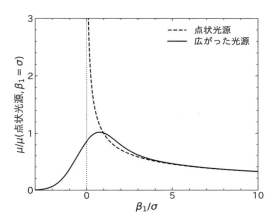

図 4.13 折り目焦線近傍の，点状光源（破線）と広がった光源（実線）の増光率．広がった光源の放射強度分布は標準偏差 σ の Gauss 分布を仮定しており，折り目焦線からの距離 β_1 と増光率 μ は，それぞれ広がった光源の大きさ σ と $\beta_1 = \sigma$ の位置での点状光源の増光率で規格化されている．

る焦線通過 (caustic crossing) によって，増光率は形式上発散する．しかし，広がった光源の焦線通過においては，光源の大きさに対応した増光率の上限が存在することになる[*3]．

この事実を具体的に確認するため，図 4.13 に，式 (4.128) の重力レンズポテンシャルで定義される折り目焦線近傍における，点状光源と広がった光源の増光率を示している．点状光源の増光率は式 (4.133) に従って発散しており，一方で広がった光源の増光率は有限の値にとどまっている．増光率の最大値は，式 (4.133) において光源の位置 β_1 に光源の大きさを代入した値に近い値になっていることが確認できる．光源の大きさに対応する距離まで光源が焦線に近づくと，臨界曲線の両側の像が合体し，増光率が頭打ちとなるためである．言い換えると，大きさの小さいよりコンパクトな光源ほど，達成されうる最大の増光率が大きくなることになる．

[*3] 無限に小さい光源を考えても，実は第 8 章で議論する波動光学効果を考えると，波長に依存した増光率の上限が存在することになり，いずれにせよ増光率の発散は起こらない．

5 強い重力レンズ

　強い重力レンズは，光源が焦線内部ないし近傍に存在することで，複数像が生成されたり像の形状が大きく歪む現象である．宇宙論や遠方宇宙探査などの研究に幅広く応用されている．

5.1 質量モデリング

　質量モデリングとは，特に強い重力レンズにおいて，観測された強い重力レンズの複数像の配置や形状などから，質量分布を推定する試みを指し，強い重力レンズ解析において中心的な役割を果たす．重力レンズの観測量は限られており，それら観測量から一義的に質量分布を決定することは一般には不可能であるため，質量モデリングはいわゆる逆問題 (inverse problem) となる．

5.1.1 複数像の位置

　複数像が観測された場合に，それらの位置がレンズ天体の質量分布に制限を与えることは，以下のとおり重力レンズ方程式から理解できる．強い重力レンズは，多くの場合ある1つの銀河や銀河団によって主に引き起こされるので，単一レンズ平面の重力レンズ方程式 (3.1) を用いることにすると，複数像が $\boldsymbol{\theta}_j$ と $\boldsymbol{\theta}_k$ の位置に観測されたときに，それらの光源の位置 $\boldsymbol{\beta}$ が共通であることから，曲がり角 $\boldsymbol{\alpha}(\boldsymbol{\theta})$ は

$$\boldsymbol{\theta}_j - \boldsymbol{\alpha}(\boldsymbol{\theta}_j) = \boldsymbol{\theta}_k - \boldsymbol{\alpha}(\boldsymbol{\theta}_k) \tag{5.1}$$

を満たさなくてはならない．この条件により曲がり角 $\boldsymbol{\alpha}$，すなわちレンズ天体の質量分布に対する制限が与えられるのである．複数像が多数観測されると，式 (5.1) の条件式が，より多くの像平面の位置で与えられるため，質量分布がより正確に決定できると考えられる．

5.1 質量モデリング　　　95

　実際の質量モデリングにおいては，質量分布から計算される複数像の位置と，観測される複数像の位置がなるべく近くなるように質量分布が決定される．より具体的には，i でラベルされる N_i 個の光源に対してそれぞれ複数像が観測されており，i 番目の光源の複数像が j でラベルされる N_{ij} 個観測されている場合，少数ないし多数のパラメータ $\boldsymbol{p}_{\mathrm{model}}$ で表される質量分布を仮定し[*1)]，質量分布および i 番目の光源の位置 $\boldsymbol{\beta}_i$ から計算される複数像の位置 $\boldsymbol{\theta}_{ij}(\boldsymbol{\beta}_i; \boldsymbol{p}_{\mathrm{model}})$ と実際に観測される複数像の位置 $\boldsymbol{\theta}_{ij}^{\mathrm{obs}}$ の差から定義されるカイ 2 乗 (chi-square)

$$\chi_{\mathrm{pos}}^2 = \sum_{i=1}^{N_i} \sum_{j=1}^{N_{ij}} \frac{\left|\boldsymbol{\theta}_{ij}^{\mathrm{obs}} - \boldsymbol{\theta}_{ij}(\boldsymbol{\beta}_i; \boldsymbol{p}_{\mathrm{model}})\right|^2}{\sigma_{ij}^2} \tag{5.2}$$

が最小となるようにパラメータを決定する，という手続きで質量分布を決定する．パラメータとしては，質量分布を特徴づけるパラメータ $\boldsymbol{p}_{\mathrm{model}}$ に加えて，それぞれの光源の位置 $\boldsymbol{\beta}_i$ も観測量ではないためパラメータに含まれ，カイ 2 乗が最小となるように決定される．カイ 2 乗が最小値をとるパラメータの探索は，滑降シンプレックス法 (downhill simplex method) などの最適化問題一般に応用されている手法を用いればよい．

　式 (5.2) の分母の σ_{ij} は複数像の位置の誤差を表す．宇宙望遠鏡を用いた可視や近赤外観測においては，10 ミリ秒角あるいはそれより良い誤差で複数像の位置を測定できる一方で，質量モデリングの問題点の 1 つとして，観測誤差の精度で複数像の位置を再現することがしばしば困難な点が挙げられる．これは，質量モデルでは楕円対称性を持つ質量密度分布を仮定するなど，簡略化された質量分布が仮定される一方で，現実の質量分布は完全に楕円でない，あるいは小質量ハローなどの副構造 (substructure) などの複雑な構造を持つことに起因していると考えられている．副構造の影響は，近似的には複数像の位置をランダムに動かすと考えられるので，σ_{ij} に副構造による位置のばらつきの典型的な値を採用することで，それらの効果をある程度取り入れることができるだろう．例えば，銀河団の質量モデリングにおいては，σ_{ij} の値として，観測誤差よりもずっと大きい 0.5 秒角程度の値がよく採用される．

　式 (5.2) で定義されるカイ 2 乗を用いた質量モデリングの他の問題点として，計算コストの大きさがある．カイ 2 乗を実際に計算するためには，各光源の位置 $\boldsymbol{\beta}_i$

[*1)]　パラメータは通常 1 つではなく複数なので，それらをまとめて象徴的にベクトルで表記している．

に対して，重力レンズ方程式を解いて複数像を求める必要がある．しかし，重力レンズ方程式は $\boldsymbol{\theta}$ に関して一般に非線形の方程式であるため，多くの場合，解は数値的に見つける必要があるが，付録 C で解説するように重力レンズ方程式の求解は像平面をくまなく探索する必要があり，計算コストが大きい．質量モデリングは，カイ 2 乗を何度も評価しながらその最小値を探すことで行われるため，質量モデリングに大きな計算時間が必要となることを意味する．

この計算コストの問題を回避する方法として，光源平面で式 (5.2) を評価する手法が知られているので紹介しておく[57]．まず，それぞれの複数像に対して，対応する光源平面での位置を，仮定した質量分布をもとに

$$\boldsymbol{\beta}_{ij}^{\mathrm{obs}}(\boldsymbol{p}_{\mathrm{model}}) := \boldsymbol{\theta}_{ij}^{\mathrm{obs}} - \boldsymbol{\alpha}(\boldsymbol{\theta}_{ij}^{\mathrm{obs}}) \tag{5.3}$$

として計算する．光源平面と像平面の微小ベクトルが，式 (3.26) に従って

$$\boldsymbol{\theta}_{ij}^{\mathrm{obs}} - \boldsymbol{\theta}_{ij}(\boldsymbol{\beta}_i; \boldsymbol{p}_{\mathrm{model}}) \simeq \left[A(\boldsymbol{\theta}_{ij}^{\mathrm{obs}}; \boldsymbol{p}_{\mathrm{model}}) \right]^{-1} \left[\boldsymbol{\beta}_{ij}^{\mathrm{obs}}(\boldsymbol{p}_{\mathrm{model}}) - \boldsymbol{\beta}_i \right] \tag{5.4}$$

のように観測された複数像の位置で計算された Jacobi 行列 $A(\boldsymbol{\theta}_{ij}^{\mathrm{obs}}; \boldsymbol{p}_{\mathrm{model}})$ によって結びつくことから，式 (5.2) は

$$\chi_{\mathrm{pos}}^2 \simeq \sum_{i=1}^{N_i} \sum_{j=1}^{N_{ij}} \frac{\left| \left[A(\boldsymbol{\theta}_{ij}^{\mathrm{obs}}; \boldsymbol{p}_{\mathrm{model}}) \right]^{-1} \left[\boldsymbol{\beta}_{ij}^{\mathrm{obs}}(\boldsymbol{p}_{\mathrm{model}}) - \boldsymbol{\beta}_i \right] \right|^2}{\sigma_{ij}^2} \tag{5.5}$$

と近似されることがわかる．このようにしてカイ 2 乗を計算することで，重力レンズ方程式を $\boldsymbol{\theta}$ について解く必要がなくなり，計算コストを大きく低減することができる．

参考までに，Jacobi 行列による変換を行わず，単純に光源平面の距離 $\left| \boldsymbol{\beta}_{ij}^{\mathrm{obs}}(\boldsymbol{p}_{\mathrm{model}}) - \boldsymbol{\beta}_i \right|$ を最小化することで質量モデリングを行うことは推奨されない．増光率の大きい質量分布は一般に光源平面の距離を小さくするため，実際よりも大きい増光率を予言する質量分布の解を得る危険性があるためである．

■ 5.1.2　フラックス比および時間の遅れ

複数像の位置以外に，質量分布に制限を与える観測量として，複数像のフラックス比および複数像間の時間の遅れがある．それぞれの複数像 $\boldsymbol{\theta}_{ij}^{\mathrm{obs}}$ の観測されるフラックスは増光率 $|\mu_{ij}(\boldsymbol{\beta}_i; \boldsymbol{p}_{\mathrm{model}})|$ だけ明るく観測されている．標準光源と

して知られる Ia 型超新星爆発などの例外的な状況を除いて，元々の光源のフラックス $f_{\mathrm{src},i}$ がわからないため増光率そのものは観測量ではないが，同じ光源 i から生成された j 番目と k 番目の複数像のフラックス比については，$f_{\mathrm{src},i}$ が相殺して $|\mu_{ij}(\boldsymbol{\beta}_i; \boldsymbol{p}_{\mathrm{model}})| / |\mu_{ik}(\boldsymbol{\beta}_i; \boldsymbol{p}_{\mathrm{model}})|$ となることから，質量分布に対する制限を与える．実際の解析では，$f_{\mathrm{src},i}$ をパラメータとして取り扱い，以下のカイ 2 乗

$$\chi^2_{\mathrm{flux}} = \sum_{i=1}^{N_i} \sum_{j=1}^{N_{ij}} \frac{\left[f_{ij}^{\mathrm{obs}} - |\mu_{ij}(\boldsymbol{\beta}_i; \boldsymbol{p}_{\mathrm{model}})| f_{\mathrm{src},i} \right]^2}{\sigma^2_{f,ij}} \tag{5.6}$$

を χ^2_{pos} に加えて解析が行われることが多い．フラックスの代わりに等級 (magnitude) を用いる場合もある．

　注意点として，複数像の増光率は，第 6 章で議論する重力マイクロレンズや，5.4 節で議論する小質量ハローなどの副構造に影響を受けやすい点がある．これらの効果は，ある光源の複数像のそれぞれに異なる影響を与えるため，フラックス比を大きく変えうる．このため，質量モデリングにおいては，式 (5.6) の分母のフラックスの誤差 $\sigma_{f,ij}$ を，観測誤差よりも大きい，例えば観測されるフラックスの 20% 程度の値を採用することも多い．

　光源がクエーサーや超新星爆発のような時間変動天体の場合には，複数像間の時間の遅れを観測することができる．5.3 節で議論するように，Hubble 定数をパラメータの 1 つとすることで，時間の遅れの観測から Hubble 定数を測定することができる．Hubble 定数を固定する場合，あるいは Hubble 定数をパラメータとした場合でも，複数像が 3 個以上あり 1 つの光源に対する独立な時間の遅れの観測が 2 個以上ある場合は，時間の遅れから質量分布に更なる制限を与えることができる．いずれの場合でも，以下のカイ 2 乗

$$\chi^2_{\mathrm{td}} = \sum_{i=1}^{N_i} \sum_{j=1}^{N_{ij}} \frac{\left[\Delta t_{ij}^{\mathrm{obs}} - \Delta t_{ij}(\boldsymbol{\beta}_i; \boldsymbol{p}_{\mathrm{model}}) - \Delta t_i \right]^2}{\sigma^2_{\Delta t,ij}} \tag{5.7}$$

を χ^2_{pos} に加えることで，時間の遅れを質量モデリングに組み込むことができる．Δt_i は i 番目の光源について共通の定数のパラメータであり，複数像間の時間の遅れの差のみが実質的に観測可能であることに起因する．

　フラックス比や時間の遅れについても，複数像の位置の場合と同様に，重力レンズ方程式を $\boldsymbol{\theta}$ について解くことなく近似的に評価することが可能である[67]．

■ 5.1.3 広がった光源の像の形状

光源が広がった天体の場合は，その像の形状の歪みの解析から，質量分布に対する更なる制限が与えられる．より具体的には，付録 C の手順に従って重力レンズ効果を受けた像の放射強度分布を計算できるので，この放射強度分布を観測と比較することで，質量分布に制限を与えることができる．観測の放射強度分布は，通常はピクセル化された 2 次元画像データとして与えられるので，各ピクセル (i_x, i_y) の観測された放射強度を $f^{\mathrm{obs}}(i_x, i_y)$，およびその測定誤差を $\sigma(i_x, i_y)$，としたとき，同じピクセルで，パラメータ $\boldsymbol{p}_{\mathrm{model}}$ で特徴づけられる質量モデルおよびパラメータ $\boldsymbol{p}_{\mathrm{source}}$ で特徴づけられる光源の放射強度分布をもとに，放射強度 $f(i_x, i_y; \boldsymbol{p}_{\mathrm{source}}, \boldsymbol{p}_{\mathrm{model}})$ を計算し，カイ 2 乗を

$$\chi^2_{\mathrm{ext}} = \sum_{i_x=1}^{N_x} \sum_{i_y=1}^{N_y} \frac{\left[f^{\mathrm{obs}}(i_x, i_y) - f(i_x, i_y; \boldsymbol{p}_{\mathrm{source}}, \boldsymbol{p}_{\mathrm{model}}) \right]^2}{\sigma^2(i_x, i_y)} \tag{5.8}$$

のように計算しこれを用いればよい．カイ 2 乗を最小化することで，パラメータ $\boldsymbol{p}_{\mathrm{source}}$ および $\boldsymbol{p}_{\mathrm{model}}$ を同時に決定することになる．ただし，上記のように複数像の位置が質量モデルによって完全に再現できない場合には，このようなピクセルごとの放射強度の比較も難しく，重力レンズによって歪められた形状の情報をどのように質量モデリングに取り入れるかも自明ではない．さらに，ピクセル数が大きい場合は，計算コストも増大することになる．

■ 5.1.4 パラメトリック質量モデリング

パラメトリック質量モデリング (parametric mass modeling) では，比較的少数のパラメータで質量分布を表現し，カイ 2 乗を最小化することでそれらパラメータを決定する．レンズ天体が単独の銀河の場合は，星質量 (stellar mass) 分布とダークマター分布を両方合わせて，特異等温楕円体などの 1 つのレンズ成分で質量モデリングが行われることも多い．レンズ天体が銀河団の場合は，ダークマター分布を 1 つないし複数の楕円 NFW 分布で表し，さらにそれぞれの銀河団銀河を，式 (4.111) で与えられるコア等温楕円体を 2 つ組み合わせて得られる擬 Jaffe 楕円体 (pseudo-Jaffe ellipsoid)

$$\kappa(\boldsymbol{\theta}) = \frac{\theta_0}{2} \left(\frac{1}{v} - \frac{1}{\sqrt{v^2 + \theta_{\mathrm{tr}}^2}} \right) \tag{5.9}$$

でしばしば表す．擬 Jaffe 楕円体の動径分布は $\theta \ll \theta_{\mathrm{tr}}$ では特異等温楕円体と一致し，$\theta \gg \theta_{\mathrm{tr}}$ では $\kappa \propto \theta^{-3}$ と振る舞い，銀河団ポテンシャルによる銀河団銀河の潮汐剥ぎ取りの効果を考慮した質量分布と言える．パラメータの数を減らすため，通例 θ_0 や θ_{tr} は銀河団銀河の明るさと相関するとして，その相関関係の規格化定数がパラメータとして採用される．レンズ天体が銀河の場合および銀河団の場合の両方で，質量モデリングの精度をあげるために，しばしば外部摂動も考慮され，それらのパラメータもカイ 2 乗の最小化により決定される．

誤差が正規分布に従う場合，カイ 2 乗は自由度 (degrees of freedom) ν のカイ 2 乗分布 (chi-squared distribution)

$$p(\chi^2; \nu) = \frac{(\chi^2)^{\nu/2-1}e^{-\chi^2/2}}{2^{\nu/2}\Gamma(\nu/2)} \tag{5.10}$$

に従うことが知られている．$\Gamma(x)$ はガンマ関数 (gamma function) である．自由度 ν は，複数像の位置などの観測から得られる制限の数 N_{const} と，$\boldsymbol{p}_{\mathrm{model}}$ や $\boldsymbol{\beta}_i$ などのパラメータの数 N_{param} を用いて

$$\nu = N_{\mathrm{const}} - N_{\mathrm{param}} \tag{5.11}$$

となる．式 (5.10) のカイ 2 乗分布は $\chi^2 \simeq \nu$ で最大となるため，χ^2/ν が 1 に近いかどうかで質量モデルおよび誤差が妥当かどうかがしばしば判定されるが，式 (5.10) の分布は自由度 ν に応じた幅を持っていることにも注意する必要がある．

パラメトリック質量モデリングを行うことができる公開コードとして，GLAFIC[67] や LENSTOOL[68] などが知られている．

■ 5.1.5　ノンパラメトリック質量モデリング

ノンパラメトリック質量モデリング (non-parametric mass modeling) は，レンズ平面を格子で分割し，各格子の収束場ないし重力レンズポテンシャルをパラメータとしてカイ 2 乗を最小化することで質量分布を決定する[*2]．観測からの制限の数よりパラメータの数が多いため，質量分布をある程度滑らかにするなどの何らかの正則化 (regularization) の条件が必要となる．質量分布の動径分布や形状に対して仮定を置かずに質量分布が決定できる点が利点と言えるが，質量モデ

[*2]　したがって厳密な意味で「ノンパラメトリック」ではないが，慣習としてノンパラメトリック質量モデリングと呼ばれることが多い．自由形式 (free-form) 質量モデリングと呼ばれることもある．

リングの精度は一般にパラメトリック質量モデリングより劣ることが多い[69].

ノンパラメトリック質量モデリングを行うことができる公開コードとして，GRALE[70] などが知られている．

5.2 質量モデリングの具体例

5.2.1 点状光源および銀河レンズの例

まず，光源が点状でレンズ天体が銀河の場合の例として，図 5.1 で示されているとおり，4 個の複数像が観測されているクエーサー重力レンズ WFI2033−4723[71] のパラメトリック質量モデリングの結果を紹介する．4 個の複数像の間の最大の分離角は $\theta_{\max} = 2.53$ 秒角である．この重力レンズクエーサーに対しては，13 年にわたるモニタ観測によって最長で 60 日程度の複数像間の時間の遅れが測定されている[72]．観測的な制限として，4 個の複数像の θ_1 および θ_2 の座標値 8 個，レンズ銀河の中心の座標値 2 個，独立なフラックス比の測定値 3 個，独立な時間の遅れの測定値 2 個[*3]) の合計 $N_{\mathrm{const}} = 15$ である．一方で，質量モデルとして，4.4.2 項で紹介された，中心位置，速度分散，楕円率と長軸の方位角の 5 個のパラメータで記述される特異等温楕円体を考え，さらに外部摂動として定数の歪み場および式 (4.95) で定義される高次の摂動を考えると，質量モデルのパラメータは 9 個となる．さらに光源の位置，および時間の遅れが観測されているため，Hubble 定数もパラメータに含めることにして，パラメータの数は全部で $N_{\mathrm{param}} = 12$ となる．このとき，式 (5.11) より，自由度は $\nu = 3$ となることがわかる．χ^2 を最小化することで求めた，図 5.1 に示された最適化された質量モデルは，$\chi^2 = 4.3$ であり，自由度 3 のカイ 2 乗分布の 68%信頼区間 $0.8 < \chi^2 < 5.2$ に含まれるため，妥当な質量モデルの 1 つであると判断できる．

質量モデリングによって得られる重要な制限として，レンズ天体の質量密度分布の制限がある．銀河や銀河団の質量密度分布の大部分は，直接観測できないダークマターが担っているため，重力レンズ質量モデリングは直接観測できないダークマター分布を推定する有力な手法となっている．具体例として，WFI2033−4723 の場合に，質量密度分布がどのように制限されるかを，特異等温楕円体に変えて

[*3] 上側の近接する 2 個の複数像の間の時間の遅れは数日以下で短いために有意に測定されておらず，この解析では観測的な制限に含まれていない．

5.2 質量モデリングの具体例

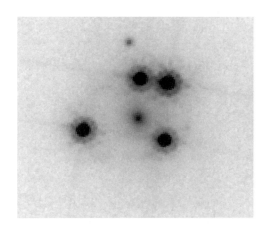

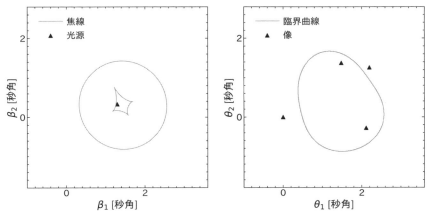

図 5.1 重力レンズクエーサー WFI2033−4723（光源クエーサーの赤方偏移 1.662，レンズ銀河の赤方偏移 0.661）の Hubble 宇宙望遠鏡画像（上），および質量モデリングの結果（下）．観測された 4 個の重力レンズ複数像の位置が，質量モデルで再現されていることが見てとれる．

より自由度が高い冪分布楕円体 (power-law ellipsoid)，すなわち 4.2.5 項で議論した冪 η をパラメータに持つ球対称モデルを楕円分布に拡張した質量モデル，を用いた結果をもとに見てみよう．図 5.2 に，WFI2033−4723 の質量モデリングによって制限された，半径 θ 内の平均収束場を示している．複数像が存在する半径 1 秒角付近で，平均収束場が非常に精度良く制限されていることが見てとれる．図から，半径 1 秒角付近で $\bar{\kappa}(<\theta) \simeq 1$ となっていることが読み取れるので，平均

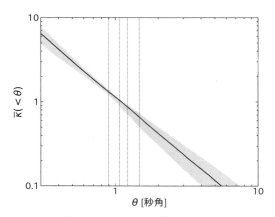

図 5.2 WFI2033−4723 の冪分布楕円体を用いた質量モデリングにより制限された，レンズ銀河の中心から半径 θ 内の平均収束場．実線が最適化された質量モデルによって計算される平均収束場で，網掛け領域は 68% の信頼区間を表す．4 つの点線は，4 個の複数像それぞれの，レンズ銀河の中心からの距離を示している．

収束場が強く制限されている半径が，およそ Einstein 半径に対応していることもわかる．

4.1.3 項において，球対称レンズの場合に，動径密度分布の詳細によらず Einstein 半径が式 (4.18) を満たし，したがって強い重力レンズ観測によって Einstein 半径内の全質量の信頼性の高い測定ができることを議論したが，この結果は，球対称レンズに限らず一般的な状況で成り立つ．より具体的には，第 4 章でみたさまざまな例での複数像の生成パターンから，非球対称レンズによる重力レンズにおいて一般的に，複数像間の最大分離角 $\theta_{\max}$ に関して

$$\theta_{\max} \simeq 2\theta_{\mathrm{Ein}} \tag{5.12}$$

となることがわかるため，動径密度分布の詳細によらず

$$\bar{\kappa}(< \theta_{\max}/2) \simeq 1 \tag{5.13}$$

が満たされ，強い重力レンズ観測によっておよそ Einstein 半径内の全質量が精度良く測定できることが理解できる．この全質量の測定によって，銀河とダークマターハローの対応や銀河の星質量の測定といった，銀河の構造や進化の理解に必要不可欠な情報がもたらされることになる．

5.2.2 広がった光源および銀河レンズの例

次に,引き続きレンズ天体が単独の銀河ではあるが,光源が広がった天体である銀河の場合の質量モデリングの例を紹介する.スローンデジタルスカイサーベイ (Sloan Digital Sky Survey) で見つかった銀河–銀河強重力レンズ SDSSJ002927.38+254401.7[73] について,冪分布楕円体に外部摂動として定数の歪み場を加えた質量モデルを仮定し,かつ光源を 3 つの Sérsic 分布[74] (Sérsic profile) で表し,式 (5.8) に従ってピクセルごとに放射強度を比較することでパラメータを決定する.レンズ銀河の放射強度分布も Sérsic 分布で表し,そのパラメータも同時に決定する.図 5.3 に示したとおり,質量モデリングの結果,観測された背景銀河の歪んだ形状を概ね再現できていることが見てとれる.点状光源の場合と比べて,より多くの観測的制限が得られるため,一般にレンズ銀河の質量密度分布もより強く制限される.一方で,換算カイ 2 乗 (reduced chi-square) $\chi^2/\nu \simeq 1.3$ は制限の数の大きさ $N_{\mathrm{const}} \simeq 1.5 \times 10^4$ を考えると必ずしも満足できるものではなく,また図 5.3 を見ても,重力レンズ効果で歪んだ銀河の細かい構造が再現できていないこともわかる.より精密な質量モデリングを行うために,光源の放射強度分布を,光源平面をピクセル化し各ピクセル値をパラメータとすることで,より複雑な光源の放射強度分布を考えることもある.

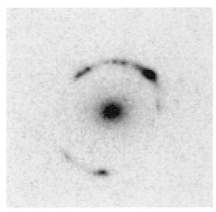 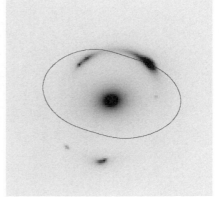

図 5.3 銀河–銀河強重力レンズ SDSSJ002927.38+254401.7(光源銀河の赤方偏移 2.4504,レンズ銀河の赤方偏移 0.5869)の Hubble 宇宙望遠鏡画像(左)および質量モデリングの結果(右).右側の図に,質量モデリングの結果から得られる臨界曲線を実線で示している.

5.2.3 点状光源および銀河団レンズの例

質量の大きい銀河団を，Hubble 宇宙望遠鏡や James Webb 宇宙望遠鏡 (James Webb Space Telescope) などの感度の良い望遠鏡で深く観測すると，銀河団の重力レンズ効果で複数に分裂して観測される銀河団背後の遠方銀河が多数観測される．したがって，銀河団の強重力レンズ解析においては，多くの状況で赤方偏移が異なる複数の光源の複数像を質量モデリングに用いることができ，その結果ダークマターが卓越した質量密度分布を精密に測定することができる．

銀河団の質量モデリングの例として，SMACSJ0723.3−7327 の James Webb 宇宙望遠鏡観測[75] に基づく質量モデリングの結果を紹介する．図 5.4 に示されている James Webb 宇宙望遠鏡の画像から，この銀河団の多数の背景銀河が重力レンズ現象によって複数に分裂して観測されていることが確認できる．複数像の同定はそれほど自明ではないが，重力レンズ効果が波長によらないことから，色が同一の銀河が複数像の候補になる．また宇宙望遠鏡観測の利点はその優れた角度分解能にあり，これにより遠方銀河の内部構造を分解して観測し，その内部構造

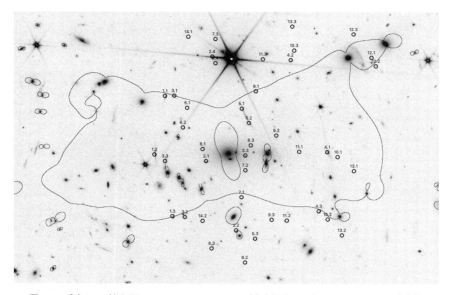

図 5.4　重力レンズ銀河団 SMACSJ0723.3−7327（赤方偏移 0.39）の James Webb 宇宙望遠鏡画像および質量モデリングにより得られた光源赤方偏移 10 の臨界曲線（実線）．質量モデリングに使われた複数像を円と数字で示している．

5.2 質量モデリングの具体例

の比較により，複数像の候補をより正確に同定できる．これら複数像の候補は，最終的には分光観測で赤方偏移を確認することで，確かめることができる．ここでの SMACSJ0723.3−7327 の質量モデリングの例では，図 5.4 に示されている，14 個の背景銀河から生成された 43 個の複数像を用いた質量モデリングの結果を紹介する．これら背景銀河は点状ではなく広がってはいるが，遠方銀河は比較的コンパクトである点も踏まえて，ここではそれらの形状は無視して，点状光源の場合と同様に位置のみを制限に入れて質量モデリングを行っている．ちなみに，14 個中 5 個の背景銀河に対して，分光観測によって赤方偏移が測定されている．質量モデルとして，2 つの楕円 NFW 分布，定数の外部歪み場，および式 (5.9) の擬 Jaffe 楕円体を使った銀河団のメンバ銀河 (member galaxy) の摂動を考えることとする．

最適化された質量モデルが予言する臨界曲線を図 5.4 に示す．5.1.1 項で議論されたように，実際の銀河団の構造の複雑さを考慮するため，複数像の位置の誤差として測定誤差よりも大きい 0.4 秒角を仮定したところ，自由度 $\nu = 37$ に対して $\chi^2 = 51$ が得られた．この χ^2 の値は自由度と比べてやや大きいものの，この自由度のカイ 2 乗分布の 95% の信頼区間に含まれており，妥当な質量モデルの 1 つであると判断できる．

質量モデリングによって質量密度分布がどの程度強く制限されたかを確認するために，図 5.5 に平均収束場を示している．図 5.2 のレンズ天体が銀河の場合と比べて，より広い半径の範囲で平均収束場が強く制限されていることが見てとれる．この理由として，図 5.5 の点線で示されているとおり，複数像が広い半径の範囲にわたって数多く存在していることが挙げられる．

複数像が幅広い半径に分布していることは，光源となる背景銀河の赤方偏移が異なることに主に起因している．SMACSJ0723.3−7327 の場合は，光源の赤方偏移はおよそ 1.5 から 7 まで幅広く分布している．式 (3.6) で定義される臨界質量面密度の逆数は，光源の赤方偏移が変化すると

$$\Sigma_{\mathrm{cr}}^{-1} \propto \frac{D_{\mathrm{ls}}}{D_{\mathrm{os}}} \tag{5.14}$$

に従って変化し，このため曲がり角や収束場も同様の赤方偏移依存性を示す．Einstein 半径を，非球対称レンズの場合も含めて一般に

$$\bar{\kappa}(< \theta_{\mathrm{Ein}}) = 1 \tag{5.15}$$

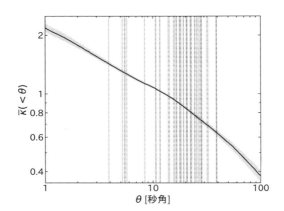

図 5.5 SMACSJ0723.3−7327 の質量モデリングにより制限された, レンズ銀河団の中心から半径 θ 内の平均収束場. 中心は図 5.4 中心の明るい銀河団銀河の中心を仮定し, 収束場は光源の赤方偏移を 2 として計算されたものを示している. 実線が最適化された質量モデルによって計算される平均収束場で, 網掛け領域は 95% の信頼区間を表す. 点線は, 43 個の複数像それぞれのレンズ銀河団の中心からの距離を示している.

を満たすものとして定義するとして, 曲がり角や収束場が変化することから, $\theta_{\rm Ein}$ も光源の赤方偏移によって変化することが理解できる. 5.2.1 項でも議論したように, 重力レンズ複数像は典型的にレンズ天体の中心からおよそ $\theta_{\rm Ein}$ 離れた場所に出現するため, 複数像が存在する典型的な半径も光源の赤方偏移によって異なるのである.

この点を SMACSJ0723.3−7327 の場合で具体的に見るために, 図 5.6 に式 (5.14) で表される臨界質量面密度の逆数の光源の赤方偏移依存性を示している. 臨界質量面密度の逆数, したがって曲がり角や収束場, は光源の赤方偏移依存性の増加関数となっており, 遠方の光源ほど重力レンズ効果が大きく曲がり角も大きいことがわかる. このことから, Einstein 半径も光源の赤方偏移の増加関数となる. 図 5.7 に示されているとおり, 質量モデリングに用いられた光源の赤方偏移の範囲で, Einstein 半径が 2 倍近く変化しており, このために複数像のレンズ銀河団の中心からの距離がばらつき, 広い半径の範囲で質量密度分布が制限されることになる. このような重力レンズ解析によって測定された銀河団の質量密度分布は, おおむね NFW 分布に従うことがわかっており, 標準宇宙論 (standard cosmology) の重要な観測的証拠の 1 つとなっている.

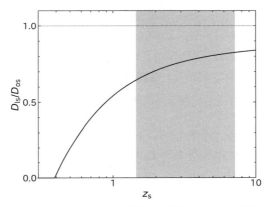

図 5.6　SMACSJ0723.3−7327 のレンズ天体の赤方偏移 0.39 のもとでの，式 (5.14) で示される臨界質量面密度の逆数の光源の赤方偏移 z_s 依存性．灰色の領域は SMACSJ0723.3−7327 の質量モデリングに使われた光源の赤方偏移の範囲を示している．

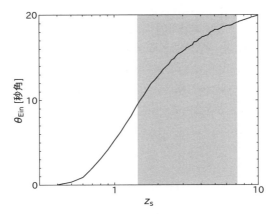

図 5.7　図 5.6 に示された臨界質量面密度の逆数の光源の赤方偏移依存性に起因した，SMACSJ0723.3−7327 の Einstein 半径 θ_Ein の光源の赤方偏移 z_s 依存性．

5.3　Hubble 定数の測定

　光源がクエーサーのように短時間で明るさが変動する天体の場合は，複数像の明るさのモニタ観測によって時間の遅れを測定することができる．単一レンズ平

面を仮定すると，式 (3.80) から時間の遅れは

$$\Delta t = \frac{1+z_l}{c}\frac{D_{\rm ol}D_{\rm os}}{D_{\rm ls}}\left[\frac{|\boldsymbol{\theta}-\boldsymbol{\beta}|^2}{2}-\psi(\boldsymbol{\theta})\right] \propto \frac{D_{\rm ol}D_{\rm os}}{D_{\rm ls}} \propto \frac{1}{H_0} \qquad (5.16)$$

となるので，時間の遅れが Hubble 定数 H_0 の逆数に比例することがわかる．実際に観測される，式 (3.85) で表される複数像の間の時間の遅れの差も，同様に Hubble 定数の逆数に比例する．5.1 節や 5.2 節で紹介した質量モデリングによって，光源の位置 $\boldsymbol{\beta}$ や像の位置の重力レンズポテンシャルの値 $\psi(\boldsymbol{\theta})$ を決定できれば，実際に観測された時間の遅れの測定値と組み合わせることで，Hubble 定数を測定できることになる．

この手法は Hubble 定数を精度良く測定しうる手法の 1 つとして古くから知られているが，式 (5.16) からも明らかなように，実際に測定するのは 3 つの角径距離の比 $D_{\rm ol}D_{\rm os}/D_{\rm ls}$ であることを注意しておこう．この距離の比は $\Omega_{\rm m0}$ などの他の宇宙論パラメータにも依存し，その依存性は H_0 に比べると弱いものの，時間の遅れの観測例が増え解析の精度も向上すれば，原理的には H_0 に加えて $\Omega_{\rm m0}$ などの他の宇宙論パラメータも測定することができる．

例として，5.2.1 項で紹介したクエーサー重力レンズ WFI2033−4723 の時間の遅れの測定を用いた Hubble 定数の測定結果を紹介する．図 5.8 の結果から，特異等温楕円体を仮定した場合は $H_0 \simeq 70\text{–}80$ km/s/Mpc 付近で Hubble 定数の値

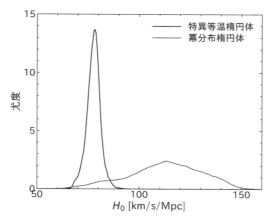

図 5.8　クエーサー重力レンズ WFI2033−4723 の複数像の時間の遅れの測定に基づく，Hubble 定数の測定．質量モデルとして特異等温楕円体（太線）と冪分布楕円体（細線）を仮定した場合の Hubble 定数の尤度を示している．

5.3 Hubble 定数の測定

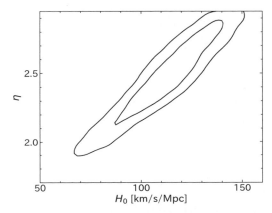

図 5.9　WFI2033−4723 から得られた Hubble 定数の測定について，冪分布楕円体を仮定した場合の冪 η と Hubble 定数との縮退の様子．尤度の 68%と 95%の等高線が描かれている．

が強く制限されていることがわかる[*4]．一方で，冪分布を仮定すると，Hubble 定数の制限が非常に弱くなり，有効な制限が得られていないことがわかる．図 5.9 から，式 (4.82) で定義される冪分布の冪 η と Hubble 定数が確かに強く縮退していることも確認できる．

この縮退を理解するために，複数像が Einstein 半径付近に存在する場合を考えて，時間の遅れがどのように質量密度分布に依存するかを議論しよう[76]．簡単のため，4.1 節で考えた球対称レンズを考えることとして，$\theta_A < 0$ と $\theta_B > 0$ の 2 個の像の間の時間の遅れを考える．式 (3.85) の時間の遅れは，この状況では

$$\Delta t_{AB} = \frac{1+z_l}{c} \frac{D_{ol} D_{os}}{D_{ls}} \left[\frac{|\alpha(\theta_A)|^2}{2} - \frac{|\alpha(\theta_B)|^2}{2} - \psi(\theta_A) + \psi(\theta_B) \right] \quad (5.17)$$

と書き表せる．$\theta_A \simeq -\theta_{Ein}$ かつ $\theta_B \simeq \theta_{Ein}$ であることから，重力レンズポテンシャルと曲がり角をそれぞれ

[*4] Hubble 定数として，H_0 に加えて $h := H_0/(100\text{ km/s/Mpc})$ として定義される無次元 Hubble 定数 (dimensionless Hubble constant) が使われることもある．この無次元 Hubble 定数を使うと，特異等温楕円体を仮定した場合は $h \simeq 0.7$–0.8 付近で Hubble 定数の値が強く制限されている，と言える．無次元 Hubble 定数は，$h^{-1}\text{Mpc}$ や $h^{-1}M_\odot$ のように，距離や質量の単位としてもしばしば使われる．

$$\psi(\theta_A) \simeq \psi(\theta_{Ein}) - (\theta_A + \theta_{Ein})\alpha(\theta_{Ein}) \tag{5.18}$$

$$\psi(\theta_B) \simeq \psi(\theta_{Ein}) + (\theta_B - \theta_{Ein})\alpha(\theta_{Ein}) \tag{5.19}$$

および

$$\alpha(\theta_A) \simeq -\alpha(\theta_{Ein}) + (\theta_A + \theta_{Ein})\alpha'(\theta_{Ein}) \tag{5.20}$$

$$\alpha(\theta_B) \simeq \alpha(\theta_{Ein}) + (\theta_B - \theta_{Ein})\alpha'(\theta_{Ein}) \tag{5.21}$$

と近似できる．これらを式 (5.17) に代入すると

$$\Delta t_{AB} \simeq \frac{1 + z_l}{c} \frac{D_{ol} D_{os}}{D_{ls}} \alpha(\theta_{Ein}) \left[1 - \alpha'(\theta_{Ein}) \right] (\theta_A + \theta_B) \tag{5.22}$$

となる．さらに，重力レンズ方程式から得られる

$$\theta_B - \theta_A = \alpha(\theta_B) - \alpha(\theta_A) \simeq 2\alpha(\theta_{Ein}) \tag{5.23}$$

および，球対称レンズの曲がり角の性質および Einstein 半径の定義から得られる

$$1 - \alpha'(\theta_{Ein}) = 2\left[1 - \kappa(\theta_{Ein})\right] \tag{5.24}$$

を式 (5.22) に代入すると

$$\Delta t_{AB} \simeq \frac{1 + z_l}{c} \frac{D_{ol} D_{os}}{D_{ls}} \left[1 - \kappa(\theta_{Ein})\right] \left(\theta_B^2 - \theta_A^2\right) \tag{5.25}$$

となる．すなわち，時間の遅れは，Einstein 半径の位置での収束場の値 $\kappa(\theta_{Ein})$ に依存することがわかる．Einstein 半径が式 (4.18) のようにその半径内の平均収束場が1，すなわち $\bar{\kappa}(< \theta_{Ein}) = 1$，となる条件で決まっていたことを思い出すと，質量密度分布によって Einstein 半径の収束場の値 $\kappa(\theta_{Ein})$ も大きく変わりうることが理解できるだろう．例として，特異等温球の場合は式 (4.45) より $\kappa(\theta_{Ein}) = 1/2$ なので，式 (4.58) や (4.125) の特異等温分布の時間の遅れの表式と一致することが確認できる．一方で，冪分布 $\rho(r) \propto r^{-\eta}$ の場合は，式 (4.85) より

$$1 - \kappa(\theta_{Ein}) = \frac{\eta - 1}{2} \tag{5.26}$$

となるため，時間の遅れは

$$\Delta t_{AB} \simeq (\eta - 1)\frac{1 + z_l}{c} \frac{D_{ol} D_{os}}{D_{ls}} \frac{\theta_B^2 - \theta_A^2}{2} = (\eta - 1)\Delta t_{AB}(\text{特異等温}) \tag{5.27}$$

と書くことができる．ただし，Δt_{AB}(特異等温) は，式 (4.58) や (4.125) の特異

5.4 小スケール質量分布の測定 111

等温分布の場合の時間の遅れの表式とする．したがって，η が大きい，より中心集中した密度分布ほど時間の遅れが大きくなることがわかる．また，式 (5.27) は，観測された時間の遅れから Hubble 定数を測定した場合，特異等温分布を仮定した場合の測定結果と冪分布を仮定した場合の測定結果に

$$H_0(\text{冪}) \simeq (\eta - 1)H_0(\text{特異等温}) \tag{5.28}$$

の関係があることを意味する．図 5.9 において，確かにこのような η と H_0 の縮退関係が見られている．またこの縮退は，4.3.3 項で議論した質量薄板縮退を拡張したものと見ることもできる．

　実際には，レンズ銀河の動径密度分布は完全な冪分布ではないため，状況はより複雑である．さらに，一般的な非球対称質量密度分布を考えると，質量密度分布と時間の遅れのより複雑な縮退が生じることが知られている[77]．したがって，時間の遅れから Hubble 定数を精度良く測定するためには，このような質量モデルとの縮退をいかにやぶるか，が克服すべき大きな課題である．クエーサー重力レンズの典型的なレンズ天体である楕円銀河 (elliptical galaxy) については，その質量密度分布は平均的に特異等温分布に近い $(\eta \simeq 2)$ ことがさまざまな研究から明らかになっているので[78]，そのような事前情報を質量モデリングに組み込むことが 1 つの方法となる．他の方法としては，重力レンズ効果により大きく歪められたクエーサーの母銀河 (host galaxy) の形状を，5.2.2 項で紹介した手法により質量モデリングに組み込んで縮退をやぶる方法などもある．時間の遅れからいかに精度良く Hubble 定数を測定するかは，依然として最先端の重要な研究課題の 1 つであり，研究が進められている．

5.4　小スケール質量分布の測定

　銀河や銀河団の質量密度分布には，小質量ハローなどの副構造が存在すると考えられており，これらの副構造は強い重力レンズの観測量にもさまざまな形で影響を与える．したがって，強い重力レンズの解析によって，副構造に起因する小スケール質量分布を測定することができる．小スケール質量分布は正体がわかっていないダークマターの性質を探る上で非常に有用であり，その意味で強い重力レンズはダークマター研究において非常に有用なツールとなっている．以下では

強い重力レンズの観測から小スケール質量分布を探る代表的な手法を紹介する.

■ 5.4.1　フラックス比異常

4.5節で議論したように, 複数像が臨界曲線近傍に存在する場合, それらの増光率に対して一般的に成り立ついくつかの性質が知られている. より具体的には, 臨界曲線近傍で両側に存在する複数像について, 式 (4.134) に従ってそれらの増光率は同じ大きさで逆符号となり, また尖点焦線近傍の光源によって生じる臨界曲線近傍の 3 個の複数像について, 式 (4.141) に従ってそれらの増光率の和がゼロとなることが期待される. 一方で, 小質量ハローなどに起因する小スケール質量分布は, それら臨界曲線近傍の像の 1 個だけに影響を与え, その増光率を大きく変えることがある. その場合, 式 (4.134) や (4.141) の関係がもはや成り立たなくなるため, 臨界曲線近傍の複数像のフラックス比を系統的に調べてその異常を検知することで, 小質量ハローなどの副構造を検出しその存在量を調べることができるのである[79].

例として, クエーサー重力レンズ MG0414+0534[80] の複数像のフラックス比異常 (flux ratio anomaly) を紹介する. 図 5.10 に示されたとおり, A1 と A2 は臨界曲線近傍に存在する近接する 2 個の複数像であるが, それらのフラックス比は 1 から有意にずれており, A2 が A1 と比べて暗くなっている. 実際に, A2 近

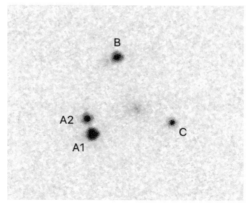

図 5.10　クエーサー重力レンズ MG0414+0534 の Hubble 宇宙望遠鏡画像. A1, A2, B, C で示される点状の天体がクエーサーの 4 個の複数像である. 近接する複数像である A1 と A2 のフラックス比が 1 から明らかにずれていることが見てとれる.

5.4 小スケール質量分布の測定 113

傍にフラックス比異常を説明しうる小質量ハローの候補も見つかっており[81]，このような複数像間のフラックス比異常が確かに小スケール質量分布の測定に有力な手法となることがわかるだろう．

小スケール質量分布による増光率の摂動の効果を議論する上で重要な点が，像のパリティ依存性なので紹介しておく[82]．ある重力レンズ像に着目し，その重力レンズ像への小スケール質量分布の摂動の効果を議論するためには，定数の外部収束場 κ_{ext} および外部歪み場 γ_{ext} 中に埋め込まれた質量モデルを考えれば良い[29]．ここでは簡単のため，Einstein 半径 θ_{Ein} で特徴づけられる点質量レンズを考えると，一般性を失うことなく重力レンズ方程式は

$$\beta_1 = (1 - \kappa_{\text{ext}} - \gamma_{\text{ext}})\theta_1 - \theta_{\text{Ein}}^2 \frac{\theta_1}{\theta_1^2 + \theta_2^2} \tag{5.29}$$

$$\beta_2 = (1 - \kappa_{\text{ext}} + \gamma_{\text{ext}})\theta_2 - \theta_{\text{Ein}}^2 \frac{\theta_2}{\theta_1^2 + \theta_2^2} \tag{5.30}$$

と書けるだろう．臨界曲線近傍で近接する 2 個の複数像は，多くの場合は表 3.1 のタイプ I とタイプ II，すなわち両方の像で $1 - \kappa_{\text{ext}} + \gamma_{\text{ext}} > 0$ となっておりかつ $1 - \kappa_{\text{ext}} - \gamma_{\text{ext}} \simeq 0$ の符号がそれぞれの像で正と負で異なる状況なので，ここでもそのような状況を考える．簡単のため $\beta_1 = \beta_2 = 0$ の重力レンズ方程式の解を考えると，解の可能性があるのは $\theta_1 = 0$ または $\theta_2 = 0$ であることがわかる．タイプ I の像については，点質量レンズの摂動によって 1 個の像が 4 個の像に分裂する．点質量レンズの θ_{Ein} が十分小さいとすると，これら 4 個の像は天球面上で分解されず依然として 1 個の点状天体として観測されるため，その観測的影響は実質的に増光率の変化のみとなる．4 個の像の増光率を足し合わせることで，点質量レンズの摂動によるタイプ I の像の増光率の変化を

$$|\mu| = \frac{1}{(1 - \kappa_{\text{ext}})^2 - \gamma_{\text{ext}}^2} \to \frac{1 - \kappa_{\text{ext}}}{\gamma_{\text{ext}}} \frac{1}{(1 - \kappa_{\text{ext}})^2 - \gamma_{\text{ext}}^2} \tag{5.31}$$

のように求めることができる．摂動によって，増光率は $(1 - \kappa_{\text{ext}})/\gamma_{\text{ext}}$ 倍だけわずかに変化する．一方でタイプ II の像については，点質量レンズの摂動によって 1 個の像が 2 個の像に分裂し，それらの増光率を足すことで増光率の変化を

$$|\mu| = \frac{1}{|(1 - \kappa_{\text{ext}})^2 - \gamma_{\text{ext}}^2|} \to \frac{1}{2\gamma_{\text{ext}}} \frac{1}{1 - \kappa_{\text{ext}} + \gamma_{\text{ext}}} \tag{5.32}$$

と求めることができる．臨界曲線の近くの像なので，$1 - \kappa_{\text{ext}} - \gamma_{\text{ext}} \simeq 0$ であったことを思い出すと，点質量レンズの摂動によってタイプ II の像の増光率の絶対

値が大きく減少することがわかる．一般には $\beta_1 = \beta_2 = 0$ ではないため状況は
もっと複雑になるが，この簡単な例からも，像のタイプによって摂動への応答が
大きく変わりうることが理解できるだろう．実際に，一般に小スケール質量分布
の摂動によって，タイプⅡの像の増光率の絶対値の減少がしばしば起こることが
知られている．図 5.10 の A2 もタイプⅡの像であり，小質量ハローの摂動によっ
て増光率が低くなったと理解できる．

　フラックス比を用いた小スケール質量分布の測定の注意点として，レンズ天体
中の副構造以外の原因でもフラックス比異常が生じる可能性がある点が挙げられ
る．例えば塵 (dust) による減光によって，複数像のうち 1 個だけが特に強く減
光されることがある．塵による減光の度合いは波長依存性がある一方で，副構造
の重力レンズ効果は基本的には波長によらずどの波長でも同様の増光率の変化を
生じるため，多波長観測によって区別することが可能である．他の可能性として，
レンズ天体中の星による重力マイクロレンズによる増光や減光もフラックス比異
常を生むことが知られている．重力マイクロレンズと副構造の重力レンズ効果は，
6.6.3 項でより詳しく議論するように，塵の場合と同様に波長依存性を用いるこ
とで見分けることができる．

■ 5.4.2　広がった光源の像への摂動

　5.2.2 項で紹介した，広がった光源の重力レンズ像の場合でも，小質量ハロー
などの副構造を調べることができる[83]．例として，図 5.3 に示した銀河–銀河強重
力レンズ SDSSJ002927.38+254401.7 の質量モデリングの結果に，小質量ハロー
を加えて得られた重力レンズ像の摂動のシミュレーション結果を図 5.11 に示す．
小質量ハローを置いた場所の周辺で，重力レンズ像の形状が歪んでいることが確
認できる．重力レンズ複数像が形成されている状況では，他の重力レンズ像から
光源の放射強度分布に関する情報を得られるため，光源の放射強度分布と副構造
による像の形状の摂動の影響は，原理的には分離できる．この手法を用いた小ス
ケール質量分布の測定においては，像の形状に対する小さい摂動までとらえるた
めの，高空間分解能の撮像観測が鍵となる．

5.5 重力レンズ確率   115

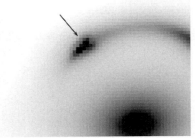

図 5.11　図 5.3 の質量モデリングの結果に，小質量ハローを加えて得られた，広がった光源の像への小質量ハローの摂動のシミュレーション結果．小質量ハローが置かれた矢印の位置で像の形状が変化していることがわかる．

5.5 重力レンズ確率

強い重力レンズが観測されるのは，光源とレンズ天体が視線方向に沿ってほぼ一直線上に並んだ場合であり，その意味で稀な現象である．そのような配置の確率，重力レンズ確率 (gravitational lensing probability) はさまざまな宇宙論的情報を有しており，強い重力レンズの研究においても重要な役割を果たしてきた．

5.5.1　重力レンズ確率の計算

重力レンズ確率の一般的な定義は，赤方偏移 z_s のある光源が手前のレンズ天体によって強い重力レンズ効果を受ける確率，である．質量が M のレンズ天体の微分共動数密度を dn/dM として，重力レンズ確率 $P_\mathrm{sl}(z_\mathrm{s})$ は，単位立体角 $d\Omega$ および単位赤方偏移 dz_l あたりの共動体積要素 (comoving volume element)

$$\frac{d^2V}{dz_\mathrm{l} d\Omega} := f_K^2(\chi(z_\mathrm{l}))\frac{c}{H(z_\mathrm{l})} \tag{5.33}$$

を用いて

$$P_\mathrm{sl}(z_\mathrm{s}) = \int_0^{z_\mathrm{s}} dz_\mathrm{l} \frac{d^2V}{dz_\mathrm{l} d\Omega} \int_0^\infty dM \frac{dn}{dM} \sigma_\mathrm{sl}(M; z_\mathrm{l}, z_\mathrm{s}) \tag{5.34}$$

と計算できる．ただし，$\sigma_\mathrm{sl}(M; z_\mathrm{l}, z_\mathrm{s})$ は重力レンズ断面積 (lensing cross section) と呼ばれ，光源平面内で質量 M，赤方偏移 z_l のレンズ天体が強い重力レンズを引き起こす領域の面積である．ここでは重力レンズ断面積はステラジアン (steradian)

を単位とする天球面上の面積として定義されていることに注意しよう.

歴史的には,重力レンズ確率は,銀河の速度分散関数 (velocity dispersion function) を用いて計算されてきた.速度分散が σ のレンズ天体の微分共動数密度を $dn/d\sigma$ として,この場合の重力レンズ確率 $P_{sl}(z_s)$ は

$$P_{sl}(z_s) = \int_0^{z_s} dz_l \frac{d^2 V}{dz_l d\Omega} \int_0^\infty d\sigma \frac{dn}{d\sigma} \sigma_{sl}(\sigma;\, z_l,\, z_s) \tag{5.35}$$

のように書き表される.$dn/d\sigma$ は観測から測定された銀河の速度分散関数を用いるのが一般的である.

レンズ天体の質量モデルとして,4.2.2 節で紹介した特異等温球を用いた場合,複数像が生成されるのは $\beta < \theta_{Ein}$ の場合だったので,式 (4.44) より,重力レンズ断面積は

$$\sigma_{sl}(\sigma;\, z_l,\, z_s) = \pi \theta_{Ein}^2 = 16\pi^3 \left(\frac{\sigma}{c}\right)^4 \left(\frac{D_{ls}}{D_{os}}\right)^2 \tag{5.36}$$

となる.複数像の生成に加えて,例えば複数像の増光率の比についてさらに条件を課すことも一般的であり,その場合は式 (5.36) の重力レンズ断面積に変更を加える必要がある.例えば,同じく特異等温球の場合に,式 (4.53) から計算される 2 個の複数像の増光率の比について

$$\frac{|\mu_-|}{|\mu_+|} = \frac{1-y}{1+y} \geq r_{th} \tag{5.37}$$

のように設定すると,光源の位置 y について

$$y \leq \frac{1-r_{th}}{1+r_{th}} \tag{5.38}$$

の条件が得られるので,式 (5.36) の重力レンズ断面積が

$$\sigma_{sl}(\sigma;\, z_l,\, z_s,\, > r_{th}) = \pi \theta_{Ein}^2 \left(\frac{1-r_{th}}{1+r_{th}}\right)^2 \tag{5.39}$$

のように修正されることになる.

図 5.12 に,銀河の速度分散関数をもとに重力レンズ確率を式 (5.35) に従って計算し,光源の赤方偏移の関数として描いたものを示している.低赤方偏移 $z_s < 1$ では重力レンズ確率は $P_{sl} \propto z_s^3$ に従って急激に増加していく.赤方偏移が 1 を大きく超える遠方の天体に対して,重力レンズ確率は 10^{-3} 程度となっており,依然として小さいものの無視できない割合の遠方天体が強い重力レンズ効果を受ける

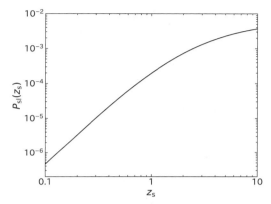

図 5.12　重力レンズ確率 $P_{sl}(z_s)$ の光源の赤方偏移 z_s 依存性[22].

ことがわかる．クエーサーなどの遠方天体の重力レンズ確率は，宇宙論パラメータ，特に宇宙定数 (cosmological constant) に強く依存するため，宇宙論パラメータの測定にも用いられてきた[84].

5.5.2　増光バイアス

強い重力レンズ効果を受けた光源は，一般に増光されるので，元々暗すぎて観測されなかった光源が重力レンズ増光により観測されるようになる．したがって，あるフラックス限界のもとで観測から得られた天体サンプル中の重力レンズ確率が，観測の選択効果によって見かけ上増加することになる[85]．この効果は増光バイアス (magnification bias) と呼ばれ，観測された重力レンズ確率を正しく解釈する上で重要な効果となる．

増光バイアスを計算するためには，光源のフラックス分布が必要となる．フラックス f の関数として光源の微分数分布が $N(f) = dN/df$ と与えられたとすると，増光率の確率分布 $dP/d\mu$ を用いて増光バイアス B は

$$B = \frac{1}{N(f)} \int_{\mu_{\min}}^{\infty} \frac{d\mu}{\mu} \frac{dP}{d\mu} N(f/\mu) \tag{5.40}$$

と計算される．増光バイアスの具体的な値を見積もるために，光源のフラックス分布として単純な冪分布

$$N(f) \propto f^{-\alpha} \tag{5.41}$$

を仮定し，さらに式 (4.54) で与えられる特異等温球の増光率から，増光率の確率

分布 $dP/d\mu$ が

$$\frac{dP}{d\mu} \propto \frac{d(\pi\beta^2)}{d\beta}\frac{d\beta}{d\mu} \propto \frac{1}{\mu^3} \tag{5.42}$$

となり，また特異等温球で複数像が生成される場合の最小の増光率は，式 (5.37) の増光率の比の下限を $r_{\rm th} = 0$ とすると，$\beta = \theta_{\rm Ein}$ の場合の $\mu_{\rm min} = 2$ であることから，$\mu > \mu_{\rm min} = 2$ で $dP/d\mu$ を規格化することにより

$$\frac{dP}{d\mu} = \frac{8}{\mu^3} \tag{5.43}$$

となるので，これらの表式を用いると，式 (5.40) は結局

$$B = \frac{2^\alpha}{3 - \alpha} \tag{5.44}$$

と計算される．式 (5.41) の冪 α が大きいほど，フラックス分布が急であり，元々フラックス限界以下の光源が増光により観測される状況が多くなるため，増光バイアス B が大きくなる．光源がクエーサーの場合は，典型的には $\alpha \simeq 2$ であり，このとき観測される重力レンズ確率は増光バイアスによって $B \simeq 4$ 倍だけ大きくなる．

■5.5.3　銀河レンズと銀河団レンズの寄与

これまで，レンズ天体として銀河を考えて重力レンズ確率を議論してきたが，5.2.3 項からも明らかなように，強い重力レンズは銀河団によっても引き起こされる．以下で，銀河団レンズの重力レンズ確率への寄与について簡潔に解説する．

現在の標準的な構造形成理論では，ダークマターの自己重力により形成するダークマターハローの内部でガスの冷却 (cooling) により星形成が起こり銀河が形成される．重力レンズ効果はレンズ天体の全質量密度分布によって決まるため，ダークマター分布と星質量分布の和の質量密度分布が重要となる．ダークマターハローの質量密度分布は 4.2.4 項で紹介した NFW モデルで記述される一方で，星質量分布は冷却によって NFW モデルよりも中心集中した質量密度分布を持つ．ダークマターハローの中で星が無視できない割合形成されると，ダークマター分布と星質量分布の和の質量密度分布は近似的に特異等温分布に近い分布になることが知られている．ダークマターハロー中の星形成の効率も，近年の研究によって理解されつつあり，単独の銀河に対応する，質量が 10^{12} 倍から 10^{13} 倍の太陽質量のダークマターハローで最も効率的に星が形成されることがわかっている．この

5.5 重力レンズ確率

ことから，強い重力レンズにおいては，銀河レンズに対しては質量密度分布は近似的に特異等温分布，銀河団レンズに対しては質量密度分布は近似的に NFW モデル，と見なすことができる[86]．

図 5.13 に，異なる質量のダークマターハローの強い重力レンズによって，複数像間の最大分離角 $\theta_{\max}$ がどのように変化するかを示している．最大分離角は Einstein 半径と近似的に $\theta_{\max} \simeq 2\theta_{\mathrm{Ein}}$ の関係を持ち，レンズ天体の重さの目安を与える．実際に，ダークマター分布と星質量分布の和の質量密度分布から計算された最大分離角 $\theta_{\max}$ は，ダークマターハローの質量の増加とともに単調増加している様子が見てとれる．さらに，図 5.13 には，質量が 10^{12} 倍から 10^{13} 倍の太陽質量に対応する銀河レンズでは質量密度分布が特異等温球で，質量が 10^{14} 倍以上の太陽質量に対応する銀河団レンズでは質量密度分布が NFW モデルでよく近似されることも示されている．言い換えると，銀河レンズに対しては，星質量分布が強い重力レンズに無視できない重要な寄与をなしていることになる．

NFW モデルは，中心の質量密度分布が $\rho(r) \propto r^{-1}$ と緩やかなため，特異等温球と比べて強い重力レンズを引き起こしにくく，相対的に重力レンズ断面積が小

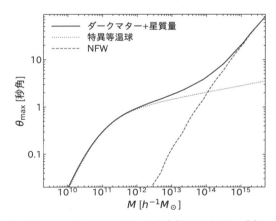

図 5.13 質量 M のダークマターハローによって引き起こされる強い重力レンズの複数像間の最大分離角 $\theta_{\max}$ [87]．レンズの赤方偏移を $z_l = 0.5$，光源の赤方偏移を $z_s = 2$ としている．太い実線は，ダークマター (NFW) 分布と星質量分布の和の質量密度分布から計算した最大分離角 $\theta_{\max}$ を示している．細い点線と破線はそれぞれ，銀河の明るさから推定される速度分散を仮定した特異等温球の場合，および星質量分布を無視し質量密度分布を NFW モデルのみとした場合の $\theta_{\max}$ と M の関係を示している．

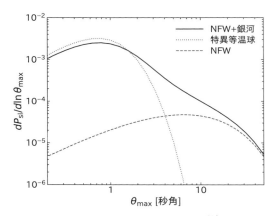

図 5.14 式 (5.45) で計算される，重力レンズ確率の分離角分布[87]．光源の赤方偏移を $z_s = 2$ とし，また $\alpha = 2.1$ の冪分布のフラックス分布を仮定して，式 (5.40) で計算される増光バイアスも考慮されている．細い点線と破線は，図 5.13 と同様．

さい．このことと，銀河団の数密度が銀河に比べて少ないことにより，銀河団レンズの重力レンズ確率への寄与は小さくなる．この点を定量的に見るために，以下の重力レンズ確率の分離角分布

$$\frac{dP_{sl}}{d\theta_{max}} = \int_0^{z_s} dz_l \frac{d^2V}{dz_l d\Omega} \int_0^\infty dM \frac{dn}{dM} \sigma_{sl}(M; z_l, z_s) \\ \times \delta^D(\theta_{max} - \theta_{max}(M; z_l, z_s)) \quad (5.45)$$

を，ダークマター分布と星質量分布から計算した重力レンズ断面積を用いて，得られた結果を図 5.14 に示す．ダークマターハローの微分共動数密度 dn/dM は，理論的に計算したハロー質量関数 (halo mass function) が用いられる[88]．観測より，または図 5.13 より，$\theta_{max} \simeq 1$ 秒角程度が銀河レンズ，$\theta_{max} \simeq 10$ 秒角かそれ以上が銀河団レンズに対応することがわかっているが，銀河団レンズの重力レンズ確率が銀河レンズに比べて 1 桁ないし 2 桁小さいことが，図 5.14 から見てとれる．このことは観測とも整合的であり，クエーサー重力レンズのレンズ天体は大半が単独の銀河であることがわかっている[89]．

6 重力マイクロレンズ

　重力マイクロレンズは，増光率の変化を手がかりにして検出される重力レンズ現象である．複数像が観測の解像度の限界のため分離して観測できない場合でも，重力マイクロレンズの解析により，レンズ天体や光源の性質を調べることができ，ダークマター探査や系外惑星探査などに用いられている．

6.1　点質量レンズによる重力マイクロレンズ

6.1.1　重力マイクロレンズの基本原理

　重力マイクロレンズにおいて基本となる質量モデルが，4.2.1 項で紹介した点質量レンズである．質量 M の点質量レンズの Einstein 半径を再掲すると

$$\theta_{\mathrm{Ein}} = \sqrt{\frac{4GM}{c^2}\frac{D_{\mathrm{ls}}}{D_{\mathrm{ol}}D_{\mathrm{os}}}} \tag{6.1}$$

であり，2 個の複数像の増光率の和は，規格化された光源の位置

$$y := \frac{\beta}{\theta_{\mathrm{Ein}}} \tag{6.2}$$

の関数として

$$\mu_{\mathrm{tot}}(y) = \frac{y^2 + 2}{y\sqrt{y^2 + 4}} \tag{6.3}$$

と求められていた．

　例として，天の川銀河 (Milky Way) 内の点質量レンズの重力レンズを考えよう．レンズ天体および光源の候補として，銀河を構成する個々の星がまずは考えられる．これらの星は，それぞれ天球面上で固有運動 (proper motion) によりわずかに移動している．光源とレンズ天体が視線方向にほぼ一直線に揃ったときに，重力レンズ効果によって十分に明るい複数像が形成される．しかし，レンズ天体

や光源までの距離をおおざっぱに $D \sim 10\ \mathrm{kpc}$ として[*1)]，レンズ天体の質量が太陽質量 $M = M_\odot$ の場合の Einstein 半径は高々 $\theta_{\mathrm{Ein}} \sim 10^{-3}$ 秒角なので，撮像観測の分解能を考えると複数像の分離は困難であることがわかる．一方で，光源とレンズ天体がほぼ一直線に揃うにつれて，式 (6.3) の y が小さくなり増光率が増えていく．光源とレンズ天体が天球面上で1番近づくと，増光率が最大となり，その後は光源とレンズ天体が天球面上で離れるにつれて増光率が下がっていく．このような増光率の増減は，その時間スケールによっては観測が可能だろう．

増光率の変化の典型的な時間スケールは以下で定義される Einstein 時間 (Einstein time)

$$t_{\mathrm{Ein}} := \frac{(1 + z_{\mathrm{l}}) D_{\mathrm{ol}} \theta_{\mathrm{Ein}}}{v_\perp} \tag{6.4}$$

で決まる．$v_\perp$ は，光源を基準とした，レンズ天体の視線方向と垂直な方向の接線速度 (transverse velocity) である．$1 + z_{\mathrm{l}}$ は，式 (3.61) で表される宇宙論的な時間の膨張の効果に起因するが，天の川銀河などの近傍宇宙の重力マイクロレンズを考える場合は，この係数はもちろん無視できる．$v_\perp$ の典型的な値として，天の川銀河の回転速度に近い $v_\perp \sim 200\ \mathrm{km/s}$ を採用すると，上記の $\theta_{\mathrm{Ein}} \sim 10^{-3}$ 秒角の場合の Einstein 時間はおおざっぱに 80 日程度となり，モニタ観測によって十分に観測可能な時間スケールであることがわかる．重力マイクロレンズは，多くの星のモニタ観測によって，このような光源とレンズ天体の視線方向の整列によって起こる増光率の時間変化を捉えることで，重力レンズ現象を検出するのである．

■ 6.1.2 増光曲線の計算

点質量レンズを仮定して，具体的に増光率がどのように変化するかを計算しよう．加速度が無視できるとすると，天球面上でレンズと光源は一定の接線速度で相対運動を行う．上記のレンズ天体の接線速度 $v_\perp$ を用いると，天球面上でのレンズ天体の移動速度は $v_\perp / \{(1 + z_{\mathrm{l}}) D_{\mathrm{ol}}\}$ で与えられる．この状況は，レンズ天体を原点に固定した天球座標を考えると，光源平面内を光源が同じ速度で移動していると見ることもできる．光源平面内で光源が原点，すなわちレンズ天体，に1番近づいたときの天球面上の角度距離で定義される衝突パラメータを β_0 とし

[*1)] 「$\sim$」の記号は，「およそ」を表す記号であり，「$\simeq$」よりも荒い近似を表すのに用いられる．

6.1 点質量レンズによる重力マイクロレンズ 123

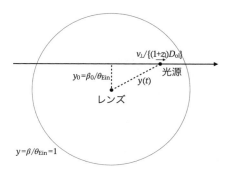

図 **6.1** 重力マイクロレンズの増光曲線の計算の設定.

て，β_0 を Einstein 半径で規格化された距離を $y_0 := \beta_0/\theta_{\mathrm{Ein}}$ と表す．図 6.1 のように光源が移動すると，各時刻での光源の位置 $y(t) := \beta(t)/\theta_{\mathrm{Ein}}$ は

$$y(t) = \sqrt{y_0^2 + \left(\frac{t-t_0}{t_{\mathrm{Ein}}}\right)^2} \qquad (6.5)$$

と書き表されるだろう．ただし，t_0 は光源がレンズ天体に最も近づく時刻として定義されている．したがって，式 (6.3) より，各時刻の増光率は

$$\mu(t) = \mu_{\mathrm{tot}}(y(t)) = \frac{\{y(t)\}^2 + 2}{y(t)\sqrt{\{y(t)\}^2 + 4}} \qquad (6.6)$$

となることがわかる．

図 6.2 に，さまざまな y_0 の値に対する，式 (6.6) から計算される各時刻での増光率，すなわち増光曲線 (magnification curve) が示されている．y_0 が小さいほど最大増光率が高いこと，また質量モデルが球対称であることから増光曲線も t_0 を中心に左右対称であることが見てとれる．$y_0 = 1$ のとき，すなわち $\beta_0 = \theta_{\mathrm{Ein}}$ のとき，式 (6.6) から最大増光率は $3/\sqrt{5} \simeq 1.34$ となる．光源の見かけの明るさが観測限界に比べて十分明るければ，この程度の明るさの変化は容易に観測可能である．また，増光および減光の典型的な時間スケールが確かに t_{Ein} となっていることも確認できる．

この例からもわかるとおり，重力マイクロレンズの観測から得られる主な物理量は，式 (6.4) で定義される Einstein 時間 t_{Ein} である．Einstein 半径の定義式 (6.1) を代入して具体的に書き下すと

$$t_{\mathrm{Ein}} = \frac{1+z_{\mathrm{l}}}{v_{\perp}}\sqrt{\frac{4GM}{c^2}\frac{D_{\mathrm{ol}}D_{\mathrm{ls}}}{D_{\mathrm{os}}}} \qquad (6.7)$$

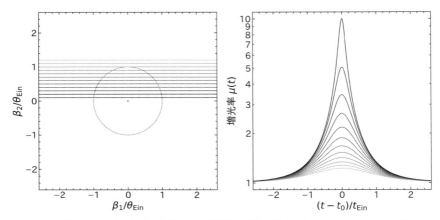

図 6.2 重力マイクロレンズの増光曲線. 左図は，衝突パラメータ y_0 を 0.1 から 1.2 まで 0.1 刻みで変化させたときの，それぞれの光源の軌跡を示している．右図は，左図のそれぞれの軌跡に対応した増光曲線.

となるため，観測的に $t_{\rm Ein}$ を測定したとしても，レンズ天体や光源までの距離，レンズ天体の質量，接線速度が縮退し，例えばレンズ天体の質量 M が一意に決定できないことが理解できるだろう．個々の重力マイクロレンズ現象の観測からさまざまな物理量を求めるためには，以下で議論するような他の観測量を組み合わせることが必須となるのである．

■ 6.1.3 光源の大きさの影響

ここまで，光源を大きさが無視できる点状の天体と仮定して増光曲線を計算した．この近似は，光源となる星の天球面上での大きさが，Einstein 半径や衝突パラメータよりもずっと小さいときに妥当であると考えられる．光源の大きさが無視できない場合に，増光曲線がどのように変更を受けるかを考察しよう．

簡単のため，周縁減光 (limb darkening) などの効果を無視して，光源がある半径内で一様の放射強度分布を持つとしよう．天球面上での光源の半径 β_* を Einstein 半径で規格化した量を

$$\rho_* := \frac{\beta_*}{\theta_{\rm Ein}} \tag{6.8}$$

とすると，この光源に対して増光率を計算するためには，各時刻の光源の中心 $y(t)$ に対してその周りの半径 ρ_* の円内で増光率を平均すればよく，式 (6.3) の $\mu_{\rm tot}(y)$ と式 (6.5) の $y(t)$ を用いて増光曲線を

6.1 点質量レンズによる重力マイクロレンズ

$$\mu(t, \rho_*) = \frac{1}{\pi \rho_*^2} \int_0^{2\pi} d\varphi \int_0^{\rho_*} d\rho\, \rho$$
$$\times \mu_{\text{tot}} \left(\sqrt{\{y(t) + \rho \cos\varphi\}^2 + \{\rho \sin\varphi\}^2} \right) \tag{6.9}$$

と書き表すことができる. 式 (6.3) は $y \ll 1$ で $\mu_{\text{tot}}(y) \simeq 1/y$ となるので, この極限で式 (6.9) を評価すると

$$B_0(z) := \frac{z}{\pi} \int_0^{2\pi} d\varphi \int_0^1 dr \frac{r}{\sqrt{z^2 + 2zr \cos\varphi + r^2}} \tag{6.10}$$

と定義される $B_0(z)$ を用いて

$$\mu(t, \rho_*) \simeq \frac{1}{y(t)} B_0 \left(\frac{y(t)}{\rho_*} \right) \tag{6.11}$$

と書き表される. $B_0(z)$ は母数 (modulus) z の第 2 種不完全楕円積分 (incomplete elliptic integral of the second kind) $E(x, z)$ を用いて表されることが知られており[90], 具体的には

$$\varphi_{\max} := \begin{cases} \dfrac{\pi}{2} & (z \le 1) \\ \arcsin \dfrac{1}{z} & (z > 1) \end{cases} \tag{6.12}$$

で定義される $\varphi_{\max}$ を用いて

$$B_0(z) = \frac{4z}{\pi} E(\varphi_{\max}, z) \tag{6.13}$$

と計算される. $z \gg 1$ で $B_0(z) \simeq 1$ となることから, 式 (6.11) の $1/y(t)$ を式 (6.6) で置き換えて得られる

$$\mu(t, \rho_*) \simeq \mu(t) B_0 \left(\frac{y(t)}{\rho_*} \right) \tag{6.14}$$

が, 光源の大きさを考慮した増光曲線の近似的な表式としてしばしば採用される.

図 6.3 に, 光源の大きさが増光曲線にどのような影響を与えるかの例を示している. 光源の大きさを考慮することによって, 最大増光率が減少し, かつピーク付近の増光曲線の形状も変化していることがわかる. y_0 が小さく, したがって最大増光率が大きいほど光源の大きさの影響は大きくなり, 観測可能性が高くなる.

このような光源の大きさの効果が観測されると, 6.1.2 項で議論したさまざまな物理量の間の縮退を部分的にやぶることができる. 具体的には, 光源が恒星の

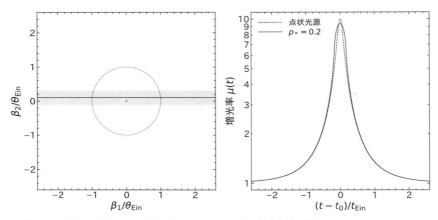

図 6.3 光源の大きさを考慮した重力マイクロレンズの増光曲線．衝突パラメータ $y_0 = 0.1$，光源の大きさとして $\rho_* = 0.2$ を採用した場合の増光曲線（実線）を，点状光源の場合の増光曲線（破線）と比較している．

場合，見かけの明るさや色を観測することでその星までの距離やスペクトル型 (spectral type) が推定でき，その天球面上の大きさ β_* を推定できる．光源の大きさの効果が観測されると増光曲線から ρ_* が推定できるので，β_* の推定と組み合わせることで $\theta_{\rm Ein}$ が推定できるため，縮退を部分的にやぶることができることになる．

6.2 重力マイクロレンズ視差

重力マイクロレンズ観測から得られる物理量の縮退をやぶる他の観測量として，重力マイクロレンズ視差 (microlensing parallax) が知られている．この節では，いくつかの重力マイクロレンズ視差の基本原理を紹介する．

6.2.1 観測者や光源の接線速度の影響

重力マイクロレンズ視差は，観測者の固有運動，あるいは異なる位置の観測者を利用して行われる．6.1 節では，簡単のためレンズ天体のみがある接線速度で移動していると仮定したが，重力マイクロレンズ視差を議論するための前準備として，レンズ天体のみならず観測者や光源も接線速度を持つ場合に，それらが重力マイクロレンズにどのような影響を与えるかを考察しておこう．

6.1.1 項では，レンズ天体の接線速度を単に $v_\perp$ と表記したが，天球面上での向きも考慮して，ここでは $\bm{v}_{\perp,\mathrm{l}}$ とベクトルで表すことにする．天球面上の局所平面座標の原点を常にレンズ天体の中心にとるとすると，このレンズ天体の接線速度により，光源平面で光源が

$$\bm{u}_{\perp,\mathrm{l}} = -\frac{\bm{v}_{\perp,\mathrm{l}}}{(1+z_\mathrm{l})D_\mathrm{ol}} \tag{6.15}$$

の速度で動いていると読み替えることができる．マイナス符号はレンズ天体の接線速度を光源の接線速度と解釈すると逆向きの速度になるためであり，また $\bm{v}$ は物理座標の速度であり，$\bm{u}$ は天球座標の速度であることに注意しよう．6.1.1 項でも説明されたとおり，$1+z_\mathrm{l}$ は宇宙論的な時間の膨張に起因する．

同様に，光源の接線速度を $\bm{v}_{\perp,\mathrm{s}}$ とすると，宇宙論的な時間の膨張を考慮して，光源平面での天球座標の速度が

$$\bm{u}_{\perp,\mathrm{s}} = \frac{\bm{v}_{\perp,\mathrm{s}}}{(1+z_\mathrm{s})D_\mathrm{os}} \tag{6.16}$$

となることがわかる．

観測者の接線速度 $\bm{u}_{\perp,\mathrm{o}}$ の影響はやや複雑だが，図 6.4 から，観測者の接線速度を光源平面の光源の速度に読み替えると

$$\bm{u}_{\perp,\mathrm{o}} = \frac{f_K(\chi_\mathrm{s}-\chi_\mathrm{l})}{f_K(\chi_\mathrm{s})}\frac{\bm{v}_{\perp,\mathrm{o}}}{f_K(\chi_\mathrm{l})} = \frac{D_\mathrm{ls}}{D_\mathrm{os}}\frac{\bm{v}_{\perp,\mathrm{o}}}{(1+z_\mathrm{l})D_\mathrm{ol}} \tag{6.17}$$

となると考えられる．

以上をまとめて，光源，レンズ天体，観測者の接線速度の影響は，固定された

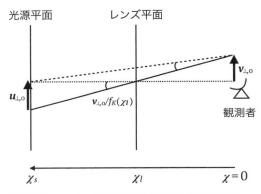

図 **6.4** 観測者の接線速度 $\bm{u}_{\perp,\mathrm{o}}$ の，光源平面上の光源の天球座標の速度 $\bm{u}_{\perp,\mathrm{o}}$ への読み替え．

レンズ天体に対して光源が光源平面上で

$$\boldsymbol{u}_\perp = \frac{D_{\mathrm{ls}}}{D_{\mathrm{os}}} \frac{\boldsymbol{v}_{\perp,\mathrm{o}}}{(1+z_{\mathrm{l}})D_{\mathrm{ol}}} - \frac{\boldsymbol{v}_{\perp,\mathrm{l}}}{(1+z_{\mathrm{l}})D_{\mathrm{ol}}} + \frac{\boldsymbol{v}_{\perp,\mathrm{s}}}{(1+z_{\mathrm{s}})D_{\mathrm{os}}} \tag{6.18}$$

の天球座標の速度で移動している，と解釈することができる[91]．6.1.1 項でも述べられたとおり，天の川銀河などの近傍宇宙の重力マイクロレンズを考える場合には，$1+z$ の係数は明らかに無視でき，また宇宙の空間曲率の効果も無視できることから，$D_{\mathrm{ls}} = D_{\mathrm{os}} - D_{\mathrm{ol}}$ として計算してよい．例えば $D_{\mathrm{os}} \simeq 2D_{\mathrm{ol}}$ の場合，全ての $|\boldsymbol{v}_\perp|$ が同程度の大きさであったとしても，式 (6.18) の右辺第 1 項と第 3 項の大きさが右辺第 2 項の大きさの半分程度となるため，レンズ天体の接線速度のみを考え光源と観測者の接線速度を無視するとした 6.1 項の仮定もある程度は正当化されることになる．

■ 6.2.2 軌道視差

重力マイクロレンズにおける軌道視差 (orbital parallax) は，太陽の周りの地球の公転を利用する．地球の公転の軌道半径を $a_\oplus$ と表すことにすると，$a_\oplus = 1$ 天文単位であり，一方で式 (6.18) より，地球の公転によって，θ_{Ein} で規格化された光源の位置 $y(t)$ が典型的に

$$\pi_{\mathrm{Ein}} := \frac{D_{\mathrm{ls}} a_\oplus}{(1+z_{\mathrm{l}}) D_{\mathrm{ol}} D_{\mathrm{os}} \theta_{\mathrm{Ein}}} \tag{6.19}$$

の大きさで変動することがわかる．以下で定義される，観測者平面に投影された Einstein 半径

$$\hat{r}_{\mathrm{Ein}} := \frac{(1+z_{\mathrm{l}}) D_{\mathrm{ol}} D_{\mathrm{os}}}{D_{\mathrm{ls}}} \theta_{\mathrm{Ein}} = (1+z_{\mathrm{l}}) \sqrt{\frac{4GM}{c^2} \frac{D_{\mathrm{ol}} D_{\mathrm{os}}}{D_{\mathrm{ls}}}} \tag{6.20}$$

を用いると，式 (6.19) は

$$\pi_{\mathrm{Ein}} = \frac{a_\oplus}{\hat{r}_{\mathrm{Ein}}} \tag{6.21}$$

と簡素化され，π_{Ein} が公転の軌道半径と観測者平面に投影された Einstein 半径の比で与えられることがわかる．

地球の公転を角速度 $\omega_\oplus$ の円運動とし，簡単のため視線方向と軌道面が垂直であると仮定すると，地球の公転の効果は，式 (6.5) で表される各時刻での光源の位置を

$$y(t) = \sqrt{\{y_0 + \pi_{\text{Ein}} \cos\varphi_\oplus(t)\}^2 + \left\{\frac{t-t_0}{t_{\text{Ein}}} + \pi_{\text{Ein}} \sin\varphi_\oplus(t)\right\}^2} \quad (6.22)$$

と修正することで取り入れることができる．ただし，$\varphi_\oplus(t)$ は Einstein 時間の逆数で規格化された角振動数

$$\Omega_\oplus := \omega_\oplus t_{\text{Ein}} \quad (6.23)$$

および $t = t_0$ の位相 φ_0 を用いて

$$\varphi_\oplus(t) := \omega_\oplus(t - t_0) + \varphi_0 = \Omega_\oplus \frac{t - t_0}{t_{\text{Ein}}} + \varphi_0 \quad (6.24)$$

と表される．t_{Ein} が公転の周期である 1 年よりずっと小さい，すなわち $\Omega_\oplus \ll 1$ の場合は，π_{Ein} に比例する項が，Einstein 時間の間にほとんど変化せず，実質的に定数とみなせるため，y_0 および t_0 と縮退するので，軌道視差は観測できない．一方で，$\Omega_\oplus \gtrsim 1$ であれば，増光曲線が π_{Ein} に比例する項の時間変化によって変調するため，軌道視差を観測し π_{Ein} を測定することができる．光源の大きさの効果の場合と同様に，π_{Ein} を測定することによって，観測者平面に投影された Einstein 半径が測定できることから，6.1.2 項で議論したさまざまな物理量の間の縮退を部分的にやぶることができる．

軌道視差を考慮した増光曲線の例を図 6.5 に示す．この例では，軌道視差によっ

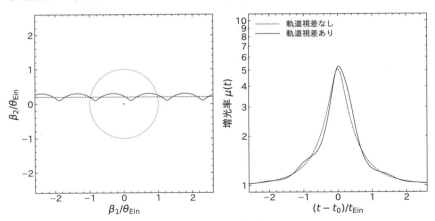

図 6.5　重力マイクロレンズ増光曲線の軌道視差の影響．衝突パラメータを $y_0 = 0.2$ として，$\pi_{\text{Ein}} = 0.1$，$\Omega_\oplus = 6$ の場合の軌道視差を考慮した増光曲線（実線）を，軌道視差を無視した増光曲線（破線）と比較している．

て，t_{Ein} より短い周期で増光曲線が変調している様子が見てとれる．高精度の増光曲線の観測によってこの変調を捉えることで，π_{Ein} を測定できることになる．ただし，条件が揃わないとこのような軌道視差の影響は観測できないことに注意しよう．上で述べたとおり，$\Omega_{\oplus} \gtrsim 1$ となる必要があるが，$\Omega_{\oplus}$ は Einstein 半径に比例するので，この条件を満たすためには，例えばレンズ天体の質量 M が大きい必要がある．一方で，質量が大きすぎると，式 (6.21) で定義される π_{Ein} が小さくなって，軌道視差による増光曲線の変動の振幅が小さくなり，観測が難しくなる．典型的には，$M \sim 100\ M_{\odot}$ のレンズ天体の質量で軌道視差が観測されやすいが[92]，接線速度や距離によってはそれよりも小さな質量のレンズ天体に対しても軌道視差の観測は可能である．

■ 6.2.3　3角視差

　重力マイクロレンズにおける3角視差 (trigonometric parallax) は，異なる場所の観測者による重力マイクロレンズの同時観測による，増光曲線の差異を利用する手法である．地上望遠鏡観測と衛星観測を用いる衛星視差 (satellite parallax) や，異なる場所の地上望遠鏡観測を用いる地上視差 (terrestrial parallax) などがある．

　増光曲線の3角視差の影響は，6.2.2項と同様の考え方で導出できる．観測者1と観測者2の間の物理距離を a_{12} と置くと，式 (6.21) と同様に $\pi_{\mathrm{Ein}} \coloneqq a_{12}/\hat{r}_{\mathrm{Ein}}$ と定義できる．π_{Ein} を天球面上で $\boldsymbol{u}_{\perp}$ と平行な方向の長さ $\pi_{\mathrm{Ein},\parallel}$ と垂直な方向の長さ $\pi_{\mathrm{Ein},\perp}$ に分離すると，観測者1を基準とした観測者2の各時刻での光源の位置を

$$y(t) = \sqrt{\left(y_0 + \pi_{\mathrm{Ein},\perp}\right)^2 + \left(\frac{t - t_0}{t_{\mathrm{Ein}}} + \pi_{\mathrm{Ein},\parallel}\right)^2} \tag{6.25}$$

と修正することで，観測者2が観測する増光曲線を計算できる．

　図 6.6 に観測者1と観測者2の増光曲線の差異の例を示す．観測者の場所の違いにより，増光曲線のピークがずれ，また最大増光率も異なっていることがわかる．したがって，観測者1と観測者2の重力マイクロレンズの同時観測によって π_{Ein} が測定でき，a_{12} が既知であることから，観測者平面に投影された Einstein 半径が測定でき，軌道視差の場合と同様にさまざまな物理量の間の縮退を部分的にやぶることができる．π_{Ein} の定義からも明らかなように，a_{12} が大きい，ある

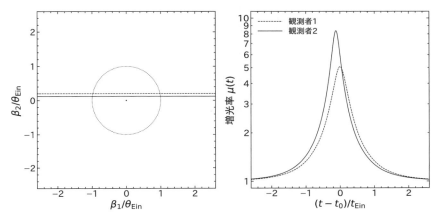

図 6.6 重力マイクロレンズ増光曲線の3角視差．衝突パラメータを $y_0 = 0.2$ として観測者 1 の増光曲線（破線）を計算し，さらに観測者 2 の増光曲線（実線）は $\pi_{\text{Ein},\parallel} = 0.12$ および $\pi_{\text{Ein},\perp} = -0.08$ として計算した．

いは $\hat{r}_{\text{Ein}}$ が小さいほど，π_{Ein} が大きくなり3角視差の観測が容易になる．

6.3　位置天文重力マイクロレンズ

重力マイクロレンズ観測から得られる物理量の縮退をやぶる，さらに別の観測量として，位置天文重力マイクロレンズ (astrometric microlensing) が知られている．位置天文重力マイクロレンズは，天球面上でレンズ天体に対し，ある接線速度で光源が近づくときに，重力レンズ複数像の生成によって，像の位置が見かけ上変動して観測される現象である．6.1.1 項で見積もられたように，天の川銀河の重力マイクロレンズの典型的な Einstein 半径は $\theta_{\text{Ein}} \sim 10^{-3}$ 秒角であり，複数像の分離は難しいものの，この程度の大きさの天球面上の天体の位置の変動については，観測が可能である．

像の位置の変動の大きさとそのパターンを計算するために，まず式 (4.37) で求めた，点質量レンズの2個の複数像の位置を，Einstein 半径で規格化された複数像の位置 $x_\pm$ で表すと，同じく Einstein 半径で規格化された光源の位置 $y := \beta/\theta_{\text{Ein}}$ の関数として

$$x_\pm := \frac{\theta_\pm}{\theta_{\text{Ein}}} = \frac{y \pm \sqrt{y^2 + 4}}{2} \tag{6.26}$$

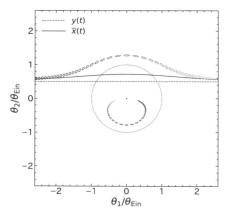

図 6.7 位置天文重力マイクロレンズの例. 衝突パラメータを $y_0 = 0.5$ として, 破線に沿って光源を移動させたときの, 2 個の複数像の位置を示している. それぞれの複数像の増光率も図から推定できるように, わずかに広がった光源を考えている. 実線が, 式 (6.29) で与えられる, 観測される像の重心位置の軌跡を示している.

と書き表せる. 点質量レンズは球対称性を持つので, 4.1 節で議論したように, 像は天球面上でレンズ天体の中心に対応する原点と光源の位置を結ぶ直線上に現れ, 像の位置の原点からの距離が $x_\pm$ で与えられる. x_- に対応する像は, $x_- < 0$ なので原点から見て光源の位置と反対側に現れる. 図 6.7 に, 重力マイクロレンズにおける各光源の位置での 2 個の複数像の出現位置を示している.

またそれぞれの複数像の増光率の絶対値は, 式 (4.38) から

$$|\mu_\pm| = \frac{y^2 + 2}{2y\sqrt{y^2+4}} \pm \frac{1}{2} \tag{6.27}$$

となるので, 各光源の位置 y における像の重心の位置 $\bar{x}$ を

$$\begin{aligned}\bar{x} &:= \frac{|\mu_+|x_+ + |\mu_-|x_-}{|\mu_+| + |\mu_-|} \\ &= \frac{y\sqrt{y^2+4}}{y^2+2}\left(\frac{y^2+2}{2\sqrt{y^2+4}} + \frac{\sqrt{y^2+4}}{2}\right) \\ &= \frac{y(y^2+3)}{y^2+2}\end{aligned} \tag{6.28}$$

と計算できる. これをベクトルで表記すると

$$\bar{\boldsymbol{x}} = \bar{x}\frac{\boldsymbol{y}}{y} = \frac{y^2+3}{y^2+2}\boldsymbol{y} \tag{6.29}$$

となる.

図 6.7 に，光源の位置 y の変化に伴う像の重心位置 $\bar{x}$ の変化の例も示している．接線速度が一定の場合，レンズ天体の中心を原点にとった座標系で，光源は一定の速度で移動し，天球面上でその軌跡は直線となるが，図 6.7 に示されているとおり，像の重心位置の軌跡は直線からややずれる．式 (6.29) からこのずれを計算すると

$$\boldsymbol{\Delta} := \bar{\boldsymbol{x}} - \boldsymbol{y} = \frac{1}{y^2 + 2}\boldsymbol{y} \tag{6.30}$$

となる．$\boldsymbol{\Delta}$ を，光源が移動する方向と平行な方向の成分を $\Delta_\parallel$，垂直な方向の成分を $\Delta_\perp$，と分解すると，式 (6.30) より，光源の移動に伴い，$(\Delta_\parallel, \Delta_\perp)$ はこの平面で楕円に沿って移動することになる[93]．この楕円の長軸 a および短軸 b はそれぞれ $\Delta_\parallel$ および $\Delta_\perp$ 方向であり，その大きさは衝突パラメータ y_0 を用いて

$$a = \frac{1}{2\sqrt{y_0^2 + 2}} \tag{6.31}$$

$$b = \frac{y_0}{2(y_0^2 + 2)} \tag{6.32}$$

となることがわかる.

この楕円の軌跡の具体例を図 6.8 に示す．式 (6.31), (6.32) より，$y_0 \gg 1$ で $a \simeq b \simeq 1/(2y_0)$ となって，軌跡は円となり，その半径が y_0 の増加とともに減少することがわかる．$y_0 \ll 1$ では，$a \simeq 1/(2\sqrt{2})$, $b \simeq y_0/4$ となって，軌跡は非

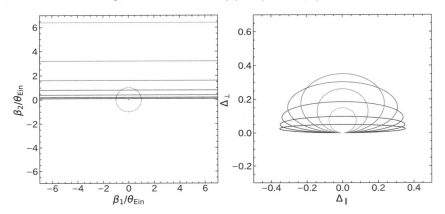

図 **6.8** 位置天文重力マイクロレンズの，式 (6.30) で定義される，像の重心位置の軌跡．衝突パラメータが $y_0 = 0.1, 0.2, 0.4, \ldots, 6.4$ の結果を示している.

常に扁平な楕円となる.

式 (6.30) で定義される $\boldsymbol{\Delta}$ は Einstein 半径で規格化された像の重心位置のずれなので,実際に観測されるずれは $\theta_{\mathrm{Ein}}\boldsymbol{\Delta}$ であることに注意しよう. 増光曲線も観測されると,最大増光率から y_0 が測定できるので,$\boldsymbol{\Delta}$ の軌跡も一意に決まり,観測される軌跡から Einstein 半径 θ_{Ein} が測定できることになる. 光源の大きさの効果や視差の場合と同様に,位置天文重力マイクロレンズの観測によって θ_{Ein} が測定されると,6.1.2 項で議論したさまざまな物理量の間の縮退を部分的にやぶることができる.

6.4 重力マイクロレンズ確率と発生率

これまで,個々の重力マイクロレンズ現象に注目してきたが,5.5 節で紹介した強い重力レンズ確率と同様の考え方によって,どういった確率あるいは頻度で重力マイクロレンズが観測されるかを調べることで,レンズ天体の統計的性質などの有用な情報が得られる. この節では,重力マイクロレンズ確率 (microlensing probability) と重力マイクロレンズ発生率 (microlensing event rate) の基礎を概観する.

6.4.1 重力マイクロレンズ断面積

5.5 節の強い重力レンズ確率の場合と同様に,光源平面内で重力マイクロレンズを起こす面積として定義される,重力マイクロレンズ断面積 (microlensing cross section) が主要な役割を果たすので,まずは重力マイクロレンズ断面積を考察する.

点質量レンズの場合は,4.2.1 項で議論されたように,光源の位置によらず複数像が常に 2 個形成され,式 (6.3) から全増光率も常に $\mu_{\mathrm{tot}}(y) > 1$ である. 一方で,実際の重力マイクロレンズ観測を考えると,天体の測光の誤差も存在するため,最大増光率がある程度大きくない場合は重力マイクロレンズの検出が難しくなる. したがって,最大増光率が μ_{th} 以上となる現象のみが観測されると仮定することで,重力マイクロレンズ断面積を導出しよう. 式 (6.3) より,この条件を満たすためには,衝突パラメータ y_0 が

$$\frac{y_0^2 + 2}{y_0 \sqrt{y_0^2 + 4}} \geq \mu_{\text{th}} \tag{6.33}$$

を満たす必要がある. この不等式を書き換えると

$$\left(\mu_{\text{th}}^2 - 1 \right) y_0^4 + 4 \left(\mu_{\text{th}}^2 - 1 \right) y_0^2 - 4 \leq 0 \tag{6.34}$$

となり, y_0 について解くと

$$y_0^2 \leq \frac{2}{\mu_{\text{th}} \sqrt{\mu_{\text{th}}^2 - 1} + \mu_{\text{th}}^2 - 1} \tag{6.35}$$

が得られる. したがって

$$y_{0,\,\text{max}}^2(\mu_{\text{th}}) := \frac{2}{\mu_{\text{th}} \sqrt{\mu_{\text{th}}^2 - 1} + \mu_{\text{th}}^2 - 1} \tag{6.36}$$

と定義すると, 重力マイクロレンズ断面積 σ_{ml} が

$$\begin{aligned}
\sigma_{\text{ml}}(M; z_{\text{l}}, z_{\text{s}}, > \mu_{\text{th}}) &= \pi \theta_{\text{Ein}}^2 y_{0,\,\text{max}}^2(\mu_{\text{th}}) \\
&= \frac{4\pi G M}{c^2} \frac{D_{\text{ls}}}{D_{\text{ol}} D_{\text{os}}} y_{0,\,\text{max}}^2(\mu_{\text{th}})
\end{aligned} \tag{6.37}$$

と計算される.

式 (6.37) から, 重力マイクロレンズ断面積は, レンズ天体の質量 M に比例することがわかる. また, μ_{th} が極端な値でない限りにおいて, 重力マイクロレンズ断面積はおよそ Einstein 半径内の面積 $\sigma_{\text{ml}} \simeq \pi \theta_{\text{Ein}}^2$ で与えられる. 参考までに, 式 (6.35) より, $y_{0,\,\text{max}}(\mu_{\text{th}}) = 1$, すなわち $\sigma_{\text{ml}} = \pi \theta_{\text{Ein}}^2$ となるのは, $\mu_{\text{th}} = 3/\sqrt{5} \simeq 1.342$ のときであることがわかる.

■ 6.4.2 重力マイクロレンズ確率

式 (5.34) で与えられる強い重力レンズ確率の場合と同様の考え方から, 重力マイクロレンズ確率は, 式 (6.37) の重力マイクロレンズ断面積 σ_{ml} を用いて

$$P_{\text{ml}}(z_{\text{s}}; > \mu_{\text{th}}) = \int_0^{z_{\text{s}}} dz_{\text{l}} \frac{d^2 V}{dz_{\text{l}} d\Omega} \int_0^{\infty} dM \frac{dn}{dM} \sigma_{\text{ml}}(M; z_{\text{l}}, z_{\text{s}}, > \mu_{\text{th}}) \tag{6.38}$$

と計算できる. この表式は宇宙論的な距離の光源に対する重力マイクロレンズ確率の計算に適用できるが, 一方で重力マイクロレンズ確率の計算は, 多くの場合, 天の川銀河や Magellan 雲などの星に対してなされる. そのような近傍宇宙における重力マイクロレンズ確率においては, 宇宙膨張による赤方偏移の効果を無視

することができ，式 (5.33) で定義される共動体積要素を

$$dz_{\mathrm{l}} \frac{d^2 V}{dz_{\mathrm{l}} d\Omega} = dD_{\mathrm{ol}} D_{\mathrm{ol}}^2 \tag{6.39}$$

と書き表すことができるので，重力マイクロレンズ断面積を

$$P_{\mathrm{ml}}(D_{\mathrm{os}}; > \mu_{\mathrm{th}}) = \int_0^{D_{\mathrm{os}}} dD_{\mathrm{ol}}$$
$$\times \int_0^\infty dM \frac{dn}{dM} \frac{4\pi GM}{c^2} \frac{D_{\mathrm{ol}} D_{\mathrm{ls}}}{D_{\mathrm{os}}} y_{0,\,\mathrm{max}}^2(\mu_{\mathrm{th}}) \tag{6.40}$$

と計算できる．レンズ天体の微分数密度 dn/dM にレンズ天体の質量 M を掛けて積分すると，空間平均をとったレンズ天体の質量密度 ρ が

$$\int_0^\infty dM M \frac{dn}{dM} = \rho \tag{6.41}$$

と得られることから，式 (6.40) は

$$P_{\mathrm{ml}}(D_{\mathrm{os}}; > \mu_{\mathrm{th}}) = \int_0^{D_{\mathrm{os}}} dD_{\mathrm{ol}} \frac{4\pi G\rho}{c^2} \frac{D_{\mathrm{ol}} D_{\mathrm{ls}}}{D_{\mathrm{os}}} y_{0,\,\mathrm{max}}^2(\mu_{\mathrm{th}}) \tag{6.42}$$

と簡略化される．この表式から，重力マイクロレンズ確率は，レンズ天体の質量密度 ρ に依存する一方で，レンズ天体の質量 M やその分布には依存しないことがわかる．

　レンズ天体の質量密度 ρ は一般に場所の関数であり，天球面上の位置と D_{ol} の両方に依存するが，ここでは簡単のために ρ が場所によらず一定の状況を考えると，$D_{\mathrm{ls}} = D_{\mathrm{os}} - D_{\mathrm{ol}}$ から，式 (6.42) の D_{ol} についての積分が容易に実行できて

$$P_{\mathrm{ml}}(D_{\mathrm{os}}; > \mu_{\mathrm{th}}) = \frac{2\pi G\rho}{3c^2} D_{\mathrm{os}}^2 y_{0,\,\mathrm{max}}^2(\mu_{\mathrm{th}}) \tag{6.43}$$

となる．質量密度 ρ が一定の場合に，半径 D_{os} 内の全質量 $M(< D_{\mathrm{os}})$ について

$$M(< D_{\mathrm{os}}) = \frac{4\pi}{3} D_{\mathrm{os}}^3 \rho \tag{6.44}$$

が成り立つことから，回転速度 $V := \sqrt{GM(< D_{\mathrm{os}})/D_{\mathrm{os}}}$ を用いて，式 (6.43) を

$$P_{\mathrm{ml}}(D_{\mathrm{os}}; > \mu_{\mathrm{th}}) = \frac{V^2}{2c^2} y_{0,\,\mathrm{max}}^2(\mu_{\mathrm{th}}) \tag{6.45}$$

とさらに簡略化することができる．$y_{0,\,\mathrm{max}}(\mu_{\mathrm{th}}) \simeq 1$ として，天の川銀河の回転速度 $V \simeq 220\,\mathrm{km/s}$ を代入すると，$P_{\mathrm{ml}} \simeq 3 \times 10^{-7}$ となることから，近傍宇宙で重力マイクロレンズを観測するためには，典型的に数百万個以上の星の観測が必要となることがわかる．

■ 6.4.3 重力マイクロレンズ発生率

式 (6.38) は，ある瞬間にある光源を観測したときに，その光源が重力マイクロレンズ現象を起こしている確率である．一方で，ある星をモニタ観測して，単位時間あたりにその星が重力マイクロレンズで増光する確率，すなわち重力マイクロレンズ発生率も，観測との比較の上で重要な統計量となる．

重力マイクロレンズ発生率を計算するためには，天球面上で光源が固定されており，レンズ天体が接線速度 $v_\perp$ で移動していると考えるとわかりやすい．観測者の時間間隔 ΔT は，宇宙論的な時間の膨張を考慮すると，レンズ平面では $\Delta T/(1+z_1)$ となり，この間にレンズ天体は天球面上で $(v_\perp \Delta T/D_{\mathrm{ol}})/(1+z_1)$ だけ移動する．したがって，レンズ天体の周りの直径 $2\theta_{\mathrm{Ein}}y_{0,\,\mathrm{max}}$ の円内の重力マイクロレンズが引き起こされる領域が，レンズ天体の接線速度によって

$$\frac{d\sigma_{\mathrm{ml}}}{dt}\Delta T = \frac{v_\perp \Delta T}{(1+z_1)D_{\mathrm{ol}}}2\theta_{\mathrm{Ein}}y_{0,\,\mathrm{max}} \tag{6.46}$$

だけ増加することになる．式 (6.4) で定義される t_{Ein} を用いると，最終的に単位時間あたりの重力マイクロレンズ断面積の増加率を

$$\frac{d\sigma_{\mathrm{ml}}}{dt} = \frac{2\theta_{\mathrm{Ein}}^2 y_{0,\,\mathrm{max}}}{t_{\mathrm{Ein}}} \tag{6.47}$$

と求められる．

ある 1 個の光源に対する，単位時間あたりの重力マイクロレンズ発生率 Γ_{ml} は，式 (6.38) の右辺の重力マイクロレンズ断面積 σ_{ml} を，式 (6.47) の $d\sigma_{\mathrm{ml}}/dt$ に置き換えることで計算でき，具体的には

$$\Gamma_{\mathrm{ml}}(z_{\mathrm{s}}; > \mu_{\mathrm{th}}) = \int_0^{z_{\mathrm{s}}} dz_1 \frac{d^2V}{dz_1 d\Omega}\int_0^\infty dM \frac{dn}{dM}\frac{d\sigma_{\mathrm{ml}}}{dt} \tag{6.48}$$

と書き表される．6.4.2 項と同様に，赤方偏移を無視できる近傍宇宙の場合は

$$\Gamma_{\mathrm{ml}}(z_{\mathrm{s}}; > \mu_{\mathrm{th}}) = \int_0^{D_{\mathrm{os}}} dD_{\mathrm{ol}} \int_0^\infty dM \frac{dn}{dM}\frac{8GM}{c^2}\frac{D_{\mathrm{ol}}D_{\mathrm{ls}}}{D_{\mathrm{os}}}\frac{y_{0,\,\mathrm{max}}(\mu_{\mathrm{th}})}{t_{\mathrm{Ein}}} \tag{6.49}$$

となる．ここでは接線速度を一定としたが，一般には接線速度はある確率分布に従って分布しているので，より厳密にはさらに接線速度の確率分布を掛けて積分する必要がある．t_{Ein} はレンズ天体の質量 M に依存するが，ここでは t_{Ein} を定数として式 (6.49) を概算すると

$$\Gamma_{\mathrm{ml}}(z_{\mathrm{s}}; > \mu_{\mathrm{th}}) \simeq \frac{2}{\pi}\frac{P_{\mathrm{ml}}(D_{\mathrm{os}}; > \mu_{\mathrm{th}})}{t_{\mathrm{Ein}}y_{0,\,\mathrm{max}}(\mu_{\mathrm{th}})} \tag{6.50}$$

となることがわかる．例として，$P_{\mathrm{ml}}(D_{\mathrm{os}}; > \mu_{\mathrm{th}}) \simeq 3 \times 10^{-7}$, $y_{0,\,\mathrm{max}}(\mu_{\mathrm{th}}) \simeq 1$, $t_{\mathrm{Ein}} \simeq 80$ 日を代入すると，$\Gamma_{\mathrm{ml}}^{-1} \simeq 10^6$ 年，つまり近傍宇宙のある光源の星のモニタ観測によって，典型的に 10^6 年に 1 回重力マイクロレンズ現象が観測されることを意味する．モニタ観測する星が N 個あれば，全体の重力マイクロレンズ発生率は $N\Gamma_{\mathrm{ml}}$ となるので，数百万個以上の星のモニタ観測によって，十分な頻度で重力マイクロレンズ現象が観測されることがわかる．

重力マイクロレンズを用いたダークマター探査は，主に重力マイクロレンズ確率あるいは重力マイクロレンズ発生率に基づいて行われる．ダークマターの一部ないし全部がブラックホールなどのコンパクト天体から構成されているとすると，ダークマター成分の寄与により dn/dM が非常に大きくなり，期待される重力マイクロレンズ確率ないし発生率が大きく増加する．観測された重力マイクロレンズ確率や発生率が，よく知られた星などの天体で十分に説明できる場合には，ダークマターの全質量密度の中でコンパクト天体が占める割合の上限が得られることになる．

6.5 連星点質量レンズ

これまで，単独の点質量レンズによる重力マイクロレンズを考察してきた．レンズ天体が連星 (binary star) や恒星–惑星系の場合は，2 個の点質量レンズを用いた，連星点質量レンズ (binary point-mass lens) を考える必要が出てくる．連星点質量レンズは，重力マイクロレンズを利用した系外惑星探査において特に重要となる．

6.5.1 重力レンズ方程式
点質量レンズの重力レンズ方程式 (4.34) を拡張して，連星点質量レンズの重力レンズ方程式を導出しよう．式 (4.34) は 1 次元の方程式だが，元々の 2 次元の重力レンズ方程式を書き下すと

$$\boldsymbol{\beta} = \boldsymbol{\theta} - \theta_{\mathrm{Ein}}^2 \frac{\boldsymbol{\theta}}{|\boldsymbol{\theta}|^2} \tag{6.51}$$

となる．この重力レンズ方程式を連星点質量レンズの重力レンズ方程式に拡張するために，式 (6.51) と同様に 1 個目の点質量レンズを原点に置くこととし，2 個目

の点質量レンズの位置を $\boldsymbol{\theta}_c$ としよう．2 個目の点質量レンズの質量を，1 個目の点質量レンズの質量の q 倍とすると，1 個目の点質量レンズの Einstein 半径 θ_{Ein} に対して，2 個目の点質量レンズの Einstein 半径は $\sqrt{q}\theta_{Ein}$ となる．したがって，連星点質量レンズの重力レンズ方程式は

$$\boldsymbol{\beta} = \boldsymbol{\theta} - \theta_{Ein}^2 \left(\frac{\boldsymbol{\theta}}{|\boldsymbol{\theta}|^2} + q\frac{\boldsymbol{\theta} - \boldsymbol{\theta}_c}{|\boldsymbol{\theta} - \boldsymbol{\theta}_c|^2} \right) \tag{6.52}$$

と書き表せる．この方程式を変形すると 1 つの 5 次方程式に帰着し，複数像は 3 個または 5 個生成されることが知られている[94]．

■ 6.5.2 焦線および臨界曲線

点質量レンズでは，焦線は原点で縮退していたが，連星点質量レンズの場合は，Einstein 半径で規格化された点質量レンズ間の距離 θ_c/θ_{Ein} や質量比 q に応じて，焦線および臨界曲線の形状が大きく変化するので，いくつか例を見ておこう．

図 6.9 では，質量比を $q = 1$ として，2 個の点質量レンズ間の距離 θ_c/θ_{Ein} を変化させている．距離に応じて，焦線および臨界曲線が大きく変化していることが見てとれる．特に，$\theta_c/\theta_{Ein} \simeq 1$–$2$ の中間の距離で，焦線が大きくなっていることがわかる．さらに θ_c/θ_{Ein} が大きくなると，2 個の点質量レンズの臨界曲線がそれぞれ離れて存在するようになるが，もう 1 個の点質量レンズからの外部摂動の効果によって，それぞれ尖点を持つ焦線を有している様子が見てとれる．

図 6.10 および図 6.11 では，2 個の点質量レンズ間の距離を固定した上で，質量比を変化させている．質量比に応じて焦線の形状が複雑に変化する様子が見られる．2 個の点質量レンズ間の距離が大きい場合には，2 個の点質量レンズの中心付近それぞれで焦線が現れるが，質量の小さい点質量レンズの周りでより大きな焦線が現れている．これは，もう 1 個の質量の大きい点質量レンズからの外部摂動の影響が大きいことに起因する．

■ 6.5.3 増光曲線

ここまで見てきたように，連星点質量レンズの振る舞いは，点質量レンズ間の距離や質量比によって大きく変化するが，その特徴の 1 つは無視できない大きな焦線が現れる点である．4.5 節でも議論したように，光源が焦線を通過する際に，近接する 2 個の複数像の生成や消滅によって全増光率が大きく変化するため，増

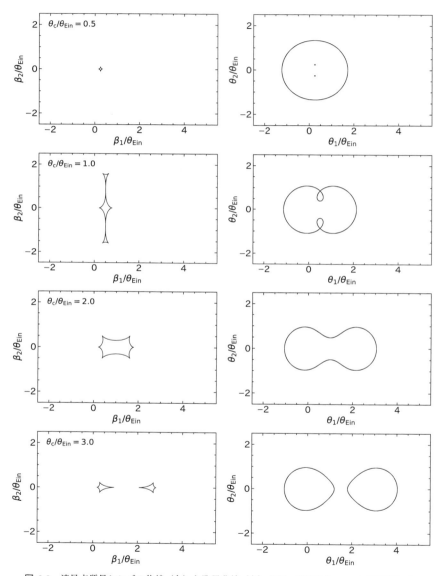

図 6.9 連星点質量レンズの焦線（左）と臨界曲線（右）の例．質量比を $q=1$ に固定して，点質量レンズ間の距離 $\theta_c/\theta_{\rm Ein}$ を変化させている．点質量レンズの 1 つは座標系の原点に，もう 1 つは θ_1 軸上の正の方向に置いている．

6.5 連星点質量レンズ 141

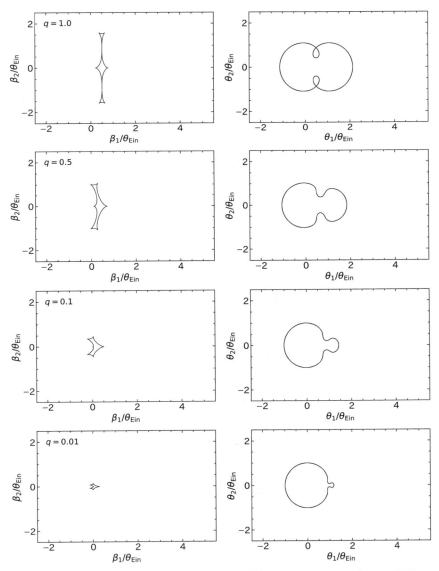

図 6.10 図 6.9 と同様の図を,点質量レンズ間の距離を $\theta_c/\theta_{\rm Ein} = 1.0$ に固定して,質量比 q を変化させたもの.

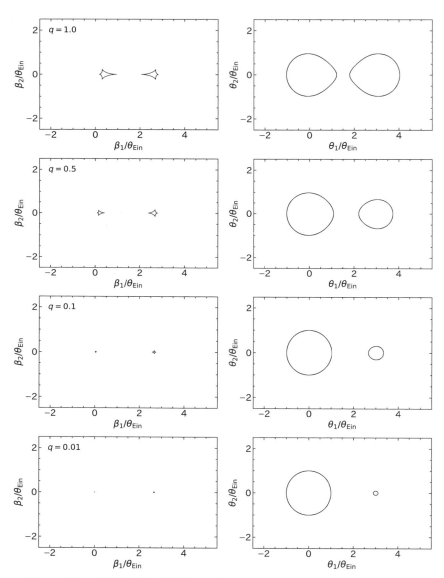

図 6.11 図 6.9 と同様の図を，点質量レンズ間の距離を $\theta_c/\theta_{\rm Ein} = 3.0$ に固定して，質量比 q を変化させたもの．

6.5 連星点質量レンズ

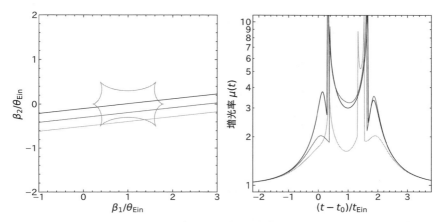

図 6.12 連星点質量レンズの増光曲線の例. 点質量レンズ間の距離 $\theta_c/\theta_{\rm Ein} = 2$ および質量比 $q = 1$ の場合に，3 つの衝突パラメータで光源を動かした場合の増光曲線を示している．

光曲線にも大きな影響を与える．

図 6.12 に，質量比 $q = 1$ の場合の増光曲線の例を示している．光源が焦線を通過することで，増光率が大きく変化する様子が見てとれる．外側から内側に向かう焦線の通過により，2 個の増光率の大きい複数像が臨界曲線近傍で新たに生成されることで，急激に増光率が増加しその後減少していく．一方で，内側から外側に向かう焦線の通過では，2 個の複数像が臨界曲線に近づくことで増光率が増加していくが，光源が焦線を通過するとそれら 2 個の複数像は消滅するため，増光率が急激に減少する．このような焦線通過によって，増光曲線に短い時間スケールの鋭いピークが出現する．

4.5.3 項でも強調されたように，焦線を通過する際の最大増光率は光源の大きさで決まる．したがって，重力マイクロレンズにおいて焦線通過が起こると，6.1.3 項でも議論した光源の大きさの効果を観測する機会が得られる．

図 6.13 に，異なる例として，質量比が $q = 0.01$ と小さい場合の例を示している．2 個目の点質量レンズの影響が小さいことから，図 6.2 に示されている，単独の点質量レンズの場合の増光曲線と概ね同一の増光曲線が得られている．ただし，光源が 2 個目の点質量レンズ近くの焦線を通過すると，非常に高い増光率の増光曲線のピークが出現する．このように，質量比が小さい場合でも，配置によっては

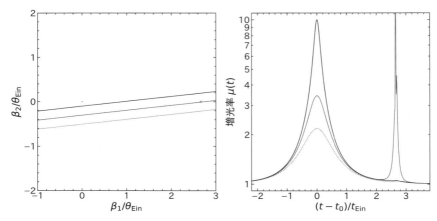

図 6.13　図 6.12 と同様の図を，点質量レンズ間の距離 $\theta_c/\theta_{\rm Ein} = 3$ および質量比 $q = 0.01$ の場合で示している．

増光曲線に非常に大きな影響を与えうることがわかる．この原理を利用して，増光曲線へのこのような摂動を観測することによって，レンズ天体となる星を公転している惑星を検出することができるのである．この手法によって，系外惑星はすでに多数発見されており，系外惑星の統計的性質の解明に役立てられている．

6.6 クエーサー重力マイクロレンズ

第 5 章でも議論されたように，クエーサーが強い重力レンズによって複数に分裂して観測される，クエーサー重力レンズは，典型的には銀河をレンズ天体として引き起こされる．銀河は，ダークマターに加えて，多数の星から構成されており，これらのレンズ銀河内の星の重力マイクロレンズによって，それぞれのクエーサー複数像の見かけの明るさが時間変動する．このようなクエーサー重力マイクロレンズはすでに多数観測されており，クエーサーの内部構造の研究やダークマターの研究に応用されている．

6.6.1 典型的なスケール

6.1.1 項で，レンズ天体の質量を太陽質量として，レンズ天体や光源までの距離を $D \sim 10$ kpc とした場合の Einstein 半径を，高々 $\theta_{\rm Ein} \sim 10^{-3}$ 秒角と見積

もっていた．クエーサー重力マイクロレンズの場合は，光源のクエーサーやレンズ天体の銀河が宇宙論的距離にあることから，例えば距離を $D \sim 1$ Gpc とすると，Einstein 半径が $\theta_{\mathrm{Ein}} \sim 10^{-6}$ 秒角程度になって，複数像の分離がさらに困難であることがわかる．

また，式 (6.4) で定義される Einstein 時間について，接線速度として典型的な銀河の特異速度 $v_\perp \sim 500$ km/s を仮定して同様に見積もると，Einstein 時間は 10 年を超える長い時間になり，時間変動を観測するためには長期にわたるモニタ観測が必要となることがわかる．

ただし，6.5.3 項で見たように，光源が焦線を通過する際に光度曲線に鋭いピークがあらわれる．このピークの時間スケールとして，天球面上における光源の大きさを θ_{s} として，光源通過時間 (source crossing time)

$$t_{\mathrm{cross}} := \frac{(1 + z_1) D_{\mathrm{ol}} \theta_{\mathrm{s}}}{v_\perp} \tag{6.53}$$

が定義される．クエーサーの大きさは波長によって異なるが，可視光で典型的に 10^{13} m 程度なので，光源通過時間は年程度になり，時間変動の観測がより現実的になる．

また，クエーサー重力マイクロレンズは，近傍宇宙の重力マイクロレンズと比べて，重力マイクロレンズ確率もずっと大きい．式 (6.38) で表される重力マイクロレンズ確率を，薄レンズ近似を用いて評価すると，銀河内の星による収束場の寄与 κ_* を用いて $P_{\mathrm{ml}} \simeq \kappa_*$ となることがわかる．クエーサーの複数像が生成されるとき，それぞれの複数像の位置での星成分の収束場は典型的に $\kappa_* \sim \mathcal{O}(0.1)$ なので，重力マイクロレンズ確率も近傍宇宙の場合に比べてずっと大きく，$P_{\mathrm{ml}} \simeq \mathcal{O}(0.1)$ となり，かなりの頻度でクエーサー重力マイクロレンズが観測されることが期待できる．

■ 6.6.2　収束場と歪み場の影響

クエーサー重力マイクロレンズを理解する上で重要となるのが，外部収束場と外部歪み場の影響である．レンズ銀河の重力レンズポテンシャルに起因する外部収束場と外部歪み場が，クエーサー重力マイクロレンズにも大きな影響を与えるからである．

このことを見るために，例として点質量レンズに定数の外部収束場と外部歪み

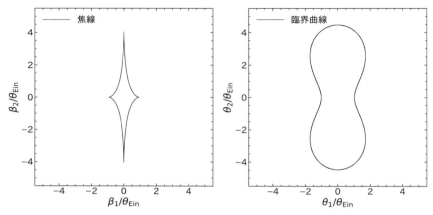

図 6.14 点質量レンズに定数の外部収束場 $\kappa_{\text{ext}} = 0.5$ と外部歪み場 $|\gamma_{\text{ext}}| = 0.45$ を加えた質量モデルの焦線（左）と臨界曲線（右）.

場を加えた質量モデルの焦線と臨界曲線を図 6.14 に示している．外部収束場と外部歪み場の効果によって，点質量レンズの Einstein 半径を超える大きなスケールで焦線が現れている様子が見てとれる．また，臨界曲線についても，点質量レンズの Einstein 半径よりも大きく広がっていることがわかる．このように，クエーサー重力マイクロレンズにおいては，レンズ銀河の重力レンズポテンシャルの影響によって，個々の星がより効率的に重力レンズ効果を起こすことで，実際の重力マイクロレンズ確率がさらに高くなるのである．

6.6.3 増光曲線

レンズ銀河の重力レンズポテンシャルの寄与による点質量レンズの焦線と臨界曲線の拡大の効果も考慮すると，クエーサー重力マイクロレンズ確率は $P_{\text{ml}} \simeq \mathcal{O}(1)$ かそれ以上になる．この場合，異なる点質量レンズの焦線が重なり合うことになるため，解析的な増光率の計算が困難になり，光線追跡シミュレーションによる増光率の計算が有用となる．

図 6.15 に，光線追跡シミュレーションによって得られた，クエーサー重力マイクロレンズの増光率マップの例を示す．焦線が重なり合った複雑な構造が見てとれる．また，上下方向と左右方向でパターンが異なるが，これは定数の外部歪み場の向きに起因している．この増光率マップから計算された，増光曲線の例を図

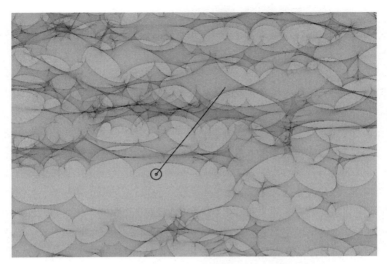

図 6.15　光線追跡シミュレーションによって得られた増光率マップ[95]．実効的な外部収束場は $\kappa_{\rm ext} = 0.5$，実効的な外部歪み場 $|\gamma_{\rm ext}| = 0.35$，星成分の割合は $\kappa_*/\kappa_{\rm ext} = 0.5$ である．

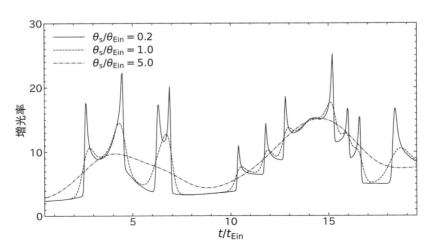

図 6.16　クエーサー重力マイクロレンズの増光曲線の例．図 6.15 の線分に沿って光源を動かしたときの増光曲線を示している．光源の大きさとして，$\theta_{\rm s}/\theta_{\rm Ein} = 0.2$（実線），1.0（破線），5.0（1点鎖線）を仮定している．これら光源の大きさは，図 6.15 でも円で示されている．

6.16 に示している．光源の大きさが星の Einstein 半径よりも十分小さい場合には，光源の焦線通過による増光率の鋭いピークが見られる．光源の大きさを大きくすることで，このような増光曲線の鋭いピークはなまされてしまう．

ただし，6.6.1 項でも議論されたように，クエーサー重力マイクロレンズの Einstein 時間 $t_{\rm Ein}$ は典型的に 10 年かそれ以上と非常に長いため，時間変動の観測は容易ではない．一方で，時間変動が検出されなくても，5.4.1 項で紹介したフラックス比異常を利用して，クエーサー重力マイクロレンズを検出することができる．さらに，クエーサーの放射領域の大きさは波長によって大きく異なっているため，図 6.16 に示されているクエーサー重力マイクロレンズ効果の光源の大きさの依存性を利用することで，重力マイクロレンズと小質量ハローなどの副構造の重力レンズ効果を区別することができる．より具体的には，電波や赤外ではクエーサーの放射領域が大きいため，重力マイクロレンズにはほとんど影響を受けないが，副構造には影響を受けフラックス比異常が生じる．一方で，可視や X 線ではクエーサーの放射領域が小さいため，重力マイクロレンズによってフラックス比はしばしば大きな影響を受ける．したがって，異なる波長での複数像のフラックス比を比べることで，重力マイクロレンズと副構造の重力レンズ効果を見分けることができるのである．

7 弱い重力レンズ

弱い重力レンズは，銀河の形状などを統計解析することによって，微弱な重力レンズ信号を検出する手法である．銀河や銀河団に付随するダークマター分布を調べる，あるいは宇宙の大域的なダークマター分布を測定する強力な手法である．

7.1 銀河の形状測定に基づく歪み場測定

弱い重力レンズ信号を検出する主要な手法が，多数の銀河の形状の統計解析に基づく手法なので，まずはこの手法を紹介する．

7.1.1 信号測定の基本原理

重力レンズ効果が弱い場合，式 (3.26) に従って観測される銀河の形状が少し歪められるが，銀河の元々の形状が円ではないので，1 つの銀河の観測では元々の銀河の形状と重力レンズに起因する歪みを分離できない．銀河の固有の向きがランダムであると仮定して，多数の銀河の形状の平均をとることで，重力レンズに起因するわずかな形状の歪みが検出できる．

この手法を式で具体的に見るため，銀河の形状を定量化しその平均をとることを考える．銀河の形状の定義はいろいろ考えられるが，1 つの方法は観測される銀河の放射強度分布 $I(\boldsymbol{\theta})$ の 2 次モーメント

$$Q_{ab} := \frac{\int d\boldsymbol{\theta} I(\boldsymbol{\theta}) \theta_a \theta_b}{\int d\boldsymbol{\theta} I(\boldsymbol{\theta})} \tag{7.1}$$

から定義する方法である．ここで天球座標の原点は形状を測定する銀河の中心にとっているとする．この 2 次モーメントを用いて，計算の便利のため，複素楕円率 (complex ellipticity) を

$$\epsilon := \frac{Q_{11} - Q_{22} + 2iQ_{12}}{Q_{11} + Q_{22}} \tag{7.2}$$

と定義し，また歪み場 γ_1, γ_2 についても，複素歪み場 (complex shear)

$$\gamma := \gamma_1 + i\gamma_2 \tag{7.3}$$

を定義し，以降の計算で用いていく．式 (7.2) の複素楕円率は重力レンズ効果をうけた銀河に対するものであると考えると，式 (3.34) の Jacobi 行列 A を用いて，銀河の固有の形状 $Q_{ab}^{(\mathrm{s})}$ を

$$Q_{ab}^{(\mathrm{s})} := \frac{\int d\boldsymbol{\beta} I(\boldsymbol{\beta})\beta_a\beta_b}{\int d\boldsymbol{\beta} I(\boldsymbol{\beta})} \simeq A_{ac}A_{bd}Q_{cd} \tag{7.4}$$

と計算することができる．ここで，3.5.1 項で示された，重力レンズによる放射強度の保存 $I^{(\mathrm{s})}(\boldsymbol{\beta}) = I(\boldsymbol{\theta})$ と，銀河の大きさが小さいことから得られる

$$\int d\boldsymbol{\beta} = \int d\boldsymbol{\theta}|\det A| \simeq |\det A| \int d\boldsymbol{\theta} \tag{7.5}$$

とする近似を用いている．式 (7.4) と (7.2) から，銀河の固有の形状の複素楕円率を計算すると

$$\epsilon^{(\mathrm{s})} = \frac{(1-\kappa)^2\epsilon - 2(1-\kappa)\gamma + \gamma^2\epsilon^*}{(1-\kappa)^2 + |\gamma|^2 - 2(1-\kappa)\mathrm{Re}(\gamma\epsilon^*)} \tag{7.6}$$

を得る．ここで換算歪み場 (reduced shear) を

$$g := \frac{\gamma}{1-\kappa} \tag{7.7}$$

と定義すると，式 (7.6) は

$$\epsilon^{(\mathrm{s})} = \frac{\epsilon - 2g + g^2\epsilon^*}{1 + |g|^2 - 2\mathrm{Re}(g\epsilon^*)} \tag{7.8}$$

と書き換えられる．ちなみに，式 (7.8) の逆変換は

$$\epsilon = \frac{\epsilon^{(\mathrm{s})} + 2g + g^2\epsilon^{(\mathrm{s})*}}{1 + |g|^2 + 2\mathrm{Re}(g\epsilon^{(\mathrm{s})*})} \tag{7.9}$$

で与えられる．式 (7.8) ないし (7.9) から，銀河の固有の形状についてその向きがランダムである，つまり $\langle\epsilon^{(\mathrm{s})}\rangle = 0$ と仮定することで，ある銀河サンプルについて，観測された銀河の楕円率の平均をとることで，平均的な歪み場を求めることができる．具体的に，式 (7.9) の平均をとり，高次の項を無視すると

$$\langle\epsilon\rangle \simeq \langle\epsilon^{(\mathrm{s})} + 2g\rangle \simeq 2\langle g\rangle \simeq 2\langle\gamma\rangle \tag{7.10}$$

となり，観測される銀河の複素楕円率の平均から歪み場を測定できることがわか

る．以上が，多数の銀河の形状の統計解析に基づく，弱い重力レンズ信号測定の
基本原理である．

ここまでの議論からわかる重要な注意点として，弱い重力レンズで測定できる
のは，厳密には歪み場 γ ではなく，式 (7.7) で定義される換算歪み場 g であると
いう事実がある．重力レンズ効果が弱い場合，$|\kappa| \ll 1$ から $g \simeq \gamma$ となるので，
両者の違いは多くの場合無視できるが，銀河団の中心付近の弱い重力レンズ解析
などでは，これらの違いに注意する必要がある．

■ 7.1.2　歪み場測定の誤差

上記の銀河の形状の平均から歪み場を測定する手法は，原理は単純だが，実際
の測定はそれほど容易ではない．なぜなら，弱い重力レンズで引き起こされる歪
み場は典型的に $|\gamma| \sim 0.03$–0.003 と小さい一方，それぞれの銀河の固有の楕円率
は $\sigma_{\epsilon/2} \sim 0.3$ とそれよりも 1–2 桁大きいためである．したがって，弱い重力レン
ズの有意な検出には，典型的には $N \sim 10^3$–10^5 もの多数の銀河の形状を平均す
ることで，それぞれの銀河の固有の楕円率，固有楕円率 (intrinsic ellipticity) に
起因する統計誤差を $\sigma_{\epsilon/2}/\sqrt{N}$ と小さく抑える必要がある．平均によって統計誤
差を正しく $\propto 1/\sqrt{N}$ で抑えるためには，個々の銀河の形状測定の系統誤差を十
分に小さくする必要があり，この点が弱い重力レンズ解析の難しさの一因となっ
ている[96]．

例えば，望遠鏡で撮影される画像は，望遠鏡の光学系や大気のゆらぎに起因す
る「ボケ」の効果に影響を受けており，銀河の形状の測定においてはこの効果を
正しく補正する必要がある．この補正を行うためには，画像中の星の形状から点
像分布関数 (point spread function) を精確に測定する必要があるが，点像分布関
数は 1 つの画像中でも一定ではなく画像内の位置に応じて変化することもあり，
その精密な推定は自明ではない．詳細な画像シミュレーションを援用することで，
形状測定に起因する系統誤差を抑える研究が精力的に行われている．

また銀河の固有の向きがランダムの仮定も厳密にいうと正しくなく，物理的に
距離の近い銀河の向きは相関を持つことが知られており，このいわゆる固有整列
(intrinsic alignment) も弱い重力レンズ解析の系統誤差の要因の 1 つになってい
る[97]．

7.2 接線歪み場解析

4.1.2 項において,レンズ天体の周りで,背景銀河の形状がレンズ天体を中心とする円の接線方向に引き延ばされることを見た.逆にいえば,弱い重力レンズ解析で円周に沿った銀河の形状の歪みが観測されれば,その中心のレンズ天体の質量密度分布について何らかの情報が得られるだろう.このような,円周に沿った重力レンズの歪みを表す,接線歪み場を用いた解析を紹介する.

7.2.1 接線歪み場と回転歪み場

天球面上で,ある基準点を決め,その基準点を原点とする局所平面座標 $\boldsymbol{\theta} = (\theta\cos\varphi, \theta\sin\varphi)$ を考える.このとき,平面の各点 $\boldsymbol{\theta}$ において,接線歪み場を

$$\gamma_+(\boldsymbol{\theta}) := -\gamma_1(\boldsymbol{\theta})\cos 2\varphi - \gamma_2(\boldsymbol{\theta})\sin 2\varphi = -\mathrm{Re}\left[\gamma(\boldsymbol{\theta})e^{-2i\varphi}\right] \tag{7.11}$$

と定義し,さらに回転歪み場 (cross shear) を

$$\gamma_\times(\boldsymbol{\theta}) := \gamma_1(\boldsymbol{\theta})\sin 2\varphi - \gamma_2(\boldsymbol{\theta})\cos 2\varphi = -\mathrm{Im}\left[\gamma(\boldsymbol{\theta})e^{-2i\varphi}\right] \tag{7.12}$$

と定義する.ただし,単に γ と書いたときは,式 (7.3) で定義される複素歪み場を表すものとする.図 7.1 に示されているとおり,回転歪み場は接線歪み場を 45 度

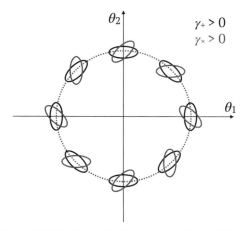

図 7.1 接線歪み場 γ_+ (黒色) と回転歪み場 $\gamma_\times$ (灰色).

回転させた歪み場である．球対称重力レンズを考えると，式 (4.12)，(4.13)，(4.16) より，$\theta := |\boldsymbol{\theta}|$ のみの関数として

$$\gamma_+(\theta) = \bar{\kappa}(<\theta) - \kappa(\theta) \tag{7.13}$$

$$\gamma_\times(\theta) = 0 \tag{7.14}$$

となることが示されていた．実は，球対称でないより一般の質量密度分布についても同様の関係が成り立つが，そのことを示すために，まずは一般の質量密度分布に対する平均収束場を書き下すと

$$\begin{aligned}
\bar{\kappa}(<\theta) &= \frac{1}{\pi\theta^2} \int_{|\boldsymbol{\theta}'|<\theta} d\boldsymbol{\theta}' \kappa(\boldsymbol{\theta}') \\
&= \frac{1}{2\pi\theta^2} \int_{|\boldsymbol{\theta}'|<\theta} d\boldsymbol{\theta}' \nabla^2_{\boldsymbol{\theta}'} \psi(\boldsymbol{\theta}') \\
&= \frac{1}{2\pi\theta} \int_0^{2\pi} d\varphi \frac{\partial\psi}{\partial\theta}
\end{aligned} \tag{7.15}$$

となる．ただし最後の等式で 2 次元の Gauss の定理を用いた．ここで

$$\gamma_+^{\mathrm{ave}}(\theta) := \int_0^{2\pi} \frac{d\varphi}{2\pi} \gamma_+(\boldsymbol{\theta}) \tag{7.16}$$

のように方位角平均の操作を定義し，さらに一般性を失うことなく $\varphi = 0$ で考えることで

$$\gamma_+ = -\gamma_1 = \kappa - \frac{\partial^2\psi}{\partial\theta^2} \tag{7.17}$$

$$\gamma_\times = -\gamma_2 = -\frac{1}{\theta}\frac{\partial^2\psi}{\partial\theta\partial\varphi} + \frac{1}{\theta^2}\frac{\partial\psi}{\partial\varphi} \tag{7.18}$$

の関係式を得ることができる．まず，接線歪み場 γ_+ について

$$\begin{aligned}
\gamma_+^{\mathrm{ave}}(\theta) &= \int_0^{2\pi} \frac{d\varphi}{2\pi} \kappa(\boldsymbol{\theta}) - \frac{\partial}{\partial\theta} \int_0^{2\pi} \frac{d\varphi}{2\pi} \frac{\partial\psi}{\partial\theta} \\
&= \kappa^{\mathrm{ave}}(\theta) - \frac{d(\bar{\kappa}\theta)}{d\theta}
\end{aligned} \tag{7.19}$$

となり，また $\bar{\kappa}(<\theta)$ の θ 微分について

$$\begin{aligned}
\theta\frac{d\bar{\kappa}}{d\theta} &= -2\bar{\kappa}(<\theta) + \frac{1}{\pi} \int_0^{2\pi} d\varphi\, \kappa(\boldsymbol{\theta}) \\
&= -2\bar{\kappa}(<\theta) + 2\kappa^{\mathrm{ave}}(\theta)
\end{aligned} \tag{7.20}$$

が成り立つことから，これを代入し

$$\gamma_+^{\mathrm{ave}}(\theta) = \bar{\kappa}(<\theta) - \kappa^{\mathrm{ave}}(\theta) \tag{7.21}$$

となる．同様に，回転歪み場 $\gamma_\times$ について

$$\gamma_\times^{\mathrm{ave}}(\theta) = -\frac{1}{\theta} \int_0^{2\pi} \frac{d\varphi}{2\pi} \frac{\partial^2 \psi}{\partial\theta\partial\varphi} + \frac{1}{\theta^2} \int_0^{2\pi} \frac{d\varphi}{2\pi} \frac{\partial\psi}{\partial\varphi}$$
$$= 0 \tag{7.22}$$

となる．つまり球対称重力レンズで求めた関係式 (7.13)，(7.14) は，方位角平均を考えることで，式 (7.21)，(7.22) のように，より一般的な任意の質量密度分布についても成り立つことが示されるのである．

■ 7.2.2 接線歪み場の観測と解析

観測された銀河の形状から，ある基準点周りの接線歪み場を求めるためには，各銀河 j に対して基準点周りの接線歪み場 γ_{+j} を，式 (7.11) に従って，観測された銀河 j の複素楕円率 ϵ_j から

$$\gamma_{+j} := -\frac{1}{2}\mathrm{Re}\left[\epsilon_j e^{-2i\varphi}\right] \tag{7.23}$$

として計算し，それらを平均すればよい．φ は基準点を原点とする極座標の方位角であり，前係数の 1/2 は式 (7.10) に基づく．式 (7.21) より，方位角平均をとった接線歪み場は θ のみの関数となるので，平均は基準点からの距離がある範囲内にある円環内でとるのが自然だろう．例えば，基準点からの距離が $\theta_{\min} < \theta < \theta_{\max}$ として定義される円環内の平均接線歪み場は

$$\bar{\gamma}_+(\theta_{\min} < \theta < \theta_{\max}) = \frac{\sum_j w_j \gamma_{+j}}{\sum_j w_j} \tag{7.24}$$

のようにして求めることができる．ここで $\sum_j$ は円環内の銀河について和をとる操作とし，w_j は各銀河の楕円率の測定精度等に応じた重みである．重み w_j は，例えば個々の銀河の歪み場の推定の測定誤差の 2 乗の逆数にすることで，接線歪み場の測定精度を向上させることができる．このような測定をいくつかの円環で繰り返すことで，基準点からの距離の関数として，接線歪み場分布が得られる．

銀河や銀河団などのレンズ天体に対して，接線歪み場解析を行う場合，それら天体の中心を基準点にとり，接線歪み場分布を上記の手順で測定する．一方で，こ

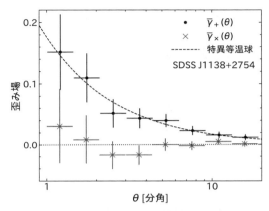

図 7.2 接線歪み場分布（黒色）および回転歪み場分布（灰色）の測定例．銀河団 SDSS J1138+2754 のすばる望遠鏡観測データ[98]に基づく歪み場の測定の結果を示している．破線は特異等温球を仮定した接線歪み場分布のフィッティングの結果．

れらの天体の質量密度分布を仮定して観測された接線歪み場分布を再現するようにフィッティングを行うことで，質量など，レンズ天体に関する情報を引き出すことができる．例えば，質量密度分布として特異等温球を仮定すると，式 (4.47) より接線歪み場分布は $\gamma_+(\theta) = \theta_{\rm Ein}/(2\theta)$ で与えられるので，観測を再現するようにフィッティングすることで Einstein 半径 $\theta_{\rm Ein}$ を推定できる．図 7.2 に，接線歪み場分布の測定例および特異等温球を仮定した接線歪み場分布のフィッティングの例を示す．

しかし，特異等温球を特徴づける物理量となる速度分散を推定するためには，Einstein 半径 $\theta_{\rm Ein}$ のみならず，レンズ天体はもちろんのこと光源となる銀河の赤方偏移の情報が必要となる．より一般に，接線歪み場分布のフィッティングから，レンズ天体の質量などの物理量を得るためには，臨界質量面密度 $\Sigma_{\rm cr}$ を計算するために，重力レンズ効果を受ける背景銀河の赤方偏移分布を知る必要がある．全ての銀河に対して分光で赤方偏移を決めるのは現実的ではないので，測光的赤方偏移を使う，あるいはサンプルの部分集合に対して得られた分光銀河からサンプルの赤方偏移分布をうまく推定する，などの手法が実際には用いられる．光源の赤方偏移が単一ではなく分布を持つ場合，その規格化された確率分布を $p(z_{\rm s})$ とすると，式 (3.6) で与えられていた臨界質量面密度の逆数 $\Sigma_{\rm cr}^{-1}$ を

$$\langle \Sigma_{\mathrm{cr}}^{-1} \rangle = \frac{4\pi G}{c^2} D_{\mathrm{A}}(0, z_{\mathrm{l}}) \int_{z_{\mathrm{l}}}^{\infty} dz_{\mathrm{s}}\, p(z_{\mathrm{s}}) \frac{D_{\mathrm{A}}(z_{\mathrm{l}}, z_{\mathrm{s}})}{D_{\mathrm{A}}(0, z_{\mathrm{s}})}$$

$$= \frac{4\pi G}{c^2} D_{\mathrm{ol}} \left\langle \frac{D_{\mathrm{ls}}}{D_{\mathrm{os}}} \right\rangle \tag{7.25}$$

と $p(z_{\mathrm{s}})$ で平均をとったものに置き換えて，これをフィッティングのための接線歪み場分布の計算に用いることとなる．臨界質量面密度の逆数の平均を考えるのは，平均をとる各銀河の歪み場が臨界質量面密度の逆数に比例するからである．また，$z_{\mathrm{s}} < z_{\mathrm{l}}$ の銀河は重力レンズ効果を受けないので，それらの銀河に対して $\langle \gamma_{+j} \rangle = 0$ となることから，式 (7.25) の積分の下端を z_{l} としていることに注意する．

式 (7.24) と同様に，各銀河の回転歪み場を式 (7.12) に基づいて計算し，それらの円環内の平均をとることで，平均回転歪み場も

$$\bar{\gamma}_{\times}(\theta_{\min} < \theta < \theta_{\max}) = \frac{\sum_j w_j \gamma_{\times j}}{\sum_j w_j} \tag{7.26}$$

のように求めることができる．式 (7.14) より，平均回転歪み場はゼロとなることが期待される一方で，実際には銀河の形状測定の系統誤差によって回転歪み場が大きな値を持つこともある．したがって，平均回転歪み場は，弱い重力レンズ解析の系統誤差の確認にしばしば用いられる．図 7.2 に示した回転歪み場分布の測定例では，期待通りに回転歪み場分布が広い半径の範囲にわたってゼロと無矛盾であることが見てとれる．

また，これまでは歪み場の平均を考えていたが，個々の光源の銀河の赤方偏移 z_j が精度良く推定されている場合には，歪み場に臨界質量面密度をかけた

$$\overline{\Delta\Sigma}_+(R_{\min} < R < R_{\max}) = \frac{\sum_j w_j \gamma_{+j} \Sigma_{\mathrm{cr}}(z_{\mathrm{l}}, z_j)}{\sum_j w_j} \tag{7.27}$$

を観測された歪み場から求め，これをフィッティングすることもよく行われる．この場合，レンズ平面での物理半径 $R = D_{\mathrm{A}}(z_{\mathrm{l}})\theta$ を用いて円環を定義するのが一般的なので，ここでも物理座標 R で円環を定義している[*1]．Σ_{cr} が大きい銀河に大きな重みがかかるのを防ぐため，この場合は各銀河の重み w_j に通例 $\Sigma_{\mathrm{cr}}^{-2}$ を含めたものが一般的に使われる．歪み場に臨界質量面密度をかけた量，すなわ

[*1] 物理座標ではなく共動座標が用いられることもある．

7.2 接線歪み場解析 157

ち，ある半径内の平均質量面密度 $\bar{\Sigma}(< R)$ からその半径の質量面密度 $\Sigma(R)$ を引いた量

$$\Delta\Sigma_+(R) := \gamma_+(\theta = R/D_\mathrm{A}(z_\mathrm{l}))\Sigma_\mathrm{cr} = \bar{\Sigma}(< R) - \Sigma(R) \tag{7.28}$$

は差分質量面密度 (differential surface density) と呼ばれることもあり，弱い重力レンズの解析でよく使われる量である．

■ 7.2.3 積層重力レンズ解析

個々のレンズ天体によって引き起こされる弱い重力レンズ信号は小さく，質量分布などの詳細な情報を得ることが難しい．あるレンズ天体サンプルがある場合に，それらのレンズ天体の重力レンズ信号を足し合わせることで，レンズ天体の平均的な性質をより詳しく調べる手法として，積層重力レンズ (stacked lensing) 解析がよく用いられるので，紹介しておこう．

赤方偏移 z_i のあるレンズ天体 i について，その周囲の背景銀河 j の複素楕円率から式 (7.23) に従って接線歪み場を推定したものを γ_{+ij} と表すこととしよう．積層重力レンズでは，異なる赤方偏移のレンズ天体の重力レンズ信号を足し合わせるため，式 (7.27) のような物理半径の関数とする差分質量面密度分布を考えることが多い．各レンズ天体 i の周辺の，光源銀河 j の接線歪み場の推定の平均から得られた差分質量面密度分布を，さらに i について平均をとることで，積層重力レンズの差分質量面密度分布を

$$\overline{\Delta\Sigma}_+(R_\mathrm{min} < R < R_\mathrm{max}) = \frac{\sum_i \sum_j w_{ij} \gamma_{+ij} \Sigma_\mathrm{cr}(z_i, z_j)}{\sum_i \sum_j w_{ij}} \tag{7.29}$$

と得ることができる．7.2.2 項の議論に従って，重み w_{ij} に $[\Sigma_\mathrm{cr}(z_i, z_j)]^{-2}$ を含めるとすると，重み w_{ij} は i と j の両方に依存する．

図 7.3 に積層重力レンズ解析の例を示す．25 個の銀河団の重力レンズ信号を組み合わせることで，銀河団の平均的な差分質量面密度分布が非常に精度良く得られていることが見てとれる．また観測された差分質量面密度分布は NFW 分布を仮定して計算される差分質量面密度分布と非常によく一致している．注意点として，半径の小さい領域では，式 (7.7) で定義される換算歪み場と歪み場との違いの効果が無視できなくなる．この図の NFW 分布との比較においても，換算歪み場に起因する補正が考慮されている．この例のように，積層重力レンズ解析によっ

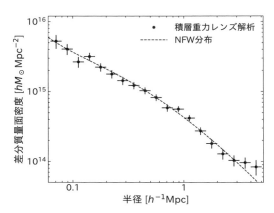

図 **7.3** すばる望遠鏡観測データ[98]に基づく 25 個の銀河団の積層重力レンズ解析から得られた差分質量面密度分布．破線は NFW 分布を仮定した差分質量面密度分布のフィッティングの結果．

て，銀河や銀河団内部のダークマター分布が精密測定されており，ダークマター模型の検証に重要な役割を果たしている[99,100].

7.3 重力レンズ質量マップ

7.2 節では，各レンズ天体において接線歪み場分布を測定し，質量密度モデルを仮定してフィッティングする方法を議論したが，この手法を応用するためには弱い重力レンズ効果を引き起こすレンズ天体をあらかじめ同定し，中心を定めて接線歪み場分布を測定する必要がある．一方で，観測された歪み場から質量モデルを仮定せず密度分布を再構築する方法もあり，以下ではその手法を概観する．

7.3.1 Kaiser–Squires 法

まず，弱い重力レンズの歪み場の観測から密度分布を再構築する 1 番基本的な手法である，Kaiser–Squires 法 (Kaiser–Squires method)[40]を紹介する．まず，重力レンズポテンシャルと収束場の関係を表す式 (3.3) を，歪み場の定義式 (3.32)，(3.33) に代入して

$$\gamma_1(\boldsymbol{\theta}) = \frac{1}{\pi} \int d\boldsymbol{\theta}' \kappa(\boldsymbol{\theta}') \frac{(\theta_2 - \theta_2')^2 - (\theta_1 - \theta_1')^2}{|\boldsymbol{\theta} - \boldsymbol{\theta}'|^4} \tag{7.30}$$

$$\gamma_2(\boldsymbol{\theta}) = \frac{1}{\pi} \int d\boldsymbol{\theta}' \kappa(\boldsymbol{\theta}') \frac{-2(\theta_1 - \theta_1')(\theta_2 - \theta_2')}{|\boldsymbol{\theta} - \boldsymbol{\theta}'|^4} \tag{7.31}$$

を得る. 式 (7.3) に代入すると, 複素歪み場が

$$\gamma(\boldsymbol{\theta}) = \frac{1}{\pi} \int d\boldsymbol{\theta}' \kappa(\boldsymbol{\theta}') D(\boldsymbol{\theta} - \boldsymbol{\theta}') \tag{7.32}$$

と書き表されることがわかる. ただし

$$D(\boldsymbol{\theta}) := \frac{\theta_2^2 - \theta_1^2 - 2i\theta_1\theta_2}{|\boldsymbol{\theta}|^4} \tag{7.33}$$

と定義した. 付録 D の定義に従って Fourier 変換 (Fourier transform) すると, 式 (7.32) は

$$\tilde{\gamma}(\boldsymbol{\ell}) = \frac{1}{\pi} \int d\boldsymbol{\theta} \int d\boldsymbol{\theta}' \kappa(\boldsymbol{\theta}') D(\boldsymbol{\theta} - \boldsymbol{\theta}') e^{-i\boldsymbol{\ell}\cdot\boldsymbol{\theta}} \tag{7.34}$$

となり, さらに $\kappa(\boldsymbol{\theta}')$ と $D(\boldsymbol{\theta} - \boldsymbol{\theta}')$ を Fourier 逆変換 (Fourier inverse transform) することで

$$\tilde{\gamma}(\boldsymbol{\ell}) = \frac{1}{\pi} \int d\boldsymbol{\theta} \int d\boldsymbol{\theta}' \int \frac{d\boldsymbol{\ell}_1}{(2\pi)^2} \int \frac{d\boldsymbol{\ell}_2}{(2\pi)^2} \tilde{\kappa}(\boldsymbol{\ell}_1) \tilde{D}(\boldsymbol{\ell}_2) e^{i(\boldsymbol{\ell}_2 - \boldsymbol{\ell})\cdot\boldsymbol{\theta}} e^{i(\boldsymbol{\ell}_1 - \boldsymbol{\ell}_2)\cdot\boldsymbol{\theta}'}$$

$$= \frac{1}{\pi} \tilde{\kappa}(\boldsymbol{\ell}) \tilde{D}(\boldsymbol{\ell}) \tag{7.35}$$

と計算できる. ただし, Dirac のデルタ関数に関する以下の公式

$$\int \frac{d\boldsymbol{\theta}}{(2\pi)^2} e^{i\boldsymbol{\ell}\cdot\boldsymbol{\theta}} = \delta^{\mathrm{D}}(\boldsymbol{\ell}) \tag{7.36}$$

を用いた. 式 (7.35) は, 積の Fourier 変換が畳み込み積分 (convolution) で書き表せる, というよく知られた事実を具体的な計算で示したことになっている. また, 式 (7.33) が極座標表示で

$$D(\boldsymbol{\theta}) = -\frac{e^{2i\varphi}}{\theta^2} \tag{7.37}$$

と書けることから, $D(\boldsymbol{\theta})$ の Fourier 変換の具体的な表式を定義から計算すると, $\boldsymbol{\ell}$ 空間の方位角 $\varphi_{\boldsymbol{\ell}}$ を用いて

$$\tilde{D}(\boldsymbol{\ell}) = -\int_0^\infty \frac{d\theta}{\theta} \int_0^{2\pi} d\varphi \, e^{2i\varphi} e^{-2i\ell\theta\cos(\varphi - \varphi_{\boldsymbol{\ell}})}$$

$$= 2\pi e^{2i\varphi_{\boldsymbol{\ell}}} \int_0^\infty \frac{d\theta}{\theta} J_2(\ell\theta)$$

$$= \pi e^{2i\varphi_{\boldsymbol{\ell}}} \tag{7.38}$$

となる. ただし, 次数 (order) n の Bessel 関数 (Bessel function) $J_n(x)$ の積分表示

$$J_n(x) = \frac{1}{2\pi i^n} \int_0^{2\pi} d\varphi \, e^{in\varphi + ix\cos\varphi} \tag{7.39}$$

および $J_{-n}(x) = (-1)^n J_n(x)$, さらに $n > 0$ の場合の積分公式

$$\int_0^\infty \frac{dx}{x} J_n(x) = \frac{1}{n} \tag{7.40}$$

を用いた. 式 (7.38) から, $D(\boldsymbol{\theta})$ の Fourier 変換 $\tilde{D}(\boldsymbol{\ell})$ を具体的に書き下すと

$$\tilde{D}(\boldsymbol{\ell}) = \pi \frac{\ell_1^2 - \ell_2^2 + 2i\ell_1\ell_2}{|\boldsymbol{\ell}|^2} = \frac{\pi^2}{\tilde{D}^*(\boldsymbol{\ell})} \tag{7.41}$$

となるため, 式 (7.35) を変形して

$$\tilde{\kappa}(\boldsymbol{\ell}) = \frac{1}{\pi} \tilde{\gamma}(\boldsymbol{\ell}) \tilde{D}^*(\boldsymbol{\ell}) \tag{7.42}$$

として, この式を Fourier 逆変換することで

$$\kappa(\boldsymbol{\theta}) - \kappa_0 = \frac{1}{\pi} \int d\boldsymbol{\theta}' \gamma(\boldsymbol{\theta}') D^*(\boldsymbol{\theta} - \boldsymbol{\theta}') \tag{7.43}$$

と歪み場から収束場, すなわち質量面密度分布を導出する式が得られた. こうして得られた質量面密度分布は, しばしば重力レンズ質量マップ (mass map) と呼ばれる. ただし式 (7.43) は, $|\boldsymbol{\ell}| = 0$ の不定性に対応する任意の定数項 κ_0 の不定性が残り, その値は歪み場からは決められないことに注意する. この定数 κ_0 は, 4.3.3 項で議論した質量薄板縮退と対応している.

■ 7.3.2 平滑化による誤差の低減

実は, 式 (7.43) は, そのままでは実際の観測データの解析においてはあまり有用ではない. 観測における歪み場の推定は, 限られた数の銀河の形状測定によってなされるが, 銀河の数の有限性に起因するショット雑音 (shot noise) によって収束場推定の誤差が発散するからである[2]. 実際の解析では

$$\gamma^{\rm s}(\boldsymbol{\theta}) = \int d\boldsymbol{\theta}' \gamma(\boldsymbol{\theta}') W_{\rm s}(\boldsymbol{\theta} - \boldsymbol{\theta}') \tag{7.44}$$

---

[2] 7.5.3 項で見るように, ショット雑音は Fourier 空間 (Fourier space) で銀河の数密度の逆数に比例する定数となり, この定数の ℓ 空間全体にわたった積分が実空間 (real space) での誤差に対応するため, 発散することになる.

のように平滑化 (smoothing) した歪み場 γ^{s} を用いて

$$\kappa^{\mathrm{s}}(\boldsymbol{\theta}) - \kappa_0 = \frac{1}{\pi} \int d\boldsymbol{\theta}' \gamma^{\mathrm{s}}(\boldsymbol{\theta}') D^*(\boldsymbol{\theta} - \boldsymbol{\theta}') \tag{7.45}$$

に従って，収束場を再構築することで，ショット雑音を低減させる．Fourier 空間では

$$\tilde{\kappa}^{\mathrm{s}}(\boldsymbol{\ell}) = \frac{1}{\pi} \tilde{W}_{\mathrm{s}}(\boldsymbol{\ell}) \tilde{\gamma}(\boldsymbol{\ell}) \tilde{D}^*(\boldsymbol{\ell}) \tag{7.46}$$

と簡単な表式となる．平滑化の核関数 (kernel function) としてよく採用されるのが，2 次元の Gauss 分布

$$W_{\mathrm{s}}(\boldsymbol{\theta}) = \frac{1}{\pi \sigma_{\mathrm{s}}^2} \exp\left(-\frac{|\boldsymbol{\theta}|^2}{\sigma_{\mathrm{s}}^2}\right) \tag{7.47}$$

であり，適切な σ_{s} の値は，解析に用いる光源銀河の数密度に依存するが，典型的には 1 分角から数分角程度の値が採用される．

7.4 歪み場の EB モード分解

　式 (3.41)，(3.42) で示されていたように，歪み場を特徴づける γ_1，γ_2 (したがって複素歪み場 γ) は天球座標系の設定に依存する量であり，今後紹介していく歪み場の統計解析において，そのままでは扱いづらい量となっている．以下に紹介する EB モード分解 (EB-mode decomposition) により，歪み場を座標系の設定に依存しない量に変換し，さらに前節の重力レンズ質量マップとの関連性を議論する．

　座標系の設定に依存しない歪み場を求めるため，天下り的ではあるが，複素歪み場の Fourier 変換から $\gamma_{\mathrm{E}}(\boldsymbol{\theta})$ と $\gamma_{\mathrm{B}}(\boldsymbol{\theta})$ を

$$\tilde{\gamma}_{\mathrm{E}}(\boldsymbol{\ell}) + i \tilde{\gamma}_{\mathrm{B}}(\boldsymbol{\ell}) = e^{-2i\varphi_{\boldsymbol{\ell}}} \tilde{\gamma}(\boldsymbol{\ell}) \tag{7.48}$$

を満たすように定義しよう．歪み場 $\tilde{\gamma}(\boldsymbol{\ell})$ は座標系を α 回転させると $e^{-2i\alpha}\tilde{\gamma}(\boldsymbol{\ell})$ と変化し，$\boldsymbol{\ell}$ 空間の方位角 $\varphi_{\boldsymbol{\ell}}$ は $\varphi_{\boldsymbol{\ell}} - \alpha$ と変化するので，この定義によって $\gamma_{\mathrm{E}}(\boldsymbol{\theta})$ と $\gamma_{\mathrm{B}}(\boldsymbol{\theta})$ は座標系の回転に関して不変な量となっていることが確認できる．式 (7.38) を用いると，式 (7.48) は

$$\tilde{\gamma}_{\mathrm{E}}(\boldsymbol{\ell}) + i \tilde{\gamma}_{\mathrm{B}}(\boldsymbol{\ell}) = \frac{1}{\pi} \tilde{\gamma}(\boldsymbol{\ell}) \tilde{D}^*(\boldsymbol{\ell}) \tag{7.49}$$

と書け,この式を Fourier 逆変換し実空間に戻すと,積が畳み込み積分になることから

$$\gamma_{\rm E}(\boldsymbol{\theta}) + i\gamma_{\rm B}(\boldsymbol{\theta}) = \frac{1}{\pi}\int d\boldsymbol{\theta}'\, \gamma(\boldsymbol{\theta}')D^*(\boldsymbol{\theta}-\boldsymbol{\theta}') \tag{7.50}$$

となる.さらに,式 (7.37) の $D(\boldsymbol{\theta})$ の表式を代入し変形することで,最終的に

$$\gamma_{\rm E}(\boldsymbol{\theta}) + i\gamma_{\rm B}(\boldsymbol{\theta}) = \frac{1}{\pi}\int d\boldsymbol{\theta}' \frac{\gamma_+(\boldsymbol{\theta}';\boldsymbol{\theta})}{|\boldsymbol{\theta}-\boldsymbol{\theta}'|^2} + i\frac{1}{\pi}\int d\boldsymbol{\theta}' \frac{\gamma_\times(\boldsymbol{\theta}';\boldsymbol{\theta})}{|\boldsymbol{\theta}-\boldsymbol{\theta}'|^2} \tag{7.51}$$

となることがわかる.ここで $\gamma_+(\boldsymbol{\theta}';\boldsymbol{\theta})$, $\gamma_\times(\boldsymbol{\theta}';\boldsymbol{\theta})$ は,それぞれ式 (7.11), (7.12) で定義された,接線歪み場と回転歪み場を $\boldsymbol{\theta}$ を基準点として定義し直した量で,具体的には

$$\begin{aligned}\gamma_+(\boldsymbol{\theta}';\boldsymbol{\theta}) &:= -\mathrm{Re}\left[\gamma(\boldsymbol{\theta}')e^{-2i\varphi_{\boldsymbol{\theta}'-\boldsymbol{\theta}}}\right] \\ &= -\gamma_1(\boldsymbol{\theta}')\cos(2\varphi_{\boldsymbol{\theta}'-\boldsymbol{\theta}}) - \gamma_2(\boldsymbol{\theta}')\sin(2\varphi_{\boldsymbol{\theta}'-\boldsymbol{\theta}})\end{aligned} \tag{7.52}$$

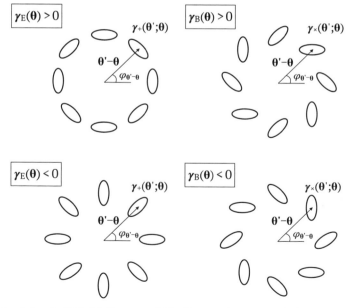

図 7.4 式 (7.51) で与えられる,E モード歪み場 $\gamma_{\rm E}(\boldsymbol{\theta})$ と B モード歪み場 $\gamma_{\rm B}(\boldsymbol{\theta})$ の説明.それぞれ $\boldsymbol{\theta}$ を基準点として計算される接線歪み場と回転歪み場を足し上げて得られる.

7.4 歪み場の EB モード分解

$$\gamma_\times(\boldsymbol{\theta}'; \boldsymbol{\theta}) := -\mathrm{Im}\left[\gamma(\boldsymbol{\theta}') e^{-2i\varphi_{\boldsymbol{\theta}'-\boldsymbol{\theta}}}\right]$$
$$= \gamma_1(\boldsymbol{\theta}') \sin(2\varphi_{\boldsymbol{\theta}'-\boldsymbol{\theta}}) - \gamma_2(\boldsymbol{\theta}') \cos(2\varphi_{\boldsymbol{\theta}'-\boldsymbol{\theta}}) \tag{7.53}$$

で与えられる．すなわち，図 7.4 で説明されるとおり，天球座標の各点で，その周りの接線歪み場を足し上げたものが $\gamma_\mathrm{E}(\boldsymbol{\theta})$ であり，各点の周りで回転歪み場を足し上げたものが $\gamma_\mathrm{B}(\boldsymbol{\theta})$ である．$\gamma_\mathrm{E}(\boldsymbol{\theta})$ と $\gamma_\mathrm{B}(\boldsymbol{\theta})$ は，電磁場の電場と磁場の類比から，それぞれ E モード歪み場 (E-mode shear)，B モード歪み場 (B-mode shear) と呼ばれる．

一方で，式 (7.51) は，よく見ると式 (7.43) と同じなので

$$\gamma_\mathrm{E}(\boldsymbol{\theta}) = \kappa(\boldsymbol{\theta}) - \kappa_0 \tag{7.54}$$

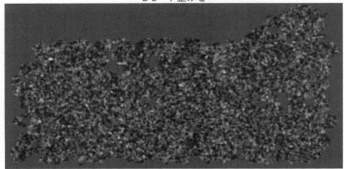

図 **7.5** すばる望遠鏡観測の重力レンズ解析により再構築された E モード歪み場および B モード歪み場の例[101]．白い領域が値が大きい，すなわち質量面密度が高い領域である．

$$\gamma_B(\boldsymbol{\theta}) = 0 \tag{7.55}$$

となることが示せる．つまり重力レンズは E モード歪み場のみを生み，B モード歪み場を生成しないということが示されたことになる．7.2 節で，任意の質量密度分布に対して回転歪み場の方位角平均がゼロであることを見たが，このこととも無矛盾であり，B モード歪み場は回転歪み場と同様に重力レンズ解析の系統誤差の確認に使われる．図 7.5 に，観測された歪み場から再構築された E モード歪み場，すなわち収束場，および B モード歪み場の例を示す．

　注意点として，B モード歪み場がゼロとなるのは，1 つの赤方偏移のレンズ天体を考えた場合や視線方向全体で Born 近似を採用した場合は厳密に成り立つが，複数レンズ平面を考えた場合は，視線方向全体にわたった重力レンズポテンシャルを定義できないため，7.3.1 項の計算も成り立たず，厳密には正しくない．ただし，複数レンズ平面を正しく考慮して計算しても，B モード歪み場は E モード歪み場より何桁も小さく[102]，ほとんどの状況においては，B モード歪み場は実質的にゼロと仮定して差し支えない．

7.5 宇宙論的歪み場

　3.1.3 項でまとめられている，Born 近似された重力レンズ方程式の考え方のもとでは，収束場は，式 (3.24) ないし (3.25) に従って，密度ゆらぎ δ_m を視線方向に沿ってある重みで積分したもので与えられる．このような収束場が引き起こす歪み場は，宇宙論的歪み場と呼ばれる．宇宙論的歪み場の統計解析によって，密度ゆらぎ δ_m を特徴づける統計量，例えば質量密度ゆらぎのパワースペクトル (power spectrum) に関する情報が得られるが，この点を見ていこう．

7.5.1　角度相関関数と角度パワースペクトル

　角度相関関数 (angular correlation function) および角度パワースペクトル (angular power spectrum)，またそれらと 3 次元パワースペクトルとの関係の一般論については，付録 D にまとめている．ここでは簡単のため局所平面座標を採用し，収束場の角度相関関数を

$$\omega^{\kappa\kappa}(\theta) := \langle \kappa(\boldsymbol{\theta}')\kappa(\boldsymbol{\theta}' + \boldsymbol{\theta}) \rangle \tag{7.56}$$

と定義し，角度パワースペクトルを

$$\langle \tilde{\kappa}(\boldsymbol{\ell}) \tilde{\kappa}(\boldsymbol{\ell}') \rangle =: (2\pi)^2 \delta^{\mathrm{D}}(\boldsymbol{\ell}+\boldsymbol{\ell}') C_\ell^{\kappa\kappa} \tag{7.57}$$

と定義する．両者は，次数 0 の Bessel 関数を用いた

$$C_\ell^{\kappa\kappa} = 2\pi \int_0^\infty \theta d\theta\, \omega^{\kappa\kappa}(\theta)\, J_0(\ell\theta) \tag{7.58}$$

の関係で結びついている．

同様に，歪み場についても，角度相関関数を

$$\omega^{\gamma_i \gamma_j}(\boldsymbol{\theta}) := \langle \gamma_i(\boldsymbol{\theta}') \gamma_j(\boldsymbol{\theta}'+\boldsymbol{\theta}) \rangle \tag{7.59}$$

と定義し，角度パワースペクトルを

$$\langle \tilde{\gamma}_i(\boldsymbol{\ell}) \tilde{\gamma}_j(\boldsymbol{\ell}') \rangle =: (2\pi)^2 \delta^{\mathrm{D}}(\boldsymbol{\ell}+\boldsymbol{\ell}') C_{\boldsymbol{\ell}}^{\gamma_i \gamma_j} \tag{7.60}$$

と定義できる．γ_i と γ_j は，γ_1 および γ_2 ないし複素歪み場 γ，あるいは γ_+ および $\gamma_\times$，さらに γ_{E} と γ_{B} など，どのような量であってもこれらの統計量が定義できる．注意点としては，γ_1 や γ_2 などは座標系の設定に依存する量であり，角度相関関数や角度パワースペクトルが一般に $\boldsymbol{\theta}$ や $\boldsymbol{\ell}$ の方向に依存しうる点が挙げられる．したがって，角度相関関数と角度パワースペクトルの関係も

$$C_{\boldsymbol{\ell}}^{\gamma_i \gamma_j} = \int d\boldsymbol{\theta}\, e^{-i\boldsymbol{\theta}\cdot\boldsymbol{\ell}} \omega^{\gamma_i \gamma_j}(\boldsymbol{\theta}) \tag{7.61}$$

と書き表されることになる．

7.4 節で議論した，歪み場の EB モード分解によって得られる γ_{E} および γ_{B} について，Born 近似のもとで γ_{E} は定数項を除いて収束場 κ と一致し，γ_{B} はゼロとなることが示されていたので，角度パワースペクトルについても

$$C_\ell^{\gamma_{\mathrm{E}} \gamma_{\mathrm{E}}} = C_\ell^{\kappa\kappa} \tag{7.62}$$

$$C_\ell^{\gamma_{\mathrm{B}} \gamma_{\mathrm{B}}} = 0 \tag{7.63}$$

が Born 近似の範囲内で成り立つ．

■ 7.5.2　宇宙論的歪み場 2 点相関関数

宇宙論的歪み場の統計解析でよく用いられるのが，以下で定義される宇宙論的

歪み場2点相関関数 (cosmic shear two-point correlation functions)

$$\xi_\pm(\theta) := \omega^{\gamma_+\gamma_+}(\theta) \pm \omega^{\gamma_\times\gamma_\times}(\theta) \tag{7.64}$$

である．$\omega^{\gamma_+\gamma_+}(\theta)$ および $\omega^{\gamma_\times\gamma_\times}(\theta)$ は

$$\omega^{\gamma_+\gamma_+}(\theta) := \langle \gamma_+(\boldsymbol{\theta}';\boldsymbol{\theta}'+\boldsymbol{\theta})\gamma_+(\boldsymbol{\theta}'+\boldsymbol{\theta};\boldsymbol{\theta}') \rangle \tag{7.65}$$

$$\omega^{\gamma_\times\gamma_\times}(\theta) := \langle \gamma_\times(\boldsymbol{\theta}';\boldsymbol{\theta}'+\boldsymbol{\theta})\gamma_\times(\boldsymbol{\theta}'+\boldsymbol{\theta};\boldsymbol{\theta}') \rangle \tag{7.66}$$

と，式 (7.52) と (7.53) でそれぞれ定義されていた γ_+ と $\gamma_\times$ を用いて書き表せる．接線歪み場と回転歪み場は，図 7.6 のように，相関をとる2点 $\boldsymbol{\theta}'$ と $\boldsymbol{\theta}'+\boldsymbol{\theta}$ をつなぐ線分に対してその向きを定義する．このようにして定義された歪み場の角度相関関数は座標系の選び方に依存しなくなり，$\theta := |\boldsymbol{\theta}|$ のみの関数として書ける．また宇宙のパリティ変換 (parity transformation) に対する対称性より，常に

$$\omega^{\gamma_+\gamma_\times}(\theta) = 0 \tag{7.67}$$

となる．

γ_+ と $\gamma_\times$ の定義から，$\omega^{\gamma_+\gamma_+}$ と $\omega^{\gamma_\times\gamma_\times}$ を具体的に書き下すと

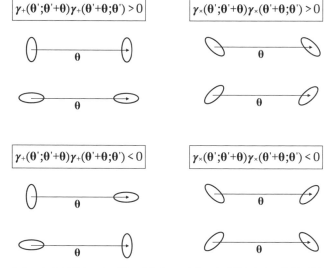

図 **7.6** 式 (7.65) および (7.66) で用いられる，2点をつなぐ長さ $|\boldsymbol{\theta}|$ の線分に対して向きが定義された接線歪み場と回転歪み場の説明．

$$\omega^{\gamma_+\gamma_+}(\theta) = \cos^2(2\varphi_{\boldsymbol{\theta}})\,\omega^{\gamma_1\gamma_1}(\boldsymbol{\theta}) + \sin^2(2\varphi_{\boldsymbol{\theta}})\,\omega^{\gamma_2\gamma_2}(\boldsymbol{\theta})$$
$$+ 2\sin(2\varphi_{\boldsymbol{\theta}})\cos(2\varphi_{\boldsymbol{\theta}})\,\omega^{\gamma_1\gamma_2}(\boldsymbol{\theta}) \tag{7.68}$$

$$\omega^{\gamma_\times\gamma_\times}(\theta) = \sin^2(2\varphi_{\boldsymbol{\theta}})\,\omega^{\gamma_1\gamma_1}(\boldsymbol{\theta}) + \cos^2(2\varphi_{\boldsymbol{\theta}})\,\omega^{\gamma_2\gamma_2}(\boldsymbol{\theta})$$
$$- 2\sin(2\varphi_{\boldsymbol{\theta}})\cos(2\varphi_{\boldsymbol{\theta}})\,\omega^{\gamma_1\gamma_2}(\boldsymbol{\theta}) \tag{7.69}$$

となり，式 (7.64) に代入して計算すると，$\xi_\pm(\theta)$ は

$$\xi_+(\theta) = \omega^{\gamma_1\gamma_1}(\boldsymbol{\theta}) + \omega^{\gamma_2\gamma_2}(\boldsymbol{\theta})$$
$$= \omega^{\gamma\gamma^*}(\boldsymbol{\theta}) \tag{7.70}$$

$$\xi_-(\theta) = \cos(4\varphi_{\boldsymbol{\theta}})\left[\omega^{\gamma_1\gamma_1}(\boldsymbol{\theta}) - \omega^{\gamma_2\gamma_2}(\boldsymbol{\theta})\right] + 2\sin(4\varphi_{\boldsymbol{\theta}})\,\omega^{\gamma_1\gamma_2}(\boldsymbol{\theta})$$
$$= \mathrm{Re}\left[e^{-4i\varphi_{\boldsymbol{\theta}}}\omega^{\gamma\gamma}(\boldsymbol{\theta})\right] \tag{7.71}$$

となり，複素歪み場の角度パワースペクトルを用いた簡素な式で表されることがわかる．ここで，式 (7.48) より得られる

$$\tilde{\gamma}(\boldsymbol{\ell}) = e^{2i\varphi_{\boldsymbol{\ell}}}\left[\tilde{\gamma}_{\mathrm{E}}(\boldsymbol{\ell}) + i\tilde{\gamma}_{\mathrm{B}}(\boldsymbol{\ell})\right] \tag{7.72}$$

および，宇宙のパリティ変換に対する対称性より，常に

$$C_\ell^{\gamma_{\mathrm{E}}\gamma_{\mathrm{B}}} = 0 \tag{7.73}$$

となることから得られる，複素歪み場の角度パワースペクトルと EB モード歪み場の角度パワースペクトルの関係式

$$C_{\boldsymbol{\ell}}^{\gamma\gamma^*} = C_\ell^{\gamma_{\mathrm{E}}\gamma_{\mathrm{E}}} + C_\ell^{\gamma_{\mathrm{B}}\gamma_{\mathrm{B}}} \tag{7.74}$$

$$C_{\boldsymbol{\ell}}^{\gamma\gamma} = e^{4i\varphi_{\boldsymbol{\ell}}}\left(C_\ell^{\gamma_{\mathrm{E}}\gamma_{\mathrm{E}}} - C_\ell^{\gamma_{\mathrm{B}}\gamma_{\mathrm{B}}}\right) \tag{7.75}$$

を式 (7.70) および (7.71) の右辺を Fourier 逆変換した式に代入して計算すると

$$\xi_+(\theta) = \int \frac{d\boldsymbol{\ell}}{(2\pi)^2}\left(C_\ell^{\gamma_{\mathrm{E}}\gamma_{\mathrm{E}}} + C_\ell^{\gamma_{\mathrm{B}}\gamma_{\mathrm{B}}}\right)e^{i\boldsymbol{\ell}\cdot\boldsymbol{\theta}}$$
$$= \int_0^\infty \frac{\ell d\ell}{2\pi}\left(C_\ell^{\gamma_{\mathrm{E}}\gamma_{\mathrm{E}}} + C_\ell^{\gamma_{\mathrm{B}}\gamma_{\mathrm{B}}}\right)J_0(\ell\theta) \tag{7.76}$$

$$\xi_-(\theta) = \mathrm{Re}\left[e^{-4i\varphi_{\boldsymbol{\theta}}}\int \frac{d\boldsymbol{\ell}}{(2\pi)^2}e^{4i\varphi_{\boldsymbol{\ell}}}\left(C_\ell^{\gamma_{\mathrm{E}}\gamma_{\mathrm{E}}} - C_\ell^{\gamma_{\mathrm{B}}\gamma_{\mathrm{B}}}\right)e^{i\boldsymbol{\ell}\cdot\boldsymbol{\theta}}\right]$$
$$= \int_0^\infty \frac{\ell d\ell}{2\pi}\left(C_\ell^{\gamma_{\mathrm{E}}\gamma_{\mathrm{E}}} - C_\ell^{\gamma_{\mathrm{B}}\gamma_{\mathrm{B}}}\right)J_4(\ell\theta) \tag{7.77}$$

となる. ただし, 式 (7.39) で与えられる Bessel 関数の積分表示を計算に用いた. 式 (7.76) および (7.77) が, 宇宙論的歪み場 2 点相関関数と EB モード角度パワースペクトルを結びつける重要な公式である.

Born 近似のもとでは, 式 (7.62) および (7.63) が成り立つので, 式 (7.57) で定義される収束場の角度パワースペクトル $C_\ell^{\kappa\kappa}$ を計算することで, 宇宙論的歪み場 2 点相関関数も計算できる. 付録 D で示されているように, Born 近似のもとで収束場が式 (3.24) および (3.25) から

$$\kappa(\boldsymbol{\theta}) = \int_0^{\chi_s} d\chi\, W(\chi) \delta_{\mathrm{m}}(\chi, \boldsymbol{\theta}) \tag{7.78}$$

と質量密度ゆらぎ δ_{m} と重み関数 (weight function)[*3]

$$W(\chi) := \frac{3\Omega_{\mathrm{m}0} H_0^2}{2c^2} \frac{f_K(\chi_s - \chi) f_K(\chi)}{a\, f_K(\chi_s)} = \frac{a \bar{\rho}_{\mathrm{m}}(\chi)}{\Sigma_{\mathrm{cr}}(\chi, \chi_s)} \tag{7.79}$$

の積の視線方向に沿った積分で書ける場合, 角度パワースペクトルは, 付録 D でも紹介されている Limber 近似 (Limber approximation)[103] を用いて

$$C_\ell^{\kappa\kappa} = \int_0^{\chi_s} d\chi \left[\frac{W(\chi)}{f_K(\chi)}\right]^2 P_{\mathrm{m}} \left(\frac{\ell + 1/2}{f_K(\chi)}\right) \tag{7.80}$$

と質量密度パワースペクトル (matter power spectrum) $P_{\mathrm{m}}(k)$ を用いた簡潔な

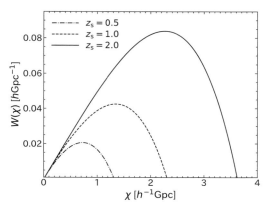

図 7.7 式 (7.79) で定義される, 収束場の重み関数. 3 つの異なる光源の赤方偏移に対して, 重み関数を共動動径距離 χ の関数として示している.

[*3] ここでは簡単のため光源の赤方偏移 z_s を固定しているが, 光源の赤方偏移が分布を持つ場合は, 式 (7.25) に従って臨界質量面密度の逆数の平均をとったものを用いればよい.

形で書き表せる．質量密度パワースペクトルは密度ゆらぎの非線形成長を考慮した表式を用いる必要があるが，N 体シミュレーションの結果を再現する精度のよいフィッティング公式が知られている[104]．

参考までに，図 7.7 に重み関数 $W(\chi)$ の具体的な計算結果を示している．重み関数が幅広い範囲で値を持つため Limber 近似が問題なく適用できること，また重み関数は共動動径距離が光源での距離の約半分の場所で最大値をとること，などが確認できる．また光源の赤方偏移が大きいほど，重み関数の最大値も大きくなっている．

■ 7.5.3　ショット雑音

宇宙論的歪み場 2 点相関関数や歪み場の角度パワースペクトルは，観測では離散的な光源銀河サンプルから測定される．7.1 節で紹介したように，個々の銀河の形状測定から得られる歪み場の推定値は，固有楕円率のために誤差が非常に大きい．多くの銀河の形状の平均をとることで，固有楕円率に起因する誤差を低減させることになる．そのため，歪み場の統計量の測定誤差は，光源銀河の数密度に依存すると考えられるが，このような銀河サンプルの有限性に起因する誤差はショット雑音と呼ばれる．ここでは，ショット雑音によって，銀河の形状の観測による歪み場の推定がどのような影響を受けるかを議論する．

式 (7.10) から，i 番目の銀河の複素楕円率の測定値 ϵ_i から，その銀河の位置での複素歪み場の推定値 γ_i^{obs} は

$$\gamma_i^{\mathrm{obs}} := \frac{\epsilon_i}{2} \simeq \frac{\epsilon_i^{(\mathrm{s})}}{2} + \gamma(\boldsymbol{\theta}_i) \tag{7.81}$$

と表され，重力レンズ信号が弱い近似，$|\kappa| \ll 1$ および $|\gamma| \ll 1$，のもとで，銀河の固有複素楕円率 $\epsilon_i^{(\mathrm{s})}$ と銀河の位置 $\boldsymbol{\theta}_i$ での真の複素歪み場 $\gamma(\boldsymbol{\theta}_i)$ との和で表される．各銀河 i の歪み場の推定値 γ_i^{obs} をもとに，歪み場を以下のとおり推定する．考えている天域を，それぞれの面積が $\Delta\Omega$ のセルに分割し，各セルの面積が十分に小さく，それぞれ高々 1 つの銀河を含むようにする．この状況で，占有数 (occupation number) N_i を，i 番目のセルが銀河を含む場合を $N_i = 1$，含まない場合を $N_i = 0$ とするものとして定義する．すると，観測された銀河サンプルの形状測定から，歪み場を

$$\gamma^{\mathrm{obs}}(\boldsymbol{\theta}) := \frac{1}{\bar{n}} \sum_i N_i \gamma_i^{\mathrm{obs}} \delta^{\mathrm{D}}(\boldsymbol{\theta} - \boldsymbol{\theta}_i) \tag{7.82}$$

と推定できる．ただし，$\bar{n}$ は用いた銀河サンプルの天球面上での数密度である．$N_i \gamma_i^{\mathrm{obs}}$ のアンサンブル平均 (ensemble average) について

$$\langle N_i \gamma_i^{\mathrm{obs}} \rangle = \langle N_i \rangle \langle \gamma_i^{\mathrm{obs}} \rangle = \bar{n} \Delta\Omega \langle \gamma_i^{\mathrm{obs}} \rangle = \bar{n} \Delta\Omega \, \gamma(\boldsymbol{\theta}_i) \tag{7.83}$$

となることから

$$\begin{aligned}
\langle \gamma^{\mathrm{obs}}(\boldsymbol{\theta}) \rangle &= \sum_i \Delta\Omega \, \gamma(\boldsymbol{\theta}_i) \delta^{\mathrm{D}}(\boldsymbol{\theta} - \boldsymbol{\theta}_i) \\
&\simeq \int d\Omega \, \gamma(\boldsymbol{\theta}_i) \delta^{\mathrm{D}}(\boldsymbol{\theta} - \boldsymbol{\theta}_i) \\
&= \gamma(\boldsymbol{\theta})
\end{aligned} \tag{7.84}$$

となるため，式 (7.82) の $\gamma^{\mathrm{obs}}(\boldsymbol{\theta})$ が実際に歪み場の推定を与えていることが確認できる．

　角度パワースペクトルの推定がショット雑音によってどのように影響を受けるかを見るために，局所平面座標を採用して，式 (7.82) を Fourier 変換すると

$$\tilde{\gamma}^{\mathrm{obs}}(\boldsymbol{\ell}) = \frac{1}{\bar{n}} \sum_i N_i \gamma_i^{\mathrm{obs}} e^{-i\boldsymbol{\ell} \cdot \boldsymbol{\theta}_i} \tag{7.85}$$

となる．複素歪み場と E モード歪み場は式 (7.48) で関係付いており，E モード歪み場についても式 (7.85) と同様の表式が成り立つだろう．したがって

$$\langle \tilde{\gamma}_{\mathrm{E}}^{\mathrm{obs}}(\boldsymbol{\ell}) \tilde{\gamma}_{\mathrm{E}}^{\mathrm{obs}}(\boldsymbol{\ell}') \rangle = \frac{1}{\bar{n}^2} \sum_{i,j} \langle N_i N_j \gamma_{\mathrm{E},i}^{\mathrm{obs}} \gamma_{\mathrm{E},j}^{\mathrm{obs}} \rangle e^{-i(\boldsymbol{\ell} \cdot \boldsymbol{\theta}_i + \boldsymbol{\ell}' \cdot \boldsymbol{\theta}_j)} \tag{7.86}$$

となり，右辺のアンサンブル平均はさらに

$$\begin{aligned}
\langle N_i N_j \gamma_{\mathrm{E},i}^{\mathrm{obs}} \gamma_{\mathrm{E},j}^{\mathrm{obs}} \rangle &= \left\langle N_i N_j \frac{\epsilon_{\mathrm{E},i}^{(\mathrm{s})}}{2} \frac{\epsilon_{\mathrm{E},j}^{(\mathrm{s})}}{2} \right\rangle + \langle N_i N_j \gamma_{\mathrm{E}}(\boldsymbol{\theta}_i) \gamma_{\mathrm{E}}(\boldsymbol{\theta}_j) \rangle \\
&= \bar{n} \Delta\Omega \delta_{ij} \frac{\sigma_{\epsilon/2}^2}{2} + (\bar{n}\Delta\Omega)^2 \, \langle \gamma_{\mathrm{E}}(\boldsymbol{\theta}_i) \gamma_{\mathrm{E}}(\boldsymbol{\theta}_j) \rangle
\end{aligned} \tag{7.87}$$

と計算できる．ただし $\sigma_{\epsilon/2}$ は固有楕円率を 2 で割った量の 2 乗平均平方根であり，銀河の向きがランダムであることから E モードと B モードでそれぞれ同じ値を持つ，すなわち $\sigma_{\epsilon_{\mathrm{E}}/2}^2 = \sigma_{\epsilon_{\mathrm{B}}/2}^2 = \sigma_{\epsilon/2}^2/2$，と考えられるため，2 で割っている

ことに注意する．この表式から，式 (7.86) は

$$
\begin{aligned}
\langle \tilde{\gamma}_{\mathrm{E}}^{\mathrm{obs}}(\boldsymbol{\ell}) \tilde{\gamma}_{\mathrm{E}}^{\mathrm{obs}}(\boldsymbol{\ell}') \rangle &= \frac{1}{\bar{n}} \sum_i \Delta\Omega \frac{\sigma_{\epsilon/2}^2}{2} e^{-i(\boldsymbol{\ell}+\boldsymbol{\ell}')\cdot\boldsymbol{\theta}_i} \\
&\quad + \sum_{i,j} (\Delta\Omega)^2 \langle \gamma_{\mathrm{E}}(\boldsymbol{\theta}_i)\gamma_{\mathrm{E}}(\boldsymbol{\theta}_j) \rangle e^{-i(\boldsymbol{\ell}\cdot\boldsymbol{\theta}_i+\boldsymbol{\ell}'\cdot\boldsymbol{\theta}_j)} \\
&\simeq \frac{\sigma_{\epsilon/2}^2}{2\bar{n}} \int d\boldsymbol{\theta}_i e^{-i(\boldsymbol{\ell}+\boldsymbol{\ell}')\cdot\boldsymbol{\theta}_i} \\
&\quad + \int d\boldsymbol{\theta}_i \int d\boldsymbol{\theta}_j' \, \omega^{\gamma_{\mathrm{E}}\gamma_{\mathrm{E}}}(\theta_j') \, e^{-i(\boldsymbol{\ell}+\boldsymbol{\ell}')\cdot\boldsymbol{\theta}_i - i\boldsymbol{\ell}'\cdot\boldsymbol{\theta}_j'} \\
&= (2\pi)^2 \delta^{\mathrm{D}}(\boldsymbol{\ell}+\boldsymbol{\ell}') \left(\frac{\sigma_{\epsilon/2}^2}{2\bar{n}} + C_\ell^{\gamma_{\mathrm{E}}\gamma_{\mathrm{E}}} \right) \qquad (7.88)
\end{aligned}
$$

となる．つまり，角度パワースペクトルの定義式 (7.57) から，離散的な銀河のサンプルの形状測定から推定される E モード歪み場の角度パワースペクトルは

$$
C_\ell^{\gamma_{\mathrm{E}}\gamma_{\mathrm{E}},\mathrm{obs}} = C_\ell^{\gamma_{\mathrm{E}}\gamma_{\mathrm{E}}} + \frac{\sigma_{\epsilon/2}^2}{2\bar{n}} \qquad (7.89)
$$

となって，真の角度パワースペクトル $C_\ell^{\gamma_{\mathrm{E}}\gamma_{\mathrm{E}}}$ に加えて，銀河の数密度の逆数に比例した定数項が加わることがわかる．この定数項がショット雑音である．解析する銀河サンプルからショット雑音の大きさは見積もることができるので，観測から推定した角度パワースペクトルから，さらにショット雑音を引き算することで，真の角度パワースペクトル $C_\ell^{\gamma_{\mathrm{E}}\gamma_{\mathrm{E}}}$ を推定することができるが，次で示すように角度パワースペクトル推定の誤差にはショット雑音が重要となる．

■ 7.5.4 角度パワースペクトルの共分散

角度パワースペクトルの測定誤差は，共分散 (covariance) で与えられる．ショット雑音に加えて，サーベイ領域の天球面上の面積，あるいは立体角，も誤差の大きさを左右するため，局所平面座標を採用し有限サーベイ領域の Fourier 変換を考える．簡単のため，1 辺の長さが Θ の正方形のサーベイ形状，すなわちサーベイ領域の立体角として $\Omega_{\mathrm{s}} = \Theta^2$，を仮定し，$\boldsymbol{\ell}$ 空間を大きさが $\Delta\ell = 2\pi/\Theta$ の正方形のセルに分割し離散 Fourier 変換を行うことを考える．この設定では，Fourier 逆変換は

$$
\gamma_{\mathrm{E}}(\boldsymbol{\theta}) = \sum_j \frac{\Delta\ell^2}{(2\pi)^2} \tilde{\gamma}_{\mathrm{E}}(\boldsymbol{\ell}_j) e^{i\boldsymbol{\ell}_j\cdot\boldsymbol{\theta}} = \frac{1}{\Omega_{\mathrm{s}}} \sum_j \tilde{\gamma}_{\mathrm{E}}(\boldsymbol{\ell}_j) e^{i\boldsymbol{\ell}_j\cdot\boldsymbol{\theta}} \qquad (7.90)
$$

と書き表せる．この表式から，波数の範囲が $\ell_{i,\min} < \ell < \ell_{i,\max}$ で定義される，観測された歪み場から推定される E モード角度パワースペクトルの i 番目の ℓ ビンは

$$\hat{C}_{\ell,i}^{\gamma_{\mathrm{E}}\gamma_{\mathrm{E}},\mathrm{obs}} := \frac{1}{\Omega_{\mathrm{s}} N_{\mathrm{mode},i}} \sum_{\boldsymbol{\ell} \in i} \tilde{\gamma}_{\mathrm{E}}^{\mathrm{obs}}(\boldsymbol{\ell}) \tilde{\gamma}_{\mathrm{E}}^{\mathrm{obs}}(-\boldsymbol{\ell}) \tag{7.91}$$

と，ℓ ビンの範囲のモードの数

$$N_{\mathrm{mode},i} := \frac{\pi\left(\ell_{i,\max}^2 - \ell_{i,\min}^2\right)}{\Delta\ell^2} = f_{\mathrm{sky}}\left(\ell_{i,\max}^2 - \ell_{i,\min}^2\right) \tag{7.92}$$

で推定値の平均をとることで得られる．$f_{\mathrm{sky}} := \Omega_{\mathrm{s}}/(4\pi)$ は全天の立体角と比べたサーベイ領域の立体角の割合である．

参考までに，離散 Fourier 変換を考えた場合の，角度パワースペクトルの定義は

$$\langle \tilde{\gamma}_{\mathrm{E}}^{\mathrm{obs}}(\boldsymbol{\ell}_j) \tilde{\gamma}_{\mathrm{E}}^{\mathrm{obs}}(\boldsymbol{\ell}_k) \rangle = \Omega_{\mathrm{s}} \delta_{\boldsymbol{\ell}_j + \boldsymbol{\ell}_k} C_{\ell,i}^{\gamma_{\mathrm{E}}\gamma_{\mathrm{E}},\mathrm{obs}} \tag{7.93}$$

となる．ただし，$\delta_{\boldsymbol{\ell}_j + \boldsymbol{\ell}_k}$ は $\boldsymbol{\ell}_j + \boldsymbol{\ell}_k = 0$ のときのみ 1 となり，それ以外は値はゼロとなるものとする．この角度パワースペクトルの定義を用いることで，式 (7.91) は

$$\langle \hat{C}_{\ell,i}^{\gamma_{\mathrm{E}}\gamma_{\mathrm{E}},\mathrm{obs}} \rangle = C_{\ell,i}^{\gamma_{\mathrm{E}}\gamma_{\mathrm{E}},\mathrm{obs}} \tag{7.94}$$

を満たすことがわかるので，式 (7.91) が E モード角度パワースペクトルの正しい推定値を与えていることが確認できる．

ここで，いよいよ E モード角度パワースペクトルの，i 番目の ℓ ビンと j 番目の ℓ ビンの間の共分散，$\mathrm{Cov}(\hat{C}_\ell^{\gamma_{\mathrm{E}}\gamma_{\mathrm{E}}})$ を計算する．定義に従って書き下すと

$$\begin{aligned}
\left[\mathrm{Cov}(\hat{C}_\ell^{\gamma_{\mathrm{E}}\gamma_{\mathrm{E}}})\right]_{ij} &:= \left\langle \hat{C}_{\ell,i}^{\gamma_{\mathrm{E}}\gamma_{\mathrm{E}},\mathrm{obs}} \hat{C}_{\ell,j}^{\gamma_{\mathrm{E}}\gamma_{\mathrm{E}},\mathrm{obs}} \right\rangle - \left\langle \hat{C}_{\ell,i}^{\gamma_{\mathrm{E}}\gamma_{\mathrm{E}},\mathrm{obs}} \right\rangle \left\langle \hat{C}_{\ell,j}^{\gamma_{\mathrm{E}}\gamma_{\mathrm{E}},\mathrm{obs}} \right\rangle \\
&= \frac{1}{\Omega_{\mathrm{s}}^2 N_{\mathrm{mode},i} N_{\mathrm{mode},j}} \sum_{\boldsymbol{\ell} \in i} \sum_{\boldsymbol{\ell}' \in j} \left\langle \tilde{\gamma}_{\mathrm{E}}^{\mathrm{obs}}(\boldsymbol{\ell}) \tilde{\gamma}_{\mathrm{E}}^{\mathrm{obs}}(-\boldsymbol{\ell}) \tilde{\gamma}_{\mathrm{E}}^{\mathrm{obs}}(\boldsymbol{\ell}') \tilde{\gamma}_{\mathrm{E}}^{\mathrm{obs}}(-\boldsymbol{\ell}') \right\rangle \\
&\quad - C_{\ell,i}^{\gamma_{\mathrm{E}}\gamma_{\mathrm{E}},\mathrm{obs}} C_{\ell,j}^{\gamma_{\mathrm{E}}\gamma_{\mathrm{E}},\mathrm{obs}}
\end{aligned} \tag{7.95}$$

となる．重力レンズ収束場，あるいは E モード歪み場は，密度ゆらぎの非線形成長を反映し非 Gauss 場 (non-Gaussian field) となっているが，ここでは簡単のため Gauss 統計に従うランダム Gauss 場 (random Gaussian field) とする．その場合，E モード歪み場のトリスペクトル (trispectrum) がパワースペクトルの組み合わせで書き表せる．具体的には

$$\left\langle \tilde{\gamma}_{\mathrm{E}}^{\mathrm{obs}}(\boldsymbol{\ell}) \tilde{\gamma}_{\mathrm{E}}^{\mathrm{obs}}(-\boldsymbol{\ell}) \tilde{\gamma}_{\mathrm{E}}^{\mathrm{obs}}(\boldsymbol{\ell}') \tilde{\gamma}_{\mathrm{E}}^{\mathrm{obs}}(-\boldsymbol{\ell}') \right\rangle$$

$$= \left\langle \tilde{\gamma}_{\mathrm{E}}^{\mathrm{obs}}(\boldsymbol{\ell}) \tilde{\gamma}_{\mathrm{E}}^{\mathrm{obs}}(-\boldsymbol{\ell}) \right\rangle \left\langle \tilde{\gamma}_{\mathrm{E}}^{\mathrm{obs}}(\boldsymbol{\ell}') \tilde{\gamma}_{\mathrm{E}}^{\mathrm{obs}}(-\boldsymbol{\ell}') \right\rangle$$

$$+ \left\langle \tilde{\gamma}_{\mathrm{E}}^{\mathrm{obs}}(\boldsymbol{\ell}) \tilde{\gamma}_{\mathrm{E}}^{\mathrm{obs}}(\boldsymbol{\ell}') \right\rangle \left\langle \tilde{\gamma}_{\mathrm{E}}^{\mathrm{obs}}(-\boldsymbol{\ell}) \tilde{\gamma}_{\mathrm{E}}^{\mathrm{obs}}(-\boldsymbol{\ell}') \right\rangle$$

$$+ \left\langle \tilde{\gamma}_{\mathrm{E}}^{\mathrm{obs}}(\boldsymbol{\ell}) \tilde{\gamma}_{\mathrm{E}}^{\mathrm{obs}}(-\boldsymbol{\ell}') \right\rangle \left\langle \tilde{\gamma}_{\mathrm{E}}^{\mathrm{obs}}(\boldsymbol{\ell}') \tilde{\gamma}_{\mathrm{E}}^{\mathrm{obs}}(-\boldsymbol{\ell}) \right\rangle \tag{7.96}$$

と分解できるので，式 (7.95) は

$$\left[\mathrm{Cov}(\hat{C}_{\ell}^{\gamma_{\mathrm{E}}\gamma_{\mathrm{E}}}) \right]_{ij} = \frac{2\delta_{ij}}{N_{\mathrm{mode},i}} \left(C_{\ell,i}^{\gamma_{\mathrm{E}}\gamma_{\mathrm{E}},\mathrm{obs}} \right)^2$$

$$= \frac{2\delta_{ij}}{N_{\mathrm{mode},i}} \left(C_{\ell,i}^{\gamma_{\mathrm{E}}\gamma_{\mathrm{E}}} + \frac{\sigma_{\epsilon/2}^2}{2\bar{n}} \right)^2 \tag{7.97}$$

と計算される．実際には収束場の非 Gauss 性に起因する寄与も．共分散に無視できない影響を与えるが[105]，式 (7.97) からもさまざまな示唆が得られる．1 つは，共分散は $N_{\mathrm{mode},i}$ に逆比例し，したがって式 (7.92) よりサーベイ領域の立体角 Ω_{s} に反比例する．すなわち宇宙論的歪み場の信号雑音比は，$\sqrt{\Omega_{\mathrm{s}}}$ に比例する．さらに，ℓ ビンの幅 $\ell_{i,\mathrm{max}} - \ell_{i,\mathrm{min}}$ を固定した場合，$N_{\mathrm{mode},i}$ は ℓ にも比例するため，ℓ の小さい大角度スケールの角度パワースペクトルの測定は誤差が大きい．この事実は，各 ℓ の角度パワースペクトルの推定は，付録 D の球面上での角度パワースペクトル解析の議論から球面調和関数 (spherical harmonics) Y_{ℓ}^m の異なる m に対して得られた角度パワースペクトルの推定値の平均をとることで得られることがわかるが，各 ℓ に対し m は最大で $2\ell + 1$ 個しか存在しないことに由来している．この誤差は 1 つの宇宙しか観測できないことに起因する誤差であり，宇宙論的分散 (cosmic variance) と呼ばれる．また 7.5.3 項で導出したショット雑音が確かに共分散に寄与していることも見てとれる．最後に，共分散が Kronecker のデルタ δ_{ij} に比例していることから，異なる ℓ ビンの共分散はゼロとなっていることがわかるが，実際には，上記の収束場の非 Gauss 性を考慮すると異なる ℓ ビンの間の相関が無視できなくなる．

7.6 宇宙論的歪み場を用いた宇宙論解析

これまで見てきたように，多数の銀河の形状を測定することで，式 (7.64) から

宇宙論的歪み場 2 点相関関数，あるいは式 (7.91) から歪み場の E モード角度パワースペクトルを測定できる．角度パワースペクトルの観測誤差は，7.5.4 項で計算した共分散で与えられる．一方，収束場の角度パワースペクトルは，式 (7.80) に従って，質量密度パワースペクトル $P_{\mathrm{m}}(k)$ を視線方向に沿ってある重みで積分することで計算できる．式 (7.62) よりこれらは一致するので，両者を比較することによって，質量密度パワースペクトルを特徴づける宇宙論パラメータ，例えば物質密度パラメータ $\Omega_{\mathrm{m}0}$ や質量密度パワースペクトルの規格化のパラメータ，σ_8 を測定することができる．より具体的には，それぞれの ℓ ビンで観測された角度パワースペクトル $C_{\ell,i}^{\mathrm{obs}}$ と共分散の逆行列 Cov^{-1} から，尤度関数 (likelihood function) $\mathcal{L}$ を

$$\ln \mathcal{L} := -\frac{1}{2} \sum_{i,j} \left[C_{\ell,i}^{\mathrm{obs}} - C_{\ell,i}(\boldsymbol{p}_{\mathrm{model}}) \right] \left[\mathrm{Cov}^{-1} \right]_{ij} \left[C_{\ell,j}^{\mathrm{obs}} - C_{\ell,j}(\boldsymbol{p}_{\mathrm{model}}) \right] \tag{7.98}$$

のように定義し，尤度を最大化するように，宇宙論パラメータなどのパラメータ $\boldsymbol{p}_{\mathrm{model}}$ を決定することになる．

図 7.8 に，標準宇宙論モデルを仮定した場合の収束場の角度パワースペクトルの計算例を示す．標準宇宙論モデルでは，宇宙の構造が小さい長さスケールから順に形成されるため，角度パワースペクトルも ℓ の増加によって増えていく．ただし，ショット雑音の寄与が ℓ の増加に従ってそれよりも速く増加していくため，小ス

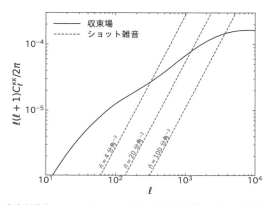

図 7.8 光源の赤方偏移を $z_{\mathrm{s}} = 1$ としたときの，標準宇宙論モデルを仮定した収束場の角度パワースペクトル．比較として，$\sigma_{\epsilon/2} = 0.4$ および 3 つの異なる銀河数密度を仮定したショット雑音を破線で示している．

ケールの重力レンズ信号はショット雑音に埋もれて観測できないことになる．光源銀河の数密度が大きいほど，ショット雑音の寄与は小さくなる．現行の広視野撮像サーベイで観測される銀河の典型的な数密度，$\bar{n} = 20$ 分角$^{-2}$ の場合，$\ell \lesssim 10^3$ の範囲の角度パワースペクトルがショット雑音に影響を受けずに観測できることになる．

図 7.8 から，収束場の角度パワースペクトルは振動などの複雑な振る舞いが見られず比較的単調であることもわかる．したがって，宇宙論的歪み場の観測による宇宙論パラメータの測定は，主に角度パワースペクトルの振幅を測定することでなされる．

上記の点をより詳しく見るために，図 7.9 に収束場の角度パワースペクトルの対数微分を示している．この図より，例えば $\ell = 1000$ では，角度パワースペクトルのパラメータ依存性が

$$C^{\kappa\kappa}_{\ell=1000} \propto z_s^{1.5} \sigma_8^3 \Omega_{m0}^{1.5} \tag{7.99}$$

のように振る舞うことがわかる．この結果から，宇宙論的歪み場解析によって，宇宙論パラメータの $S_8 := \sigma_8 \sqrt{\Omega_{m0}/0.3}$ の組み合わせに対して強い制限が得られることが理解できる．また，例えば S_8 を 5%の精度で測定するためには，光源の赤方偏移を 10% よりも精確に推定する必要があることもわかる．光源の赤方偏移は，通常は測光的赤方偏移 (photometric redshift) によって推定されるが，

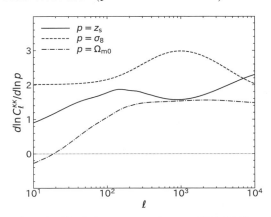

図 **7.9** 図 7.8 に示した収束場の角度パワースペクトルの，光源赤方偏移 z_s（実線），σ_8（破線），Ω_{m0}（1 点鎖線）による対数微分．

測光的赤方偏移の不定性が宇宙論的歪み場解析における主要な系統誤差の要因の1つとなっている.

7.7 宇宙背景放射の弱い重力レンズ

7.7.1 温度ゆらぎの角度パワースペクトル

宇宙背景放射は,温度が $T \simeq 2.725$ K の黒体放射 (blackbody radiation) であり,宇宙初期の熱平衡だった時期の名残りの放射である.観測者の固有運動の効果を補正すると,放射の温度が到来方向によらずほぼ一定である一方,10^{-5} のオーダーのごくわずかな温度の異方性 (anisotropy) が存在している.天球面上の位置 $\boldsymbol{\theta}$ の宇宙背景放射の温度を $T(\boldsymbol{\theta})$ と書くと,温度ゆらぎパターンを球面調和関数を用いて

$$T(\boldsymbol{\theta}) = \sum_{\ell=0}^{\infty} \sum_{m=-\ell}^{\ell} a_{\ell m} Y_\ell^m(\boldsymbol{\theta}) \tag{7.100}$$

と展開し,展開係数の相関から

$$\langle a_{\ell m}^* a_{\ell' m'} \rangle =: \delta_{\ell\ell'} \delta_{mm'} C_\ell^{TT} \tag{7.101}$$

と温度ゆらぎの角度パワースペクトル C_ℓ^{TT} が定義される.この角度パワースペクトルは,宇宙の構造形成の初期条件となる初期宇宙の密度ゆらぎの情報を豊富に含んでおり,標準宇宙論の確立において中心的な役割を果たしている.

付録 D でも紹介されているとおり,小角度の相関を考える際には,局所平面座標を用いて角度パワースペクトルを議論することができる.具体的には,天球面上の 2 次元平面の Fourier 逆変換を

$$T(\boldsymbol{\theta}) = \int \frac{d\boldsymbol{\ell}}{(2\pi)^2} \tilde{T}(\boldsymbol{\ell}) e^{i\boldsymbol{\ell}\cdot\boldsymbol{\theta}} \tag{7.102}$$

として計算し,温度ゆらぎの角度パワースペクトルを

$$\langle \tilde{T}(\boldsymbol{\ell}) \tilde{T}(\boldsymbol{\ell}') \rangle =: (2\pi)^2 \delta^{\mathrm{D}}(\boldsymbol{\ell}+\boldsymbol{\ell}') C_\ell^{TT} \tag{7.103}$$

としても定義することができる.

7.7.2 重力レンズの温度ゆらぎ角度パワースペクトルへの影響

局所平面座標を採用して,温度ゆらぎの角度パワースペクトル C_ℓ^{TT} が弱い重

7.7 宇宙背景放射の弱い重力レンズ

力レンズ効果によってどのように変更されるかを考察しよう. 観測される温度ゆらぎのパターン $T(\boldsymbol{\theta})$ に対して, 重力レンズ効果が無く光が真っ直ぐ伝播したときに観測される仮想的な温度ゆらぎのパターンを $T^{\mathrm{u}}(\boldsymbol{\theta})$ と表記しよう. 重力レンズの曲がり角 $\boldsymbol{\alpha}(\boldsymbol{\theta})$ を用いて, 両者の温度ゆらぎは

$$T(\boldsymbol{\theta}) = T^{\mathrm{u}}(\boldsymbol{\theta} - \boldsymbol{\alpha}(\boldsymbol{\theta})) \tag{7.104}$$

と結びついていると考えられる. この表式を Taylor 展開すると

$$T(\boldsymbol{\theta}) = T^{\mathrm{u}}(\boldsymbol{\theta}) - \boldsymbol{\alpha} \cdot \frac{\partial T^{\mathrm{u}}}{\partial \boldsymbol{\theta}} + \frac{1}{2} \boldsymbol{\alpha} \cdot H(T^{\mathrm{u}}(\boldsymbol{\theta})) \boldsymbol{\alpha} + \cdots \tag{7.105}$$

となる[*4]. 角度パワースペクトルを計算するために, この式の Fourier 空間の対応する式を

$$\tilde{T}(\boldsymbol{\ell}) = \tilde{T}^{\mathrm{u}}(\boldsymbol{\ell}) + \delta \tilde{T}^{\mathrm{u}}(\boldsymbol{\ell}) + \delta^2 \tilde{T}^{\mathrm{u}}(\boldsymbol{\ell}) + \cdots \tag{7.106}$$

と書き表し, それぞれの項を求めていこう. 曲がり角について, 重力レンズポテンシャルの Fourier 変換 $\tilde{\psi}(\boldsymbol{\ell})$ を用いて

$$\begin{aligned}
\boldsymbol{\alpha}(\boldsymbol{\theta}) &= \nabla_{\boldsymbol{\theta}} \int \frac{d\boldsymbol{\ell}}{(2\pi)^2} \tilde{\psi}(\boldsymbol{\ell}) e^{i\boldsymbol{\ell} \cdot \boldsymbol{\theta}} \\
&= \int \frac{d\boldsymbol{\ell}}{(2\pi)^2} i\boldsymbol{\ell} \tilde{\psi}(\boldsymbol{\ell}) e^{i\boldsymbol{\ell} \cdot \boldsymbol{\theta}}
\end{aligned} \tag{7.107}$$

と書き表せる. すなわち $\boldsymbol{\theta}$ に関する微分が Fourier 空間では $i\boldsymbol{\ell}$ を掛ける操作に対応する事実を用いると, 式 (7.106) の右辺第 2 項について, 式 (7.36) の公式も用いて

$$\begin{aligned}
\delta \tilde{T}^{\mathrm{u}}(\boldsymbol{\ell}) &= -\int d\boldsymbol{\theta} \, \boldsymbol{\alpha} \cdot \frac{\partial T^{\mathrm{u}}}{\partial \boldsymbol{\theta}} e^{-i\boldsymbol{\ell} \cdot \boldsymbol{\theta}} \\
&= \int d\boldsymbol{\theta} \int \frac{d\boldsymbol{\ell}_1}{(2\pi)^2} \int \frac{d\boldsymbol{\ell}_2}{(2\pi)^2} \boldsymbol{\ell}_1 \cdot \boldsymbol{\ell}_2 \, \tilde{\psi}(\boldsymbol{\ell}_1) \tilde{T}^{\mathrm{u}}(\boldsymbol{\ell}_2) e^{i(\boldsymbol{\ell}_1 + \boldsymbol{\ell}_2 - \boldsymbol{\ell}) \cdot \boldsymbol{\theta}} \\
&= \int \frac{d\boldsymbol{\ell}_1}{(2\pi)^2} \boldsymbol{\ell}_1 \cdot (\boldsymbol{\ell} - \boldsymbol{\ell}_1) \, \tilde{\psi}(\boldsymbol{\ell}_1) \tilde{T}^{\mathrm{u}}(\boldsymbol{\ell} - \boldsymbol{\ell}_1)
\end{aligned} \tag{7.108}$$

と計算できる. 同様の計算によって, 式 (7.106) の右辺第 3 項について

$$\begin{aligned}
\delta^2 \tilde{T}^{\mathrm{u}}(\boldsymbol{\ell}) &= \frac{1}{2} \int \frac{d\boldsymbol{\ell}_1}{(2\pi)^2} \int \frac{d\boldsymbol{\ell}_2}{(2\pi)^2} (\boldsymbol{\ell}_1 \cdot \boldsymbol{\ell}_2) [\boldsymbol{\ell}_1 \cdot (\boldsymbol{\ell} - \boldsymbol{\ell}_1 - \boldsymbol{\ell}_2)] \\
&\quad \times \tilde{T}^{\mathrm{u}}(\boldsymbol{\ell}_1) \tilde{\psi}(\boldsymbol{\ell}_2) \tilde{\psi}(\boldsymbol{\ell} - \boldsymbol{\ell}_1 - \boldsymbol{\ell}_2)
\end{aligned} \tag{7.109}$$

[*4] 小スケールでは曲がり角が大きいため, Taylor 展開の精度が悪くなる. 具体的には $\ell \gtrsim 2000$ の小スケールでは高次の項が有意に効いてくることが知られている[106].

と求めることができる.

式 (7.106) をもとに，重力レンズ効果を考慮した温度ゆらぎの角度パワースペクトルの表式を求めよう．式 (7.103) と同様に，重力レンズポテンシャルの角度パワースペクトルを

$$\langle \tilde{\psi}(\boldsymbol{\ell}) \tilde{\psi}(\boldsymbol{\ell}') \rangle =: (2\pi)^2 \delta^{\mathrm{D}}(\boldsymbol{\ell} + \boldsymbol{\ell}') C_\ell^{\psi\psi} \tag{7.110}$$

と定義し，$\tilde{T}^{\mathrm{u}}$ と $\tilde{\psi}$ を独立として，重力レンズ効果を考慮した温度ゆらぎの角度パワースペクトルを $C_\ell^{T^{\mathrm{u}}T^{\mathrm{u}}}$ と $C_\ell^{\psi\psi}$ を用いて表すことを考える．$\langle \tilde{\psi} \rangle = 0$ となることから，$\tilde{T}$ の相関をとり $\tilde{\psi}$ の 0 次と 2 次の項のみを残すと

$$\langle \tilde{T}(\boldsymbol{\ell}) \tilde{T}(\boldsymbol{\ell}') \rangle \simeq \langle \tilde{T}^{\mathrm{u}}(\boldsymbol{\ell}) \tilde{T}^{\mathrm{u}}(\boldsymbol{\ell}') \rangle + \langle \delta \tilde{T}^{\mathrm{u}}(\boldsymbol{\ell}) \delta \tilde{T}^{\mathrm{u}}(\boldsymbol{\ell}') \rangle$$
$$+ \langle \delta^2 \tilde{T}^{\mathrm{u}}(\boldsymbol{\ell}) \tilde{T}^{\mathrm{u}}(\boldsymbol{\ell}') \rangle + \langle \tilde{T}^{\mathrm{u}}(\boldsymbol{\ell}) \delta^2 \tilde{T}^{\mathrm{u}}(\boldsymbol{\ell}') \rangle \tag{7.111}$$

となる．この式の右辺第 2 項について

$$\langle \delta \tilde{T}^{\mathrm{u}}(\boldsymbol{\ell}) \delta \tilde{T}^{\mathrm{u}}(\boldsymbol{\ell}') \rangle = \int \frac{d\boldsymbol{\ell}_1}{(2\pi)^2} \boldsymbol{\ell}_1 \cdot (\boldsymbol{\ell} - \boldsymbol{\ell}_1) \int \frac{d\boldsymbol{\ell}_2}{(2\pi)^2} \boldsymbol{\ell}_2 \cdot (\boldsymbol{\ell}' - \boldsymbol{\ell}_2)$$
$$\times \langle \tilde{\psi}(\boldsymbol{\ell}_1) \tilde{\psi}(\boldsymbol{\ell}_2) \rangle \langle \tilde{T}^{\mathrm{u}}(\boldsymbol{\ell} - \boldsymbol{\ell}_1) \tilde{T}^{\mathrm{u}}(\boldsymbol{\ell}' - \boldsymbol{\ell}_2) \rangle \tag{7.112}$$

となり，角度パワースペクトルの定義式をそれぞれ代入して計算すると

$$\langle \delta \tilde{T}^{\mathrm{u}}(\boldsymbol{\ell}) \delta \tilde{T}^{\mathrm{u}}(\boldsymbol{\ell}') \rangle = (2\pi)^2 \delta^{\mathrm{D}}(\boldsymbol{\ell} + \boldsymbol{\ell}')$$
$$\times \int \frac{d\boldsymbol{\ell}_1}{(2\pi)^2} \{\boldsymbol{\ell}_1 \cdot (\boldsymbol{\ell} - \boldsymbol{\ell}_1)\}^2 C_{\ell_1}^{\psi\psi} C_{|\boldsymbol{\ell} - \boldsymbol{\ell}_1|}^{T^{\mathrm{u}}T^{\mathrm{u}}} \tag{7.113}$$

となる．式 (7.111) の右辺第 3 項と第 4 項についても同様に計算すると

$$\langle \delta^2 \tilde{T}^{\mathrm{u}}(\boldsymbol{\ell}) \tilde{T}^{\mathrm{u}}(\boldsymbol{\ell}') \rangle + \langle \tilde{T}^{\mathrm{u}}(\boldsymbol{\ell}) \delta^2 \tilde{T}^{\mathrm{u}}(\boldsymbol{\ell}') \rangle = -(2\pi)^2 \delta^{\mathrm{D}}(\boldsymbol{\ell} + \boldsymbol{\ell}') C_\ell^{T^{\mathrm{u}}T^{\mathrm{u}}}$$
$$\times \int \frac{d\boldsymbol{\ell}_2}{(2\pi)^2} (\boldsymbol{\ell} \cdot \boldsymbol{\ell}_2)^2 C_{\ell_2}^{\psi\psi} \tag{7.114}$$

となることがわかり，右辺の積分についてさらに

$$\int \frac{d\boldsymbol{\ell}_2}{(2\pi)^2} (\boldsymbol{\ell} \cdot \boldsymbol{\ell}_2)^2 C_{\ell_2}^{\psi\psi} = \ell^2 \int_0^\infty \frac{d\ell_2}{(2\pi)^2} \ell_2^3 C_{\ell_2}^{\psi\psi} \int_0^{2\pi} d\varphi \cos^2 \varphi$$
$$= \frac{\ell^2}{4\pi} \int_0^\infty d\ell_2 \, \ell_2^3 \, C_{\ell_2}^{\psi\psi} \tag{7.115}$$

となるので

$$R^\psi := \frac{1}{4\pi} \int_0^\infty d\ell_2\, \ell_2^3\, C_{\ell_2}^{\psi\psi} \tag{7.116}$$

を定義すると，式 (7.111) から，ℓ_1 を L に置き換えて，重力レンズ効果を考慮した温度ゆらぎの角度パワースペクトルの表式として

$$C_\ell^{TT} = C_\ell^{T^u T^u}\left(1 - \ell^2 R^\psi\right) + \int \frac{d\boldsymbol{L}}{(2\pi)^2} \{\boldsymbol{L}\cdot(\boldsymbol{\ell} - \boldsymbol{L})\}^2 C_L^{\psi\psi} C_{|\boldsymbol{\ell}-\boldsymbol{L}|}^{T^u T^u} \tag{7.117}$$

が得られた．図 7.10 に示した角度パワースペクトルの比較から，重力レンズ効果によって温度ゆらぎの角度パワースペクトルが，特に大きい ℓ でなまされることがわかる．したがって，宇宙背景放射の詳細観測によって，重力レンズポテンシャルを測定できるのである．

重力レンズは宇宙背景放射の温度ゆらぎだけではなく，偏光ゆらぎにも影響を与えるため，宇宙背景放射の偏光観測からも重力レンズポテンシャルの角度パワースペクトルを推定できる．このようにして宇宙背景放射から推定された重力レンズの角度パワースペクトルは，光源の赤方偏移が $z_s \simeq 1100$ であることから，図 7.7 の重み関数のピークも $z \sim 3$ 程度の高赤方偏移となり，比較的遠方の宇宙の質量密度ゆらぎを測定できる．このことから，宇宙背景放射の重力レンズ解析は，銀河の形状の統計解析に基づく宇宙論的歪み場解析ときわめて相補的である．

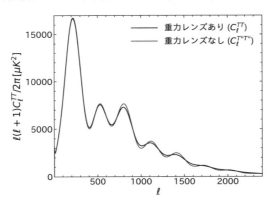

図 **7.10** 宇宙背景放射の温度ゆらぎ角度パワースペクトルに対する重力レンズ効果の影響．角度パワースペクトルの計算は CAMB[107] を用いた．重力レンズ効果を強調するために，標準的な値と比較して 3 倍大きい質量密度ゆらぎパワースペクトルの振幅を仮定した計算結果を示している．

■ 7.7.3 重力レンズポテンシャルの再構築

　温度ゆらぎの角度パワースペクトルは，本来は異なる ℓ の間の相関を持たず独立であり，重力レンズ効果を考慮した後も，温度と重力レンズポテンシャルの両方についてアンサンブル平均をとると，依然として異なる ℓ は独立であった．一方で，ある特定の重力レンズポテンシャルの実現値を固定して考えると，温度ゆらぎが異なる ℓ の間の相関を持つことになる．このことを見るために，ある $\boldsymbol{L} \neq 0$ を考えて，温度ゆらぎのみアンサンブル平均をとって重力レンズポテンシャルの1次まで考えると

$$
\langle \tilde{T}(\boldsymbol{\ell})\tilde{T}(\boldsymbol{L}-\boldsymbol{\ell})\rangle_T \simeq \langle \tilde{T}^{\mathrm{u}}(\boldsymbol{\ell})\delta\tilde{T}^{\mathrm{u}}(\boldsymbol{L}-\boldsymbol{\ell})\rangle_T + \langle \delta\tilde{T}^{\mathrm{u}}(\boldsymbol{\ell})\tilde{T}^{\mathrm{u}}(\boldsymbol{L}-\boldsymbol{\ell})\rangle_T
$$

$$
= -\left[\boldsymbol{L}\cdot\boldsymbol{\ell}\, C_\ell^{T^{\mathrm{u}}T^{\mathrm{u}}} + \boldsymbol{L}\cdot(\boldsymbol{L}-\boldsymbol{\ell})\, C_{|\boldsymbol{L}-\boldsymbol{\ell}|}^{T^{\mathrm{u}}T^{\mathrm{u}}} \right]\tilde{\psi}(\boldsymbol{L}) \qquad (7.118)
$$

となり，この式を逆に解くことで，重力レンズポテンシャルの実現値 $\tilde{\psi}(\boldsymbol{L})$ が推定できる[108]．この重力レンズポテンシャルの再構築についても，温度ゆらぎだけからではなく偏光ゆらぎからも，基本的には同様の考え方で重力レンズポテンシャルの再構築を行うことができる．

8 波動光学重力レンズ

重力レンズの計算は，ほとんどの状況で幾何光学近似が適用できる．一方で，重力波などの重力レンズにおいて，幾何光学近似が適用できず，波動光学に立ち返って考える必要が生じることがある．この章では，波動光学に基づく重力レンズの基礎を概観する．

8.1 幾何光学近似における光線の伝播

波動光学を考える前に，幾何光学近似のもとで電磁波 (electromagnetic wave) や重力波がヌル測地線に従って伝播することを示す．

8.1.1 電磁波の場合

一般相対論において，電磁場はスカラーポテンシャルとベクトルポテンシャルを組み合わせた共変ベクトル，電磁 4 元ポテンシャル (electromagnetic four-potential) A^μ，を用いて記述される．A^μ を用いて，ある背景時空中の電磁場テンソル (electromagnetic tensor) は

$$F^{\mu\nu} := A^{\nu;\mu} - A^{\mu;\nu} \tag{8.1}$$

と定義され，真空中の電磁場の運動方程式は $F^{\mu\nu}$ を用いて

$$F^{\mu\nu}{}_{;\mu} = 0 \tag{8.2}$$

と書き表される．電磁 4 元ポテンシャル A^μ はゲージ自由度 (gauge freedom) があり，ここでは Lorenz ゲージ (Lorenz gauge)

$$A^\mu{}_{;\mu} = 0 \tag{8.3}$$

を採用することにする．

式 (8.2) を A^μ についての式に書き換えるため，式 (8.1) を代入すると

$$F^{\mu\nu}{}_{;\mu} = A^{\nu;\mu}{}_{;\mu} - A^{\mu;\nu}{}_{;\mu} \tag{8.4}$$

となる．右辺第 2 項について，共変微分の定義と式 (8.3) のゲージ条件から，背景時空の Ricci テンソル (Ricci tensor) を用いて

$$A^{\mu;\nu}{}_{;\mu} = A^\mu{}_{;\mu}{}^{;\nu} + R_\mu{}^\nu A^\mu = R_\mu{}^\nu A^\mu \tag{8.5}$$

となるので，式 (8.4) は

$$A^{\nu;\mu}{}_{;\mu} - R_\mu{}^\nu A^\mu = 0 \tag{8.6}$$

と書き表せる．

式 (8.6) の左辺第 1 項は，電磁波の波長を λ とすると，$\mathcal{O}(A/\lambda^2)$ のオーダーである．一方で，左辺第 2 項は，曲率半径 (curvature radius) を L_R と置くと $\mathcal{O}(A/L_R^2)$ のオーダーである．考えている電磁波の波長は天文学的な長さスケールに比べるときわめて短い，すなわち $\lambda \ll L_R$ のため，宇宙論的な距離の電磁波の伝播を考える上では，左辺第 2 項は無視することができて，式 (8.6) は

$$A^{\nu;\mu}{}_{;\mu} = 0 \tag{8.7}$$

と簡略化される．

さらに計算を進めるために，A^μ の振幅が位相に比べてゆっくり変動するとするアイコナール近似 (eikonal approximation) を採用し，A^μ を無次元の微小パラメータ ϵ を用いて

$$A^\nu = (B^\nu + \epsilon C^\nu + \cdots) e^{iS/\epsilon} \tag{8.8}$$

と展開する[*1]．式 (8.7) に代入すると，ϵ^{-2} に比例する項は

$$-S^{,\mu} S_{,\mu} B^\nu e^{iS/\epsilon} = 0 \tag{8.9}$$

となる．ここで，位相 S はスカラーなので共変微分が偏微分となることを用いている．位相の微分 $S_{,\mu}$ は，位相一定から決まる波面に垂直なベクトルなので，波数ベクトルと解釈できることから

[*1]　波動方程式の計算では，簡便化のために複素数に拡張して計算が行われることが通例であり，ここでもそのような取り扱いを採用する．実際の物理量としては，計算後に実部を取り出したものを物理量と解釈すればよい．

8.1 幾何光学近似における光線の伝播

$$k_\mu := S_{,\mu} \tag{8.10}$$

とおくと，式 (8.9) は最終的に

$$k^\mu k_\mu = 0 \tag{8.11}$$

と書き表せる．この式はアイコナール方程式 (eikonal equation) と呼ばれる．式 (8.11) を共変微分し，さらに Christoffel 記号の下付き添字の対称性から得られる $k_{\mu;\nu} = k_{\nu;\mu}$ を用いると

$$(k^\mu k_\mu)_{;\nu} = 2k^\mu k_{\mu;\nu} = 2k^\mu k_{\nu;\mu} = 0 \tag{8.12}$$

が得られ，k^μ が測地線方程式に従うことが示される．すなわち，電磁波が幾何光学近似のもとでヌル測地線に沿って伝播することが示されたことになる．

次に，式 (8.7) に式 (8.8) を代入し，ϵ^{-1} に比例する項を計算すると

$$2k^\mu B^\nu{}_{;\mu} + k^\mu{}_{;\mu} B^\nu = 0 \tag{8.13}$$

となる．電磁波の振幅を表すスカラー b を

$$b^2 := B^\nu B_\nu \tag{8.14}$$

によって定義する．以下の恒等式

$$k^\mu (b^2)_{;\mu} = k^\mu (B^\nu B_\nu)_{;\mu} \tag{8.15}$$

の両辺を比較し，式 (8.13) も用いることで，b について

$$2k^\mu b_{,\mu} + k^\mu{}_{;\mu} b = 0 \tag{8.16}$$

の関係式が得られる．この式は $(k^\mu b^2)_{;\mu} = 0$ と変形することができ，ヌル測地線に沿った光子数の保存を表す式でもある．

以上より，B^ν を

$$B^\nu = e^\nu b \tag{8.17}$$

のように偏光ベクトル e^ν と振幅 b で書き表し，式 (8.13) に代入して式 (8.16) を用いると

$$k^\mu e^\nu{}_{;\mu} = 0 \tag{8.18}$$

となって，偏光ベクトルがヌル測地線に沿って平行移動することがわかる．

■ 8.1.2 重力波の場合

重力波は計量テンソルのテンソル型ゆらぎである．背景時空を定める一般の計量テンソル $g_{\mu\nu}$ に微小なゆらぎ $h_{\mu\nu}$ を

$$g_{\mu\nu} \to g_{\mu\nu} + h_{\mu\nu} \tag{8.19}$$

のように足すと，真空中の Einstein 方程式 (Einstein field equations) から，$h_{\mu\nu}$ は，$g_{\mu\nu}$ から計算される Riemann 曲率テンソル (Riemann curvature tensor) を用いて以下の運動方程式

$$h_{\mu\nu;\lambda}{}^{;\lambda} + 2R_{\alpha\mu\beta\nu}h^{\alpha\beta} = 0 \tag{8.20}$$

に従うことが知られている．ただし以下の式

$$h_{\mu\nu}{}^{;\nu} = 0 \tag{8.21}$$

$$h^{\mu}{}_{\mu} = 0 \tag{8.22}$$

をゲージ条件として課している．電磁波の場合と同様に，重力波の波長が宇宙論的な長さスケールに比べるときわめて短いとして，式 (8.20) の左辺第 2 項を無視することで，運動方程式は

$$h_{\mu\nu;\lambda}{}^{;\lambda} = 0 \tag{8.23}$$

と簡略化される．

さらに，電磁波の場合と同様にアイコナール近似を採用し，$h_{\mu\nu}$ を

$$h_{\mu\nu} = (B_{\mu\nu} + \epsilon C_{\mu\nu} + \cdots)\, e^{iS/\epsilon} \tag{8.24}$$

と展開して式 (8.23) に代入することで，アイコナール方程式 (8.11) が導出されるので，重力波も幾何光学近似のもとでヌル測地線に沿って伝播することがわかる．加えて，$B_{\mu\nu}$ を

$$B_{\mu\nu} = e_{\mu\nu}b \tag{8.25}$$

と偏光テンソル $e_{\mu\nu}$ と振幅 b に分離し，電磁波の場合と同様の計算を行うことで

$$k^{\lambda}e_{\mu\nu;\lambda} = 0 \tag{8.26}$$

となり，偏光テンソルがヌル測地線に沿って平行移動することも示される．

8.2 回折積分の導出

■ 8.1.3 スカラー波の伝播方程式

これまで，電磁波の偏光ベクトル e^ν や重力波の偏光テンソル $e_{\mu\nu}$ がヌル測地線に沿って平行移動されることを見てきた．したがって，電磁波について

$$A^\mu = e^\mu \phi \tag{8.27}$$

あるいは，重力波について

$$h_{\mu\nu} = e_{\mu\nu}\phi \tag{8.28}$$

のように，偏光ベクトルないし偏光テンソルの部分とそれ以外のスカラー波 (scalar wave) ϕ に分離すると，電磁波や重力波の運動方程式から，両方の場合でスカラー波の伝播方程式が

$$\phi_{,\mu}{}^{;\mu} = 0 \tag{8.29}$$

となることがわかる[109]．この伝播方程式は，g を計量テンソルの行列式として

$$\frac{1}{\sqrt{|g|}}(\sqrt{|g|}g^{\mu\nu}\phi_{,\nu})_{,\mu} = 0 \tag{8.30}$$

と書き換えることもできる．

したがって，以降の議論では，電磁波や重力波の代わりにスカラー波 ϕ の曲がった時空における伝播を考え，これをもとに波動光学重力レンズ効果を考察していくことにする．

8.2 回折積分の導出

式 (8.30) のスカラー波の伝播方程式をもとに，波動光学重力レンズの基礎方程式の１つである回折積分 (diffraction integral) の表式を導出する．Kirchhoff 回折積分 (Kirchhoff diffraction integral) の公式を用いる方法も知られているが，ここでは経路積分 (path integral) に基づく導出[110] を紹介する．

まず，式 (2.40) の計量テンソルを仮定し，$|\Phi/c^2| \ll 1$ の仮定のもと，式 (8.30) に代入して計算する．その際，8.1 節と同様に，ϕ の微分が波長の逆数のオーダーとなることから，天文学的な長さないし時間スケールで変動すると考えられる Φ や a の微分の項を無視する近似を採用する．さらに，時間 t の代わりに式 (2.97) で定義される共形時間 η を用いる．このとき，式 (8.30) は

$$^{(3)}\Delta\phi = \left(1 - \frac{4\Phi}{c^2}\right)\frac{1}{c^2}\frac{\partial^2\phi}{\partial\eta^2} \tag{8.31}$$

と計算される．ただし，$^{(3)}\Delta$ は，3.2 節でも用いられた，γ_{ij} についての 3 次元 Laplace 演算子を表す．さらに，単色波 (monochromatic wave) に対応する

$$\phi(\boldsymbol{x}, \eta) = \tilde{\phi}(\boldsymbol{x})e^{i\omega\eta} \tag{8.32}$$

の解を仮定すると，式 (8.31) は

$$\left[^{(3)}\Delta + \left(\frac{\omega}{c}\right)^2\right]\tilde{\phi} = \frac{4\omega^2\Phi}{c^4}\tilde{\phi} \tag{8.33}$$

となる．3 次元 Laplace 演算子を動径座標 χ と天球座標 $\boldsymbol{\theta}$ に分けて，具体的に書き下すと

$$\left[\frac{1}{f_K^2(\chi)}\frac{\partial}{\partial\chi}\left(f_K^2(\chi)\frac{\partial}{\partial\chi}\right) + \frac{1}{f_K^2(\chi)}\Delta_{\boldsymbol{\theta}} + \left(\frac{\omega}{c}\right)^2\right]\tilde{\phi} = \frac{4\omega^2\Phi}{c^4}\tilde{\phi} \tag{8.34}$$

となる．ただし $\Delta_{\boldsymbol{\theta}}$ は，2 次元天球面座標の Laplace 演算子である．以下では，$\boldsymbol{\theta}$ について，式 (2.59) のデカルト座標で表される局所平面座標を常に採用するものとする．

式 (8.34) の解を求めるために，まず式 (8.34) の右辺をゼロとしたとき，すなわち $\Phi = 0$ の場合の解を $\tilde{\phi}_0$ とすると，3 次元空間曲率 K に比例する項は $|K| \ll (\omega/c)^2$ なので無視する近似のもとで，C をある定数として $\tilde{\phi}_0$ が

$$\tilde{\phi}_0 = C\frac{e^{i\omega\chi/c}}{f_K(\chi)} \tag{8.35}$$

と求められる．これは波動方程式の球面波解である．したがって，重力ポテンシャル Φ が存在する場合の式 (8.34) の解を

$$\tilde{\phi}(\boldsymbol{x}) = F(\boldsymbol{x}; \omega)\frac{e^{i\omega\chi/c}}{f_K(\chi)} \tag{8.36}$$

と仮定し，$F(\boldsymbol{x}; \omega)$ を求めていこう．式 (8.34) に式 (8.36) を代入して計算すると，再び 3 次元空間曲率 K に比例する項を無視して

$$\frac{\partial^2 F}{\partial\chi^2} + 2i\frac{\omega}{c}\frac{\partial F}{\partial\chi} + \frac{1}{f_K^2(\chi)}\Delta_{\boldsymbol{\theta}}F = \frac{4\omega^2\Phi}{c^4}F \tag{8.37}$$

となる．この式の左辺第 1 項と第 2 項について，これまでと同様に F が天文学的

な長さスケールで変動すると考えると

$$\left| \frac{\partial^2 F}{\partial \chi^2} \right| \ll \left| \frac{\omega}{c} \frac{\partial F}{\partial \chi} \right| \tag{8.38}$$

となるので，式 (8.37) の左辺第 1 項を無視して書き換えると

$$i\frac{\partial F}{\partial \chi} = -\frac{c}{2\omega f_K^2(\chi)} \Delta_{\boldsymbol{\theta}} F + \frac{2\omega\Phi}{c^3} F \tag{8.39}$$

となる．この方程式は，χ を「時間」，ω/c を「質量」，$2\omega\Phi/c^3$ を「ポテンシャル」，と見なすと，Schrödinger 方程式 (Schrödinger equation) と同じ形であることがわかる．対応するラグランジアンは

$$L\left(\boldsymbol{\theta}, \frac{d\boldsymbol{\theta}}{d\chi}, \chi\right) = \frac{\omega}{c}\left[\frac{1}{2}f_K^2(\chi)\left|\frac{d\boldsymbol{\theta}}{d\chi}\right|^2 - \frac{2\Phi}{c^2}\right] \tag{8.40}$$

となるだろう．これまでとは異なり，光源の位置を $\chi = 0$ にとり，観測者を χ_{s} にとることにすると，このラグランジアンを用いて，経路積分法に基づく式 (8.39) の解を

$$F(\omega) = \int \mathcal{D}\left[\boldsymbol{\theta}(\chi)\right] \exp\left\{i\int_0^{\chi_{\mathrm{s}}} d\chi \, L\left(\boldsymbol{\theta}, \frac{d\boldsymbol{\theta}}{d\chi}, \chi\right)\right\} \tag{8.41}$$

と書くことができる．スカラー波は $\chi = \chi_{\mathrm{s}}$ から $\chi = 0$ まで伝播するので，「時間」を逆方向にたどることになるが，式 (8.39) の複素共役をとることで F^* が時間方向を反転させた Schrödinger 方程式の解になるという事実を用いると，局所平面座標のもとで，式 (8.41) が $\chi = \chi_{\mathrm{s}}$ から $\chi = 0$ までの伝播の解を正しく与えていると考えられる．

　経路積分の計算を具体的に実行する前に，式 (8.41) の物理的な意味を明らかにしておこう．式 (8.41) の指数の積分に，式 (8.40) のラグランジアンの表式を代入すると，式 (3.63) で求められていた時間の遅れ Δt の表式と定数倍を除いて一致することがわかる．したがって式 (8.41) は

$$F(\omega) = \int \mathcal{D}\left[\boldsymbol{\theta}(\chi)\right] \exp\left(i\omega\Delta t\right) \tag{8.42}$$

と書き表せる．光源から発せられた光がさまざまな経路で観測者に到達すると，この光の位相はそれぞれの経路でその経路の時間の遅れ Δt に応じて $\exp\left(i\omega\Delta t\right)$ だけずれる．波の重ね合わせの原理より，観測される波の振幅はこれら異なる位相の波を重ね合わせたものになる，ということを式 (8.42) は示している．また，

角振動数 $\omega \to \infty$ の極限で,8.3.2 項で詳しく議論する停留位相近似 (stationary phase approximation) により,Δt が停留点となる点 $\nabla_{\boldsymbol{\theta}} \Delta t = 0$ のみが積分に寄与することがわかる.これは Fermat の原理そのものであり,式 (8.41) ないし (8.42) が $\omega \to \infty$ の極限で確かに幾何光学に帰着することを意味している.

ここから,式 (8.41) を,簡単のために単一レンズ平面の状況で,具体的に計算していく.経路積分ではさまざまな異なる経路の位相の寄与を積分する必要があり,その具体的な計算手法として「時間」を細かく分割して計算する手法が知られているので,ここでも同様に $\chi = 0$ から χ_{s} までの動径座標を細かく分割し計算する.具体的には,図 8.1 に示すように,動径座標を N 個に分割し,観測者に近いほうから $j = 1, 2, \ldots, N$ と番号を振る.分割されたそれぞれの平面の天球座標を $\boldsymbol{\theta}_j$ と表すことにする.ただし単一レンズ平面なので,重力レンズポテンシャルは $j = l$ のみ存在し,$j \neq l$ では $\psi_j(\boldsymbol{\theta}_j) = 0$ となっていることに注意しよう.この状況では,式 (8.41) を

$$F(\omega) = \left[\prod_{j=1}^{N} \int \frac{d\boldsymbol{\theta}_j}{A_j}\right] \exp\left(i\omega \sum_{j=1}^{N} \Delta t^{(j,j+1)}\right) \tag{8.43}$$

と書き表すことができる.$\Delta t^{(j,j+1)}$ はラグランジアンを χ_j から χ_{j+1} まで積分

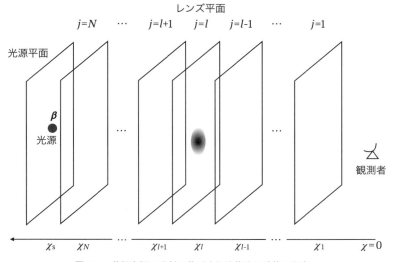

図 8.1 動径座標の分割に基づく経路積分の計算の設定.

8.2 回折積分の導出 189

したものに対応するが，この計算は実は 3.7.2 項ですでに行われていたので，その結果を流用すると

$$\Delta t^{(j,j+1)} := \frac{1}{\omega} \int_{\chi_j}^{\chi_{j+1}} d\chi \, L\left(\boldsymbol{\theta}, \frac{d\boldsymbol{\theta}}{d\chi}, \chi\right)$$

$$= \frac{1}{c} \frac{f_K(\chi_j) f_K(\chi_{j+1})}{f_K(\chi_{j+1} - \chi_j)} \left[\frac{|\boldsymbol{\theta}_j - \boldsymbol{\theta}_{j+1}|^2}{2} - \beta_{j(j+1)} \psi_j(\boldsymbol{\theta}_j)\right] \quad (8.44)$$

となることがわかる．ただし，$j = N + 1$ は光源平面であり，$\boldsymbol{\theta}_{N+1} = \boldsymbol{\beta}$ かつ $\chi_{N+1} = \chi_s$ であるものとする．また，$\beta_{j(j+1)}$ は式 (3.11) で定義されていた距離の比である．

式 (8.43) の A_j は規格化定数である．今回の状況では，重力レンズ効果が発生しない場合，すなわち $\psi_l(\boldsymbol{\theta}_l) = 0$ の場合に $F = 1$ ととることで，F を重力レンズ効果による波の振幅や位相の変化を表す物理量と解釈できるようになる．この場合の F は増幅因子 (amplification factor) と呼ばれる．$\psi_l(\boldsymbol{\theta}_l) = 0$ の場合，式 (8.43) は以下の Fresnel 積分 (Fresnel integral)

$$\int_{-\infty}^{\infty} \int_{-\infty}^{\infty} dx dy \, e^{ia(x^2+y^2)} = \frac{i\pi}{a} \quad (8.45)$$

を $j = 1$ から順番に実行することで容易に計算できる．この計算から，$\psi_l(\boldsymbol{\theta}_l) = 0$ の場合に $F = 1$ となるためには，規格化定数 A_j を

$$A_j = 2\pi i \frac{c}{\omega} \frac{f_K(\chi_{j+1} - \chi_j)}{f_K(\chi_j) f_K(\chi_{j+1})} \quad (8.46)$$

と選べば良いことがわかる．

式 (8.43) を，式 (8.46) の規格化を採用して具体的に計算する．付録 E にまとめられた計算の結果を角径距離を用いて書き直すと，回折積分と呼ばれる増幅因子 F の表式を

$$F(\omega) = \frac{\omega}{2\pi i} \frac{1 + z_1}{c} \frac{D_{ol} D_{os}}{D_{ls}} \int d\boldsymbol{\theta} \exp\{i\omega \Delta t(\boldsymbol{\theta}; \boldsymbol{\beta})\} \quad (8.47)$$

と求めることができる．$\Delta t(\boldsymbol{\theta}; \boldsymbol{\beta})$ は式 (3.80) で求められた単一レンズ平面の場合の時間の遅れであり，読者の便利のために再掲すると

$$\Delta t(\boldsymbol{\theta}; \boldsymbol{\beta}) = \frac{1 + z_1}{c} \frac{D_{ol} D_{os}}{D_{ls}} \left[\frac{|\boldsymbol{\theta} - \boldsymbol{\beta}|^2}{2} - \psi(\boldsymbol{\theta})\right] \quad (8.48)$$

である．これらの表式では，ψ_l を ψ，$\boldsymbol{\theta}_l$ を $\boldsymbol{\theta}$ などと置き換えている．ここで求めた増幅因子は，単一レンズ平面の場合の表式であるが，複数レンズ平面の場合も，基本的には同様の計算によって増幅因子の表式を求めることができる[111]．

8.3 増幅因子の近似

式 (8.47) の増幅因子の積分が解析的に実行できることは稀であり，また数値積分も，被積分関数が振動するため一般に不安定で，このことが波動光学重力レンズ効果の見積もりをしばしば困難なものにしている．以下では，いくつかの極限的状況における増幅因子の近似を議論する．

8.3.1 無次元振動数

増幅因子の振る舞いを特徴づける重要なパラメータは角振動数 ω であるが，角振動数が十分大きい，または十分小さい状況を考えるためには，基準となる振動数が必要となる．式 (8.47) の位相部分から，基準となる振動数は時間の遅れ Δt の逆数で与えられることがわかるだろう．レンズ天体が星の場合から銀河や銀河団の場合まで，その質量に応じて時間の遅れの典型的な値は大きく変わるが，時間の遅れの典型的な値 Δt_{fid} は，例えば考えているレンズ天体の Einstein 半径 θ_{Ein} を用いて

$$\Delta t_{\text{fid}} := \frac{1 + z_{\text{l}}}{c} \frac{D_{\text{ol}} D_{\text{os}}}{D_{\text{ls}}} \theta_{\text{Ein}}^2 \tag{8.49}$$

となると考えられる．このようにして定義された典型的な時間の遅れ Δt_{fid} を用いて，無次元振動数 (dimensionless frequency) を

$$w := \omega \Delta t_{\text{fid}} \tag{8.50}$$

と定義することで，w の大きさによって増幅因子の振る舞いがどのように変化するか，を議論していく．

波動光学重力レンズを特徴づける重要な距離スケールとして，Fresnel 長 (Fresnel scale) が知られているので，Fresnel 長と無次元振動数の関係も紹介しておく．Fresnel 長 r_{F} は共動距離で

$$r_{\text{F}} := \sqrt{\frac{c f_K(\chi_{\text{l}}) f_K(\chi_{\text{s}} - \chi_{\text{l}})}{\omega f_K(\chi_{\text{s}})}} \tag{8.51}$$

として定義され，対応する天球面上の角度距離の Fresnel 長 θ_{F} は

8.3 増幅因子の近似

$$\theta_{\mathrm{F}} := \frac{r_{\mathrm{F}}}{f_K(\chi_1)}$$

$$= \sqrt{\frac{c\,f_K(\chi_{\mathrm{s}} - \chi_1)}{\omega\,f_K(\chi_1)f_K(\chi_{\mathrm{s}})}}$$

$$= \sqrt{\frac{c}{\omega(1+z_1)}\frac{D_{\mathrm{ls}}}{D_{\mathrm{ol}}D_{\mathrm{os}}}} \tag{8.52}$$

となるので，式 (8.50) より

$$w = \frac{\theta_{\mathrm{Ein}}^2}{\theta_{\mathrm{F}}^2} \tag{8.53}$$

となり，無次元振動数は Einstein 半径と Fresnel 長との比の 2 乗でも書き表せることがわかる．

最後に，増幅因子の表式 (8.47) を無次元振動数 w で表しておこう．Einstein 半径 θ_{Ein} で規格化した無次元物理量を

$$\boldsymbol{x} := \frac{\boldsymbol{\theta}}{\theta_{\mathrm{Ein}}} \tag{8.54}$$

$$\boldsymbol{y} := \frac{\boldsymbol{\beta}}{\theta_{\mathrm{Ein}}} \tag{8.55}$$

$$\hat{\psi}(\boldsymbol{x}) := \frac{1}{\theta_{\mathrm{Ein}}^2}\psi(\boldsymbol{\theta} = \boldsymbol{x}\theta_{\mathrm{Ein}}) \tag{8.56}$$

とすると，式 (8.47) は

$$F(\omega) = \frac{w}{2\pi i}\int d\boldsymbol{x}\,\exp\left\{iw\left[\frac{|\boldsymbol{x} - \boldsymbol{y}|^2}{2} - \hat{\psi}(\boldsymbol{x})\right]\right\} \tag{8.57}$$

となる．球対称レンズ，$\hat{\psi}(\boldsymbol{x}) = \hat{\psi}(x)$，の場合，式 (7.39) を用いて方位角積分が実行できて

$$F(\omega) = \frac{w}{i}e^{iwy^2/2}\int_0^\infty dx\,x\,J_0(wxy)\,\exp\left\{iw\left[\frac{x^2}{2} - \hat{\psi}(x)\right]\right\} \tag{8.58}$$

と，さらに簡略化される．

■ 8.3.2 停留位相近似

8.2 節ですでに述べたように，高振動数の極限で適用できる停留位相近似により，Fermat の原理が導出される．ここでは，停留位相近似による増幅因子のより具体的な表式を導出し，それから示唆されることを考察する．

ある 2 次元座標 $\boldsymbol{x}$ 上で定義された関数 $f(\boldsymbol{x})$, $g(\boldsymbol{x})$ があり, $\nabla_{\boldsymbol{x}} f = 0$ を満たす関数 f の停留点の集合を $\{\boldsymbol{x}_j\}$ ($j = 1, 2, \ldots$) としよう. 停留位相近似は $k \to \infty$ の極限で

$$
\int d\boldsymbol{x}\, g(\boldsymbol{x}) e^{ikf(\boldsymbol{x})} \simeq \sum_j e^{ikf(\boldsymbol{x}_j)} \left| \det H\left(f(\boldsymbol{x}_j)\right) \right|^{-1/2}
$$
$$
\times\, e^{\frac{i\pi}{4}\operatorname{sgn}(H(f(\boldsymbol{x}_j)))} \frac{2\pi}{k} g(\boldsymbol{x}_j) \tag{8.59}
$$

として, 積分を停留点からの寄与の和で表す近似である. ここで $H(f)$ は関数 f の Hesse 行列を表し, $\operatorname{sgn}(H(f))$ は Hesse 行列の符号数 (signature) である.

すなわち, 停留位相近似は, 式 (8.50) で定義される無次元振動数が $w \gg 1$ の場合に適用できる近似である. 時間の遅れ Δt の Hesse 行列の行列式が, 式 (3.56) で定義される増光率 $\mu(\boldsymbol{\theta})$ を用いて

$$
\det H\left(\Delta t(\boldsymbol{\theta}_j)\right) = \left(\frac{1 + z_l}{c} \frac{D_{\mathrm{ol}} D_{\mathrm{os}}}{D_{\mathrm{ls}}} \right)^2 \det A(\boldsymbol{\theta}_j)
$$
$$
= \left(\frac{1 + z_l}{c} \frac{D_{\mathrm{ol}} D_{\mathrm{os}}}{D_{\mathrm{ls}}} \right)^2 \frac{1}{\mu(\boldsymbol{\theta}_j)} \tag{8.60}
$$

と計算されることから, 式 (8.47) は

$$
F(\omega) \simeq \frac{1}{i} \sum_j |\mu(\boldsymbol{\theta}_j)|^{1/2} e^{i\omega \Delta t(\boldsymbol{\theta}_j;\, \boldsymbol{\beta})} e^{\frac{i\pi}{4}\operatorname{sgn}(A(\boldsymbol{\theta}_j))} \tag{8.61}
$$

となる. 3.8.2 項で議論したように, Jacobi 行列 $A(\boldsymbol{\theta}_j)$ の符号数は像のタイプと関連付いており, 固有値の符号の和で計算されることから, それぞれの像のタイプに対して表 8.1 のように計算される. したがって, 表 8.1 のとおりに n_j を定義すると

$$
\frac{1}{i} e^{\frac{i\pi}{4}\operatorname{sgn}(A(\boldsymbol{\theta}_j))} = e^{-i\pi n_j} \tag{8.62}
$$

となることが示せるので, 式 (8.61) はさらに

$$
F(\omega) \simeq \sum_j |\mu(\boldsymbol{\theta}_j)|^{1/2} e^{i\omega \Delta t(\boldsymbol{\theta}_j;\, \boldsymbol{\beta}) - i\pi n_j} \tag{8.63}
$$

表 8.1 表 3.1 の像の分類における符号数 $\operatorname{sgn}(A(\boldsymbol{\theta}_j))$ と n_j の定義.

タイプ	時間の遅れ平面における分類	$\operatorname{sgn}(A(\boldsymbol{\theta}_j))$	n_j
I	極小点	2	0
II	鞍点	0	1/2
III	極大点	−2	1

と簡略化される. $e^{-i\pi n_j}$ は Morse 位相 (Morse phase) と呼ばれる.

増幅因子が F の場合, 観測されるフラックスは $|F|^2$ 倍されることになり, これがいわば波動光学重力レンズにおける増光率になる. 停留位相近似の F の表式 (8.63) から増光率を計算すると, 式 (3.85) と同様に複数像間の時間の遅れの差を

$$\Delta t_{jk} := \Delta t(\boldsymbol{\theta}_j; \boldsymbol{\beta}) - \Delta t(\boldsymbol{\theta}_k; \boldsymbol{\beta}) \tag{8.64}$$

として

$$|F(\omega)|^2 \simeq \sum_j |\mu(\boldsymbol{\theta}_j)|$$
$$+ 2\sum_{j<k} |\mu(\boldsymbol{\theta}_j)\mu(\boldsymbol{\theta}_k)|^{1/2} \cos\left[\omega\Delta t_{jk} - \pi(n_j - n_k)\right] \tag{8.65}$$

となる. 式 (8.65) の右辺第 1 項は幾何光学の場合の増光率そのものである. 右辺第 2 項が波動光学効果を表す項であり, 複数像間の干渉 (interference) に起因する項である. この干渉項のため, 増光率が光源の位置 $\boldsymbol{\beta}$ や角振動数 ω の変化に伴い振動することになる. $w \gg 1$ の w の大きい極限でこの振動は激しくなっていき, 例えば光源の大きさの内部で式 (8.65) の干渉項が激しく振動することで平均化され, この項の寄与がゼロとなることで, 幾何光学に帰着することになる[112].

■ 8.3.3 Born 近似

無次元振動数が $w \ll 1$ のとき, 回折 (diffraction) によってレンズ天体がスカラー波の伝播にあまり影響を及さなくなる. このように, レンズ天体の重力ポテンシャルの影響が実質的に小さい場合に用いることができる近似として, Born 近似が知られている[113]. ここでの Born 近似は, 量子力学の散乱問題 (scattering problem) における Born 近似に由来し, 波動方程式の解を積分方程式の形で求め, その逐次近似の最低次から近似解を求めることに対応している. ここでは, やや異なるアプローチとして, 式 (8.47) の増幅因子の表式を展開することによって, 増幅因子の Born 近似の表式を導出する[114].

まず, 式 (8.47) を, 式 (8.52) で定義される Fresnel 長 θ_F で表し, 重力レンズポテンシャル ψ について 1 次まで展開すると

$$F(\omega) = \frac{1}{2\pi i}\frac{1}{\theta_{\mathrm{F}}^2} \int d\boldsymbol{\theta} \exp\left[i\frac{1}{\theta_{\mathrm{F}}^2}\left\{\frac{|\boldsymbol{\theta}-\boldsymbol{\beta}|^2}{2} - \psi(\boldsymbol{\theta})\right\}\right]$$

$$\simeq \frac{1}{2\pi i}\frac{1}{\theta_{\mathrm{F}}^2}\int d\boldsymbol{\theta}\exp\left(i\frac{1}{2\theta_{\mathrm{F}}^2}|\boldsymbol{\theta}-\boldsymbol{\beta}|^2\right)$$

$$- \frac{1}{2\pi\theta_{\mathrm{F}}^4}\int d\boldsymbol{\theta}\,\psi(\boldsymbol{\theta})\exp\left(i\frac{1}{2\theta_{\mathrm{F}}^2}|\boldsymbol{\theta}-\boldsymbol{\beta}|^2\right) \tag{8.66}$$

となる. 式 (8.66) の右辺第 1 項は, 式 (8.45) の Fresnel 積分を実行すると 1 になるので

$$F(\omega) \simeq 1 - \frac{1}{2\pi\theta_{\mathrm{F}}^4}\int d\boldsymbol{\theta}\,\psi(\boldsymbol{\theta})\exp\left(i\frac{1}{2\theta_{\mathrm{F}}^2}|\boldsymbol{\theta}-\boldsymbol{\beta}|^2\right) \tag{8.67}$$

と計算される.

ここで, 式 (8.59) の停留位相近似を用いると, 式 (8.67) が幾何光学極限 $\omega \to \infty$ で

$$F(\omega \to \infty) \simeq 1 - \frac{i}{\theta_{\mathrm{F}}^2}\psi(\boldsymbol{\beta}) = 1 - \frac{i}{\theta_{\mathrm{F}}^2}\int d\boldsymbol{\theta}\,\psi(\boldsymbol{\theta})\delta^{\mathrm{D}}(\boldsymbol{\theta}-\boldsymbol{\beta}) \tag{8.68}$$

となることがわかる. この式の虚数部分は, 式 (3.80) の時間の遅れ Δt を $\boldsymbol{\theta}=\boldsymbol{\beta}$ の Born 近似のもとで評価したものに角振動数を掛けたものになっており, 時間の遅れによる波形の位相のずれ, つまり全体的な平行移動を表していることがわかる[115]. したがって, $F(\omega)$ を

$$F(\omega) - i\,\mathrm{Im}\,[F(\omega \to \infty)] \to F(\omega) \tag{8.69}$$

のように定義し直して, 時間の遅れの原点を取り直すと[*2], 新しく定義し直した増幅因子が

$$F(\omega) \simeq 1 - \frac{1}{2\pi\theta_{\mathrm{F}}^4}\int d\boldsymbol{\theta}\,\psi(\boldsymbol{\theta})\left[e^{i|\boldsymbol{\theta}-\boldsymbol{\beta}|^2/(2\theta_{\mathrm{F}}^2)} - 2\pi i\theta_{\mathrm{F}}^2\delta^{\mathrm{D}}(\boldsymbol{\theta}-\boldsymbol{\beta})\right] \tag{8.70}$$

となることがわかる.

レンズ天体の質量密度分布との対応を見るために, 式 (8.70) を, 収束場 $\kappa(\boldsymbol{\theta})$ を用いて表すことを考えよう. 付録 D の定義に従って重力レンズポテンシャルを Fourier 逆変換し, 式 (3.17) の Fourier 空間での対応式である

$$-\ell^2\tilde{\psi}(\boldsymbol{\ell}) = 2\tilde{\kappa}(\boldsymbol{\ell}) \tag{8.71}$$

[*2] あるいは, ポテンシャルには定数を足し引きする不定性があるため, 重力レンズポテンシャルのゼロ点を取り直して $\psi(\boldsymbol{\beta}) = 0$ としたと考えてもよい.

8.3 増幅因子の近似 195

を代入すると，式 (8.70) は

$$F(\omega) \simeq 1 + \frac{1}{2\pi\theta_{\mathrm{F}}^4} \int d\boldsymbol{\theta} \int \frac{d\boldsymbol{\ell}}{(2\pi)^2} \frac{2\tilde{\kappa}(\boldsymbol{\ell})}{\ell^2}$$
$$\times \left[e^{i|\boldsymbol{\theta}-\boldsymbol{\beta}|^2/(2\theta_{\mathrm{F}}^2)+i\boldsymbol{\ell}\cdot\boldsymbol{\theta}} - 2\pi i\theta_{\mathrm{F}}^2 e^{i\boldsymbol{\ell}\cdot\boldsymbol{\theta}} \delta^{\mathrm{D}}(\boldsymbol{\theta}-\boldsymbol{\beta}) \right] \tag{8.72}$$

と計算される．この式の指数関数の指数部分について

$$\frac{1}{2\theta_{\mathrm{F}}^2} |\boldsymbol{\theta}-\boldsymbol{\beta}|^2 + \boldsymbol{\ell}\cdot\boldsymbol{\theta} = \frac{1}{2\theta_{\mathrm{F}}^2} \left| \boldsymbol{\theta}-\boldsymbol{\beta}+\theta_{\mathrm{F}}^2\boldsymbol{\ell} \right|^2 + \boldsymbol{\ell}\cdot\boldsymbol{\beta} - \frac{\theta_{\mathrm{F}}^2}{2}\ell^2 \tag{8.73}$$

となることから，式 (8.72) の $\boldsymbol{\theta}$ についての積分が Fresnel 積分および Dirac のデルタ関数の積分により計算できて

$$F(\omega) \simeq 1 + \int \frac{d\boldsymbol{\ell}}{(2\pi)^2} \tilde{\kappa}(\boldsymbol{\ell})\tilde{G}(\boldsymbol{\ell})e^{i\boldsymbol{\ell}\cdot\boldsymbol{\beta}} \tag{8.74}$$

と簡略化される．ただし，$\tilde{G}(\boldsymbol{\ell})$ は

$$\tilde{G}(\boldsymbol{\ell}) := i\frac{e^{-i\theta_{\mathrm{F}}^2\ell^2/2} - 1}{\theta_{\mathrm{F}}^2\ell^2/2} \tag{8.75}$$

で定義される．

式 (8.74) は $\tilde{\kappa}(\boldsymbol{\ell})$ と $\tilde{G}(\boldsymbol{\ell})$ の Fourier 逆変換であり，積の Fourier 変換が畳み込み積分で書けることから，式 (8.74) が

$$F(\omega) \simeq 1 + \int d\boldsymbol{\theta} \, \kappa(\boldsymbol{\beta}-\boldsymbol{\theta})G(\boldsymbol{\theta}) \tag{8.76}$$

となることがわかる．$G(\boldsymbol{\theta})$ は式 (8.75) を Fourier 逆変換することで得られ，具体的には

$$G(\boldsymbol{\theta}) = -\frac{i}{2\pi\theta_{\mathrm{F}}^2}\Gamma\left(0, -i\frac{\theta^2}{2\theta_{\mathrm{F}}^2}\right)$$
$$= \frac{i}{2\pi\theta_{\mathrm{F}}^2}\left\{\mathrm{Ei}\left(i\frac{\theta^2}{2\theta_{\mathrm{F}}^2}\right) - i\pi\right\}$$
$$= \frac{i}{2\pi\theta_{\mathrm{F}}^2}\left\{\mathrm{Ci}\left(\frac{\theta^2}{2\theta_{\mathrm{F}}^2}\right) + i\mathrm{Si}\left(\frac{\theta^2}{2\theta_{\mathrm{F}}^2}\right) - i\frac{\pi}{2}\right\} \tag{8.77}$$

となる．ただし，$\Gamma(n, z)$ は不完全ガンマ関数 (incomplete gamma function) を表し，$\mathrm{Ei}(z)$，$\mathrm{Si}(z)$，$\mathrm{Ci}(z)$ はそれぞれ指数積分 (exponential integral)，正弦積分 (sine integral)，余弦積分 (cosine integral)，である．

式 (8.76) より，Born 近似で計算される波動光学重力レンズ効果は，収束場 $\kappa(\boldsymbol{\theta})$

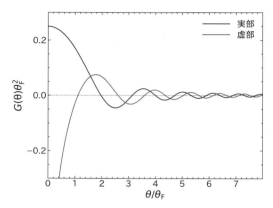

図 8.2 式 (8.77) で表される，Born 近似における波動光学重力レンズ計算の核関数 $G(\boldsymbol{\theta})$.

を式 (8.77) の $G(\boldsymbol{\theta})$ で畳み込んだ量で決まることがわかる．図 8.2 からわかるように，畳み込みの核関数に対応する $G(\boldsymbol{\theta})$ は $\theta > \theta_\mathrm{F}$ で減衰振動するため，式 (8.76) は実質的に収束場を平滑化する計算を行っていることになる．平滑化の長さスケールが式 (8.52) の Fresnel 長 θ_F であることから，波動光学効果によって，光源が実効的に θ_F の大きさを持つ，と解釈することもできる．$\theta_\mathrm{F} \gg \theta_\mathrm{Ein}$，すなわち式 (8.53) より $w \ll 1$ のとき，式 (8.76) の右辺第 2 項が θ_Ein よりもずっと大きいサイズの平滑化により非常に小さくなり，$F \simeq 1$ となって重力レンズ効果がほとんど発生しない，すなわち回折が起こることが理解できる．

8.4 点質量レンズ

増幅因子を解析的に求められる数少ない例外が，4.2.1 項で紹介した，質量密度分布が Dirac のデルタ関数で与えられる，点質量レンズである．点質量レンズの増幅因子の表式から，多くの有用な知見が得られるため，波動光学重力レンズの理解を深める上で必要不可欠となっている．以下では導出を省略し，結果のみを示すことにすると，式 (4.36) に従って光源の位置を $y := \beta/\theta_\mathrm{Ein}$ として，増幅因子は

8.4 点質量レンズ

$$F(\omega) = \exp\left[\frac{\pi w}{4} + i\frac{w}{2}\left\{\ln\left(\frac{w}{2}\right) - (x_m - y)^2 + 2\ln x_m\right\}\right]$$
$$\times \Gamma\left(1 - i\frac{w}{2}\right) {}_1F_1\left(i\frac{w}{2}; 1; i\frac{wy^2}{2}\right) \tag{8.78}$$

となることが知られている[109]．ただし，$\Gamma(x)$ はガンマ関数，${}_1F_1(a; b; x)$ は合流型超幾何関数 (confluent hypergeometric function) であり，x_m は

$$x_m := \frac{y + \sqrt{y^2 + 4}}{2} \tag{8.79}$$

で定義される．式 (8.50) で定義される無次元振動数を，点質量レンズの場合に具体的に書き下すと，点質量レンズの質量を M として

$$w = \omega\frac{4GM(1 + z_1)}{c^3} \tag{8.80}$$

と簡単な式で書き表される．

式 (8.78) の増幅因子の表式から，増光率 $|F(\omega)|^2$ も計算しておこう．具体的に計算すると

$$|F(\omega)|^2 = \exp\left(\frac{\pi w}{2}\right)\left|\Gamma\left(1 - i\frac{w}{2}\right)\right|^2 \left|{}_1F_1\left(i\frac{w}{2}; 1; i\frac{wy^2}{2}\right)\right|^2$$
$$= \exp\left(\frac{\pi w}{2}\right)\frac{\pi w/2}{\sinh(\pi w/2)}\left|{}_1F_1\left(i\frac{w}{2}; 1; i\frac{wy^2}{2}\right)\right|^2$$
$$= \frac{\pi w}{1 - e^{-\pi w}}\left|{}_1F_1\left(i\frac{w}{2}; 1; i\frac{wy^2}{2}\right)\right|^2 \tag{8.81}$$

となる．この表式から，光源を点質量レンズの中心，すなわち $\beta = 0$ に置いた場合の増光率を計算すると

$$|F(\omega; \beta = 0)|^2 = \frac{\pi w}{1 - e^{-\pi w}} \tag{8.82}$$

となることがわかる．幾何光学の場合は，$\beta \to 0$ で像が臨界曲線に近づき $|\mu| \to \infty$ となったが，波動光学重力レンズを考えることで発散が取り除かれること，最大増光率が振動数ないし波長に依存することが理解できる．また，式 (8.82) から，$w \ll 1$ では $|F(\omega; \beta = 0)|^2 \simeq 1$ となることがわかり，回折により重力レンズ効果が実質的に起こらないことが確認できる．

具体的に波動光学効果を見るために，6.1 節で議論した，単独の点質量レンズの重力マイクロレンズの増光曲線がどのように変更を受けるかを見てみよう．図

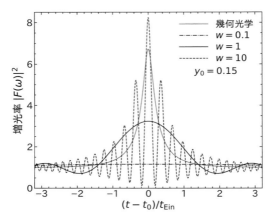

図 8.3 点質量レンズの重力マイクロレンズ増光曲線の波動光学効果．規格化された衝突パラメータを $y_0 = \beta_0/\theta_{\rm Ein} = 0.15$ と仮定し，図 6.2 で示したような増光曲線に対して，波動光学効果がどのような影響を与えるかを示している．

8.3 は，増光曲線を，幾何光学の場合と，いくつかの無次元振動数 w の波動光学の場合で比較している．$w = 10$ の場合は，平均的には幾何光学の増光曲線を辿りつつも，増光率が大きく振動することがわかる．一方で $w = 1$ の場合は，回折によって増光率が幾何光学の場合に比べて低く抑えられている．$w = 0.1$ になると，回折がさらに強く起こり，増光率はほとんど 1 から変化しなくなる．すなわち，スカラー波の伝播において，点質量レンズの存在が実質上無視されることになる．

波動光学効果の理解をさらに深めるために，光源の位置を $\beta/\theta_{\rm Ein} = 0.15$ に固定した上で，無次元振動数 w を変えた場合に増光率 $|F(\omega)|^2$ がどのように変化するかを，図 8.4 に示している．$w \ll 1$ で回折により増光率が 1 に近づくこと，$w \gg 1$ で幾何光学極限の増光率を中心に振動し，w が大きくなるにつれて振動の周期が狭まる様子が見てとれる．

さらに，図 8.4 では，式 (8.81) の増光率の厳密解を，それぞれ 8.3.2 項と 8.3.3 項で紹介された停留位相近似および Born 近似の計算結果と比較している．停留位相近似は $w \gtrsim 10$ の振動の振る舞いを非常によく再現するが，回折を正しく再現できないことがわかる．一方で，Born 近似は $w \lesssim 1$ の回折を正確に再現できている．このようなさまざまな近似を利用することで，さまざまな異なる極限の増幅因子の振る舞いをよりよく理解できることになる．

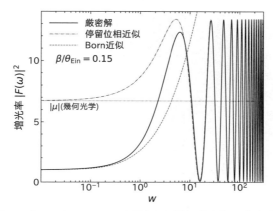

図 8.4 点質量レンズで，$\beta/\theta_{\mathrm{Ein}} = 0.15$ に置かれた光源の増光率の，無次元振動数 w 依存性．比較のために，8.3.2 項および 8.3.3 項で紹介された停留位相近似および Born 近似の計算結果も示している．

8.5 波動光学重力レンズの観測可能性

　点質量レンズの結果をもとに，波動光学重力レンズ効果がどのような状況で観測されうるかを議論しよう．これまで見てきたように，無次元振動数 w の値によって振る舞いが大きく変わり，波動光学重力レンズ特有の干渉効果が観測されやすいのは $w \sim \mathcal{O}(1)$ の場合となる．$w \ll 1$ では強い回折によって $F(\omega) \simeq 1$ となり，重力レンズ効果が全く観測されなくなる．$w \gg 1$ では幾何光学近似の結果に帰着する．図 8.5 は，それぞれの観測の波長帯で，波動光学重力レンズ現象が観測されうる点質量レンズの質量 M の質量範囲を示している．この図から，よく知られた銀河や星などの天体で，波動光学重力レンズが観測される可能性があるのは重力波観測であることが見てとれる．伝統的な観測手法である電波や可視，X 線では，惑星かそれよりもずっと軽いレンズ天体でないと波動光学重力レンズ現象が観測されない．このことは，ほとんどの重力レンズ観測において，幾何光学近似が良い精度で成り立っていることを意味している．

　注意点として，図 8.5 に示した，波動光学重力レンズ効果が観測されうる領域はあくまで必要条件である点が挙げられる．すでに議論したように，光源の有限の大きさによって干渉が平均化され観測されなくなることもあるため，波動光学

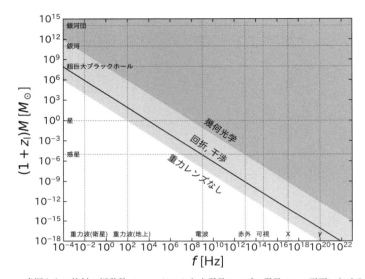

図 8.5 光源からの放射の振動数 $f = \omega/(2\pi)$ と点質量レンズの質量 M の平面における,波動光学から幾何光学への遷移.実線が式 (8.80) の無次元振動数 $w = 1$ に対応する.白色の領域 ($w \lesssim 10^{-2}$) は,強い回折により $F(\omega) \simeq 1$ となって重力レンズが実質的に起こらない領域であり,淡い灰色の領域 ($10^{-2} \lesssim w \lesssim 10^4$) が,回折や干渉などの波動光学重力レンズ特有の現象が観測されうる領域となる.濃い灰色の領域 ($10^4 \lesssim w$) は,幾何光学近似が概ね妥当と考えられる領域となる.

重力レンズによる干渉が観測されるためには,光源は十分に小さくなくてはならない.また観測される振動数ないし波長の分解能も重要となる.連星合体から発生する重力波は十分コンパクトでありこれらの要請を満たしており,波動光学重力レンズ観測の重要なターゲットとなっている.

付　　　録

A. 一般相対論的膨張宇宙モデル

　読者の便利のため，また本書で用いる記法の確定のため，一般相対論を用いた膨張宇宙モデルについて簡潔にまとめておく．これらの詳細な解説については本書の対象外なので，よくわからない場合は他の一般相対論や宇宙論の教科書を参照してほしい．

A.1　一般相対論
　一般相対論では，重力の存在を時空の曲がりで表現する．4次元座標系 x^μ において，曲がった時空の線素は

$$ds^2 = g_{\mu\nu}dx^\mu dx^\nu \tag{A.1}$$

で与えられ，$g_{\mu\nu}$ が時空の曲がりを表す計量テンソルである．以下では，上付き添字と下付き添字で同じ記号が使われている場合にはその添字について常に和をとるものとする，Einstein の縮約記法を基本的に用いる．

　計量テンソルを用いて，Christoffel 記号は

$$\Gamma^\alpha{}_{\mu\nu} := \frac{1}{2}g^{\alpha\beta}\left(g_{\nu\beta,\mu} + g_{\mu\beta,\nu} - g_{\mu\nu,\beta}\right) \tag{A.2}$$

と定義される．本書では，コンマは偏微分を表すこととし，例えば $_{,\mu}$ は x^μ での偏微分を表す．一方，共変微分はセミコロンを用いて表すこととし，例えば共変ベクトル V_α と反変ベクトル V^α の共変微分は，Christoffel 記号を用いて

$$V_{\alpha;\mu} = V_{\alpha,\mu} - \Gamma^\beta{}_{\mu\alpha}V_\beta \tag{A.3}$$

$$V^\alpha{}_{;\mu} = V^\alpha{}_{,\mu} + \Gamma^\alpha{}_{\mu\beta}V^\beta \tag{A.4}$$

と表される．

　Christoffel 記号を用いて，Riemann 曲率テンソルは

$$R^\alpha{}_{\mu\beta\nu} := \Gamma^\alpha{}_{\mu\nu,\beta} - \Gamma^\alpha{}_{\mu\beta,\nu} + \Gamma^\alpha{}_{\lambda\beta}\Gamma^\lambda{}_{\mu\nu} - \Gamma^\alpha{}_{\lambda\nu}\Gamma^\lambda{}_{\mu\beta} \tag{A.5}$$

と定義される．また，Riemann 曲率テンソルの添字の縮約をとることによって，Ricci テンソルが

$$R_{\mu\nu} := R^{\alpha}{}_{\mu\alpha\nu} \tag{A.6}$$

と定義される. さらに縮約をとることによって, スカラー曲率 (scalar curvature) が

$$R := R^{\mu}{}_{\mu} = g^{\mu\nu}R_{\mu\nu} \tag{A.7}$$

と定義される.

エネルギー運動量テンソル (energy-momentum tensor) $T_{\mu\nu}$ が与えられたとき, 計量テンソルは以下の Einstein 方程式

$$G_{\mu\nu} := R_{\mu\nu} - \frac{1}{2}Rg_{\mu\nu} + \Lambda g_{\mu\nu} = \frac{8\pi G}{c^4}T_{\mu\nu} \tag{A.8}$$

によって定まる. Λ は宇宙定数, c は光の速さ, G は万有引力定数である.

■ A. 2 Friedmann 方程式

一様等方宇宙の計量テンソルは, 以下の Friedmann-Lemaître-Robertson-Walker (FLRW) 計量

$$ds^2 = -c^2dt^2 + a^2\left[d\chi^2 + f_K^2(\chi)\left(d\theta^2 + \sin^2\theta d\phi^2\right)\right] \tag{A.9}$$

で表される. χ は動径座標, θ と ϕ は角度座標, $a = a(t)$ は各時刻の宇宙の大きさを決めるスケール因子であり, $f_K(\chi)$ は 3 次元空間曲率 K の値に依存して

$$f_K(\chi) := \begin{cases} \dfrac{1}{\sqrt{K}}\sin\left(\sqrt{K}\chi\right) & (K > 0) \\ \chi & (K = 0) \\ \dfrac{1}{\sqrt{-K}}\sinh\left(\sqrt{-K}\chi\right) & (K < 0) \end{cases} \tag{A.10}$$

と定義される. 正の曲率 $K > 0$ を閉じた宇宙, $K = 0$ を平坦な宇宙, 負の曲率 $K < 0$ を開いた宇宙と呼ぶこともある.

式 (A.9) の計量テンソルを Einstein 方程式 (A.8) に代入することで, スケール因子の時間進化の方程式が得られる. エネルギー運動量テンソルとして, それぞれがエネルギー密度 ϱ_α, 圧力 p_α の完全流体 (perfect fluid) からなる混合流体を考えると[*1]

$$T^{\mu}{}_{\nu} = \sum_{\alpha} \mathrm{diag}(-\varrho_\alpha, p_\alpha, p_\alpha, p_\alpha) \tag{A.11}$$

と与えられる. ここで α についての和は流体成分についての和で, 座標成分についての和ではないことに注意しよう. この形のエネルギー運動量テンソルを仮定すると, Einstein 方程式から

[*1] 本書ではエネルギー密度を ϱ, 質量密度を ρ と表記する. 非相対論的物質に対して, 両者は $\varrho = \rho c^2$ の関係がある.

A. 一般相対論的膨張宇宙モデル 203

$$\left(\frac{\dot{a}}{a}\right)^2 = \frac{8\pi G}{3c^2}\sum_\alpha \varrho_\alpha - \frac{c^2 K}{a^2} + \frac{c^2\Lambda}{3} \tag{A.12}$$

$$\frac{\ddot{a}}{a} = -\frac{4\pi G}{3c^2}\sum_\alpha (\varrho_\alpha + 3p_\alpha) + \frac{c^2\Lambda}{3} \tag{A.13}$$

の2つの式を得る. ただし, 本書では $\dot{a} = da/dt$, $\ddot{a} = d^2a/dt^2$ のようにドットは時間微分を表すこととする. 式 (A.12), (A.13) は Friedmann 方程式 (Friedmann equations) と呼ばれる.

宇宙論では, 以下のさまざまな宇宙論パラメータを定義して, それらを用いて式を書き換えていく. まず, Hubble パラメータの定義は

$$H := \frac{\dot{a}}{a} \tag{A.14}$$

であり, 臨界エネルギー密度 (critical energy density) は

$$\varrho_{\mathrm{cr}} := \frac{3c^2 H^2}{8\pi G} \tag{A.15}$$

と定義される. 臨界エネルギー密度を用いて, 流体の各成分 α の密度パラメータ (density parameters) は

$$\Omega_\alpha := \frac{\varrho_\alpha}{\varrho_{\mathrm{cr}}} \tag{A.16}$$

と定義され, 曲率パラメータ (curvature parameter) は

$$\Omega_K := -\frac{c^2 K}{a^2 H^2} \tag{A.17}$$

と定義される. 宇宙定数についても, $\varrho_\Lambda = c^4\Lambda/8\pi G$, $p_\Lambda = -c^4\Lambda/8\pi G$ と考えることで完全流体と見なすことができ, したがって同様に密度パラメータ Ω_Λ を定義できる. これらの宇宙論パラメータを用いることで, Friedmann 方程式 (A.12) は

$$1 = \sum_\alpha \Omega_\alpha \tag{A.18}$$

と単純化される. この表式においては Ω_Λ と Ω_K も Ω_α に含めた.

これらの式の時間依存性をより見やすくするために, まず流体の各成分のスケール因子依存性を求める. まず Friedmann 方程式 (A.12), (A.13) を組み合わせることで, いわゆる連続の式 (continuity equation)

$$\sum_\alpha [\dot{\varrho}_\alpha + 3H(\varrho_\alpha + p_\alpha)] = 0 \tag{A.19}$$

が得られる. さらに, 異なる成分間の相互作用が無視できる場合, それぞれの成分について連続の式

$$\dot{\varrho}_\alpha + 3H(\varrho_\alpha + p_\alpha) = 0 \tag{A.20}$$

が成り立つので, これを各成分の状態方程式 (equation of state)

$$p_\alpha = w_\alpha \varrho_\alpha \tag{A.21}$$

と組み合わせることで，各成分のエネルギー密度 ϱ_α のスケール因子依存性を

$$\varrho_\alpha \propto a^{-3(1+w_\alpha)} \tag{A.22}$$

と求めることができる．具体的には，相対論的物質（添字 r）については $w_\mathrm{r} = 1/3$ なので $\varrho_\mathrm{r} \propto a^{-4}$，非相対論的物質（添字 m）については $w_\mathrm{m} = 0$ なので $\varrho_\mathrm{m} \propto a^{-3}$，宇宙定数（添字 Λ）については $w_\Lambda = -1$ なので $\varrho_\Lambda \propto a^0$ となる．

式 (A.14)–(A.17) で定義される宇宙論パラメータの現在の値を，H_0, ϱ_cr0, $\Omega_{\alpha 0}$, Ω_{K0} のように，添字に 0 をつけて表すこととすると，上記のエネルギー密度成分を考えた場合の Friedmann 方程式 (A.18) を，Hubble パラメータ $H = H(a)$ に対する

$$H(a) = H_0 \sqrt{\Omega_\mathrm{r0} a^{-4} + \Omega_\mathrm{m0} a^{-3} + \Omega_{K0} a^{-2} + \Omega_{\Lambda 0}} \tag{A.23}$$

という便利な式に書き換えることができる．ただし慣習に従って現在のスケール因子の値を $a_0 := a(t_0) = 1$ とおいた．t_0 は現在の宇宙年齢である．

膨張宇宙における重要な観測量は赤方偏移 z である．赤方偏移は，観測される天体からの光の波長の伸びで定義され，観測される光が発せられた時期のスケール因子 a と

$$1 + z = \frac{1}{a} \tag{A.24}$$

の関係がある．

■ A.3 宇宙論的距離

観測者を原点におくと，式 (A.9) の χ は共動動径距離と解釈できる．光の経路はヌル測地線 $ds^2 = 0$ に従うので，赤方偏移 z の関数として χ を

$$\chi(z) = \int_t^{t_0} \frac{c\,dt'}{a(t')} = c \int_0^z \frac{dz'}{H(z')} \tag{A.25}$$

と計算できる．式 (A.23) と (A.24) から，Hubble パラメータを z の関数として書くと

$$H(z) = H_0 \left[\Omega_\mathrm{r0}(1+z)^4 + \Omega_\mathrm{m0}(1+z)^3 + \Omega_{K0}(1+z)^2 + \Omega_{\Lambda 0} \right]^{1/2} \tag{A.26}$$

となるので，この表式を式 (A.25) に代入することで，共動動径距離を z の関数として計算できる．

式 (A.25) をもとに，宇宙論や天文学で使われるさまざまな宇宙論的距離が計算できる．例えば角径距離は

$$D_\mathrm{A}(z) := \frac{f_K\left(\chi(z)\right)}{1+z} \tag{A.27}$$

で与えられる．重力レンズの計算では，赤方偏移 z_1 から z_2 $(z_2 > z_1)$ までの角径距離も使われるが，この角径距離は

A. 一般相対論的膨張宇宙モデル 205

$$D_{\mathrm{A}}(z_1, z_2) := \frac{f_K\left(\chi(z_2) - \chi(z_1)\right)}{1 + z_2} \tag{A.28}$$

で与えられる．よく使われるもう 1 つの宇宙論的距離として，光度距離 (luminosity distance) があり

$$D_{\mathrm{L}}(z) := (1 + z)f_K\left(\chi(z)\right) \tag{A.29}$$

と計算される．

■ A.4　密度ゆらぎの進化

A.4.1　計量テンソル

流体分布が完全に一様等方ではなく，空間的にゆらいでいる状況を考える．エネルギー密度のゆらぎに対応して，計量テンソルもゆらぎの成分を含むことになる．一般相対論的なゆらぎの定式化においては，摂動時空と背景時空の座標点の対応の不定性に起因するゲージ自由度が存在し，そのため複雑となる．しかし，本書においては，宇宙の地平線スケールよりもずっと小さい長さスケールのゆらぎに着目するため，ゲージ自由度は問題とならず，ゲージを適当に固定して議論をすれば十分である．そのため，以下では共形 Newton ゲージ (conformal Newtonian gauge)

$$ds^2 = g_{\mu\nu}dx^\mu dx^\nu := -\left(1 + \frac{2\Phi}{c^2}\right)c^2 dt^2 + a^2\left(1 - \frac{2\Psi}{c^2}\right)\gamma_{ij}dx^i dx^j \tag{A.30}$$

を採用する．Φ と Ψ が 1 次の摂動量で，時間と場所に依存している．γ_{ij} は式 (A.9) の 3 次元共動座標部分の計量テンソルであり，具体的には

$$\gamma_{ij}dx^i dx^j := d\chi^2 + f_K^2(\chi)\left(d\theta^2 + \sin^2\theta d\phi^2\right) \tag{A.31}$$

である．$f_K(\chi)$ は式 (A.10) で定義されている．

A.4.2　Einstein 方程式の計算

a.　Christoffel 記号

式 (A.2) で定義される Christoffel 記号を，式 (A.30) で与えられる計量テンソルを代入して計算すると

$$\Gamma^0{}_{00} = \frac{\dot{\Phi}}{c^3} \tag{A.32}$$

$$\Gamma^0{}_{0i} = \Gamma^0{}_{i0} = \frac{\Phi_{,i}}{c^2} \tag{A.33}$$

$$\Gamma^0{}_{ij} = \frac{a^2}{c}\gamma_{ij}\left[H\left(1 - \frac{2\Phi}{c^2} - \frac{2\Psi}{c^2}\right) - \frac{\dot{\Psi}}{c^2}\right] \tag{A.34}$$

$$\Gamma^i{}_{00} = \frac{\gamma^{il}}{a^2}\frac{\Phi_{,l}}{c^2} \tag{A.35}$$

$$\Gamma^i{}_{0j} = \Gamma^i{}_{j0} = \frac{\delta^i{}_j}{c}\left(H - \frac{\dot{\Psi}}{c^2}\right) \tag{A.36}$$

$$\Gamma^i{}_{jk} = {}^{(3)}\Gamma^i{}_{jk} + \frac{1}{c^2}\left(\gamma_{jk}\gamma^{il}\Psi_{,l} - \delta^i{}_j\Psi_{,k} - \delta^i{}_k\Psi_{,j}\right) \tag{A.37}$$

となる. ${}^{(3)}\Gamma^i{}_{jk}$ は,式 (A.31) で与えられる計量テンソル γ_{ij} から計算される Christoffel 記号であり,具体的には

$$^{(3)}\Gamma^i{}_{jk} := \frac{1}{2}\gamma^{il}\left(\gamma_{kl,j} + \gamma_{jl,k} - \gamma_{jk,l}\right) \tag{A.38}$$

で定義される.

b. Ricci テンソル

式 (A.6) で定義される Ricci テンソルを同様に計算すると

$$R_{00} = -\frac{3\ddot{a}}{c^2 a} + \frac{3\ddot{\Psi}}{c^4} + \frac{3H\dot{\Phi}}{c^4} + \frac{6H\dot{\Psi}}{c^4} + \frac{{}^{(3)}\Delta\Phi}{c^2 a^2} \tag{A.39}$$

$$R_{0i} = \frac{2\dot{\Psi}_{,i}}{c^3} + \frac{2H\Phi_{,i}}{c^3} \tag{A.40}$$

$$R_{ij} = {}^{(3)}R_{ij} - \frac{\Phi_{|ij}}{c^2} + \frac{\Psi_{|ij}}{c^2} + \left[\left(\frac{2a^2 H^2}{c^2} + \frac{a\ddot{a}}{c^2}\right)\left(1 - \frac{2\Phi}{c^2} - \frac{2\Psi}{c^2}\right)\right.$$
$$\left. - \frac{a^2\ddot{\Psi}}{c^4} - \frac{a^2 H\dot{\Phi}}{c^4} - 6\frac{a^2 H\dot{\Psi}}{c^4} + \frac{{}^{(3)}\Delta\Psi}{c^2}\right]\gamma_{ij} \tag{A.41}$$

となる. ${}^{(3)}R_{ij}$ は γ_{ij} から計算される Ricci テンソルであり,式 (A.31) で定義される γ_{ij} の場合は

$$^{(3)}R_{ij} = 2K\gamma_{ij} \tag{A.42}$$

と簡単な表式になる.また上で求めた Ricci テンソルの表式において,3 次元 Laplace 演算子

$$^{(3)}\Delta f := \frac{1}{\sqrt{|\gamma|}}\frac{\partial}{\partial x^j}\left(\sqrt{|\gamma|}\gamma^{ij}\frac{\partial f}{\partial x^i}\right)$$
$$= \gamma^{ij}f_{,ij} + \gamma^{ij}{}_{,j}f_{,i} + {}^{(3)}\Gamma^k{}_{kj}\gamma^{ij}f_{,i} \tag{A.43}$$

$$^{(3)}\Gamma^k{}_{kj} = \frac{1}{\sqrt{|\gamma|}}\frac{\partial}{\partial x^j}\sqrt{|\gamma|} \tag{A.44}$$

を用いている. γ は γ_{ij} の行列式である.さらに,縦棒を γ_{ij} についての共変微分を表す,すなわち

$$f_{|ij} := f_{,ij} - {}^{(3)}\Gamma^l{}_{ij}f_{,l} \tag{A.45}$$

とする.この表記において,3 次元 Laplace 演算子は

$$^{(3)}\Delta f = \gamma^{ij}f_{|ij} = f^{|i}{}_{|i} \tag{A.46}$$

と表すことができる.

c. スカラー曲率

式 (A.7) で定義されるスカラー曲率を計算すると

$$R = \frac{6}{c^2}\left(H^2 + \frac{\ddot{a}}{a} + \frac{c^2K}{a^2}\right) - \frac{12}{c^2}\left(H^2 + \frac{\ddot{a}}{a}\right)\frac{\Phi}{c^2} + \frac{12\Psi K}{c^2a^2}$$

$$- \frac{6\ddot{\Psi}}{c^4} - \frac{6H\dot{\Phi}}{c^4} - \frac{24H\dot{\Psi}}{c^4} - \frac{2^{(3)}\Delta\Phi}{c^2a^2} + \frac{4^{(3)}\Delta\Psi}{c^2a^2} \tag{A.47}$$

となる.

d. Einstein テンソル

Einstein テンソル (Einstein tensor) は

$$G^{\mu}{}_{\nu} := g^{\mu\alpha}R_{\alpha\nu} - \frac{1}{2}\delta^{\mu}{}_{\nu}R \tag{A.48}$$

で定義され，具体的に計算すると

$$G^0{}_0 = -\frac{3}{c^2}\left(H^2 + \frac{c^2K}{a^2}\right) + \frac{6H^2\Phi}{c^4} - \frac{6\Psi K}{c^2a^2} + \frac{6H\dot{\Psi}}{c^4} - \frac{2^{(3)}\Delta\Psi}{c^2a^2} \tag{A.49}$$

$$G^0{}_i = -\frac{2\dot{\Psi}_{,i}}{c^3} - \frac{2H\Phi_{,i}}{c^3} \tag{A.50}$$

$$G^i{}_j = \left[-\frac{1}{c^2}\left(H^2 + 2\frac{\ddot{a}}{a} + \frac{c^2K}{a^2}\right) + \frac{2}{c^2}\left(H^2 + 2\frac{\ddot{a}}{a}\right)\frac{\Phi}{c^2} - \frac{2\Psi K}{c^2a^2}\right.$$

$$\left. + \frac{2\ddot{\Psi}}{c^4} + \frac{2H\dot{\Phi}}{c^4} + \frac{6H\dot{\Psi}}{c^4} + \frac{^{(3)}\Delta\Phi}{c^2a^2} - \frac{^{(3)}\Delta\Psi}{c^2a^2}\right]\delta^i{}_j$$

$$- \frac{1}{c^2a^2}\left(\Phi^{|i}{}_{|j} - \Psi^{|i}{}_{|j}\right) \tag{A.51}$$

となる.

e. Einstein 方程式

小さなゆらぎのある宇宙のエネルギー運動量テンソルは

$$T^0{}_0 = -\sum_{\alpha}(\bar{\varrho}_{\alpha} + \delta\varrho_{\alpha}) \tag{A.52}$$

$$T^0{}_i = \sum_{\alpha}(\bar{\varrho}_{\alpha} + \bar{p}_{\alpha})\frac{av_{\alpha i}}{c} \tag{A.53}$$

$$T^i{}_j = \sum_{\alpha}(\bar{p}_{\alpha} + \delta p_{\alpha})\delta^i{}_j + \sigma_{\alpha}{}^i{}_j \tag{A.54}$$

と書き表すことができる．$\bar{\varrho}_{\alpha}$ と $\bar{p}_{\alpha}$ はゆらぎを平均化した一様等方成分であり，$\delta\varrho_{\alpha}$，$v_{\alpha i}$，δp_{α}，および $\sigma_{\alpha}{}^i{}_j$ が摂動量である．$\sigma_{\alpha}{}^i{}_j$ は非等方ストレステンソル (anisotropic stress tensor) と呼ばれ，対角和がゼロ，すなわち

$$\sigma_{\alpha}{}^i{}_i = 0 \tag{A.55}$$

を満たす．摂動量の 1 次で Einstein 方程式を書き下すと，空間部分を対角和部分と対

角和ゼロ部分でそれぞれ分けて

$$-\frac{3H^2\Phi}{c^2} + \frac{3\Psi K}{a^2} - \frac{3H\dot{\Psi}}{c^2} + \frac{^{(3)}\Delta\Psi}{a^2} = \frac{4\pi G}{c^2}\sum_\alpha \delta\varrho_\alpha \tag{A.56}$$

$$-\dot{\Psi}_{,i} - H\Phi_{,i} = \frac{4\pi G}{c^2}\sum_\alpha (\varrho_\alpha + p_\alpha)av_{\alpha i} \tag{A.57}$$

$$\left[\left(H^2 + 2\frac{\ddot{a}}{a}\right)\frac{\Phi}{c^2} - \frac{\Psi K}{2a^2} + \frac{\ddot{\Psi}}{c^2} + \frac{H\dot{\Phi}}{c^2} + \frac{3H\dot{\Psi}}{c^2} + \frac{^{(3)}\Delta\Phi - {}^{(3)}\Delta\Psi}{3a^2}\right]$$
$$= \frac{4\pi G}{c^2}\sum_\alpha \delta p_\alpha \tag{A.58}$$

$$\frac{1}{3c^2a^2}\left(^{(3)}\Delta\Phi - {}^{(3)}\Delta\Psi\right)\delta^i{}_j - \frac{1}{c^2a^2}\left(\Phi^{|i}{}_{|j} - \Psi^{|i}{}_{|j}\right) = \frac{8\pi G}{c^4}\sum_\alpha \sigma_\alpha{}^i{}_j \tag{A.59}$$

となる.

A. 4. 3　低赤方偏移，小スケールでのゆらぎの進化

重力レンズで重要となる密度ゆらぎは，ほとんどの場合において低赤方偏移 ($z \lesssim 3$) の非相対論的物質密度ゆらぎであり，また宇宙の地平線よりもずっと小さな長さスケールのゆらぎに着目する．この状況下では，主要なゆらぎ成分は物質であり ($\alpha = \mathrm{m}$)，非等方ストレステンソルはゼロとしてよい ($\sigma_\alpha{}^i{}_j = 0$). また 3 次元空間曲率 K が $^{(3)}\Delta$ に比べて十分小さいとしてよい．このとき，式 (A.59) かつ Φ と Ψ の空間平均がゼロとなる条件から

$$\Phi - \Psi = 0 \tag{A.60}$$

が示される．したがって $\Phi = \Psi$ として，Einstein 方程式の他の成分から，以下のゆらぎの 1 次の方程式系

$$^{(3)}\Delta\Phi = \frac{4\pi G a^2}{c^2}\delta\varrho_\mathrm{m} \tag{A.61}$$

$$-\dot{\Phi}_{,i} - H\Phi_{,i} = \frac{4\pi G}{c^2}\bar{\varrho}_\mathrm{m}av_{\mathrm{m}i} \tag{A.62}$$

$$\ddot{\Phi} + 4H\dot{\Phi} + \left(H^2 + 2\frac{\ddot{a}}{a}\right)\Phi = 0 \tag{A.63}$$

を得る．密度ゆらぎ

$$\delta_\mathrm{m} := \frac{\delta\varrho_\mathrm{m}}{\bar{\varrho}_\mathrm{m}} \tag{A.64}$$

を定義して，式 (A.61) を書き換えると

$$^{(3)}\Delta\Phi = \frac{4\pi G a^2}{c^2}\bar{\varrho}_\mathrm{m}\delta_\mathrm{m} \tag{A.65}$$

となる．この式は Poisson 方程式と呼ばれる．また式 (A.61)–(A.63) を組み合わせる

A. 一般相対論的膨張宇宙モデル

ことで，密度ゆらぎの発展方程式

$$\ddot{\delta}_{\rm m} + 2H\dot{\delta}_{\rm m} - \frac{4\pi G \bar{\varrho}_{\rm m}}{c^2} \delta_{\rm m} = 0 \tag{A.66}$$

が得られる．この密度ゆらぎの発展方程式の独立な解として

$$\text{成長モード}：D_+(a) \propto H \int_0^a \frac{da'}{a'^3 [H(a')]^3} \tag{A.67}$$

$$\text{減衰モード}：D_-(a) \propto H \tag{A.68}$$

の2つの解が知られている．式 (A.67) は線形成長率 (linear growth rate) と呼ばれる．宇宙論の解析においては，成長モードの解が重要となるが，$\Omega_{\rm m0} = 1$，$\Omega_{\Lambda 0} = 0$ のいわゆる Einstein–de Sitter 宇宙 (Einstein–de Sitter universe) では，式 (A.67) の解は $D_+(a) \propto a$ となり，密度ゆらぎ $\delta_{\rm m}$ がスケール因子に比例して成長することがわかる．宇宙定数が重要となる現在の宇宙においては，摩擦項に対応する $2H\dot{\delta}_{\rm m}$ の寄与がより大きくなり，密度ゆらぎの成長が抑制される．

図 A.1 に例としていくつかの宇宙論パラメータで密度ゆらぎの線形成長率 $D_+(a)$ を示している．現在に近づくにつれて密度ゆらぎの成長が宇宙定数によって抑制されている様子，かつ抑制の大きさが宇宙定数の値に依存して変化する様子が見てとれる．

注意点として，密度ゆらぎの成長が線形成長率 $D_+(a)$ で記述されるのは，あくまで $|\delta| \ll 1$ の線形領域のみである．密度ゆらぎが成長し，δ の大きさがおよそ $\mathcal{O}(1)$ となると，非線形項の寄与のため，密度ゆらぎの進化は複雑となる．

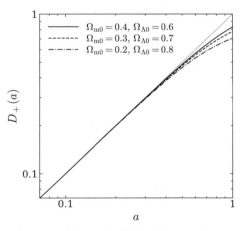

図 **A.1** 式 (A.67) で与えられる密度ゆらぎの線形成長率 $D_+(a)$ を，スケール因子 a の関数として，3つの異なる宇宙論パラメータのもとで計算した結果．線形成長率は $a \ll 1$ で $D_+(a)/a \simeq 1$ となるように規格化されており，また Einstein–de Sitter 宇宙での線形成長率に対応する $D_+(a) = a$ を点線で示している．

B. 宇宙論的な距離に関する有用な公式

重力レンズの計算において，頻繁に使われる距離は，式 (A.28) で定義される角径距離 $D_{ij} := D_A(z_i, z_j) = f_K \left(\chi(z_j) - \chi(z_i) \right) / (1 + z_j)$，および角径距離の定義に出てくる式 (A.10) で定義される $f_K(\chi)$ である．読者の便利のために $f_K(\chi)$ の定義を再掲しておくと

$$
f_K(\chi) := \begin{cases} \dfrac{1}{\sqrt{K}} \sin \left(\sqrt{K} \chi \right) & (K > 0) \\[2mm] \chi & (K = 0) \\[2mm] \dfrac{1}{\sqrt{-K}} \sinh \left(\sqrt{-K} \chi \right) & (K < 0) \end{cases} \tag{B.1}
$$

である．$f_K(\chi)$ は共動角径距離 (comoving angular diameter distance) と呼ばれることもある．

まず，$f_K(\chi)$ に関する有用な公式をまとめておくと

$$
\left\{ f_K'(\chi) \right\}^2 + K \left\{ f_K(\chi) \right\}^2 = 1 \tag{B.2}
$$

$$
f_K''(\chi) + K f_K(\chi) = 0 \tag{B.3}
$$

$$
f_K(\chi) f_K'(\chi') - f_K'(\chi) f_K(\chi') = f_K(\chi - \chi') \tag{B.4}
$$

などがある．これらは $f_K(\chi)$ の定義を代入することで容易に示すことができる．またこれらの公式より

$$
\frac{d}{d\chi} \left[\frac{f_K'(\chi)}{f_K(\chi)} \right] = -\frac{1}{f_K^2(\chi)} \tag{B.5}
$$

の関係も示すことができる．

次に，$\chi(z_i) = \chi_i$ などの，本文中でも使われる簡略化された記法を採用すると，3 つの共動動径距離 χ の間に成り立つ以下の公式

$$
f_K(\chi_j - \chi_i) f_K(\chi_k) + f_K(\chi_k - \chi_j) f_K(\chi_i) = f_K(\chi_j) f_K(\chi_k - \chi_i) \tag{B.6}
$$

が成り立つことも，加法定理を用いて容易に示すことができる．この公式を用いることで，時間の遅れの表式に出てくる 3 つの角径距離の比で表される

$$
\tau_{ij} := \frac{1 + z_i}{c} \frac{D_{oi} D_{oj}}{D_{ij}} = \frac{1}{c} \frac{f_K(\chi_i) f_K(\chi_j)}{f_K(\chi_j - \chi_i)} \tag{B.7}
$$

について，以下の単純な関係式

$$
\frac{1}{\tau_{ij}} + \frac{1}{\tau_{jk}} = \frac{1}{\tau_{ik}} \tag{B.8}
$$

が成り立つことが示される．

C. 重力レンズ方程式の数値的求解

　重力レンズ方程式は θ について非線形な方程式であり，いくつかの例外を除いて解を解析的に求めることができない．したがって，特に強い重力レンズの解析において，重力レンズ方程式の解を数値的に求める必要が生じる．ただし，重力レンズ方程式は，一般に複数像に対応する複数の解を持つため，解が存在する可能性がある領域をくまなく探索し，解を見つける必要がある．以下では，点状光源と広がった光源のそれぞれの場合で，解を数値的にどのように求めるかを解説する．

C.1　点状光源の数値的求解

　重力レンズ方程式の数値的求解によく用いられるのが，像平面のタイリングに基づく手法である[116]．まず，像平面の解の探索領域を，タイルで埋め尽くす．重力レンズ方程式を用いることで，像平面のそれぞれの位置に対応する光源平面の位置が容易に計算できるため，各タイルが光源平面でどの場所に位置しどのような形状を持つかを容易に計算できる．与えられた光源の位置 β が各タイルの内部に存在するかどうかを判定し，内部に存在した場合，対応する元々の像平面のタイル内部に解，すなわち像の 1 個，が存在すると判定できる．このようにして見つけた解の，像平面でのより正確な位置は，Newton 法 (Newton's method) などによって求めることができる．

　技術的な詳細として，タイルの形状については，重力レンズ方程式で定義される θ から β への写像によって凸の性質を保つ形状である 3 角形を用いるのが便利である．また，3 角形の場合，タイルの内部に点が存在するかどうかについて外積を用いて簡単に判定することができる．具体的には，ある光源平面のタイルの頂点を $\beta_i\ (i = 1, 2, 3)$ とし，光源の位置との相対ベクトルを $\delta\beta_i := \beta_i - \beta$ とおくと，光源がそのタイルの内部に存在することは，$\delta\beta_1 \times \delta\beta_2,\ \delta\beta_2 \times \delta\beta_3,\ \delta\beta_3 \times \delta\beta_1$ が全て同じ符号を持つことから判定できる．図 C.1 に模式図を示す．

　この手法を用いて効率的に複数像を探索するためには，タイルの大きさを適切に選ぶ必要がある．全ての複数像を正しく同定するためには，タイルの大きさはそれぞれのタイルに 2 個ないしそれ以上の複数像が入ることがない大きさである必要がある．4.5 節などでも見たように，臨界曲線近傍において 2 個ないしそれ以上の複数像が近接して存在しうるが，逆にいえば 2 個以上の複数像が近接して存在するのは臨界曲線の近傍のみである．このことから，臨界曲線近傍のみタイルを小さくする，適合細分化 (adaptive refinement) を用いることで計算効率を上げ数値的求解の高速化が可能となる．臨界曲線近傍かどうかは，タイルの頂点の増光率の符号が全て同一かどうかによって判定でき

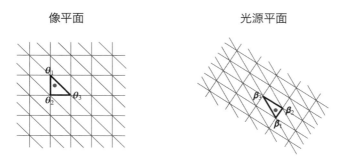

図 C.1 像平面のタイリングに基づく点状光源の数値的求解の模式図.

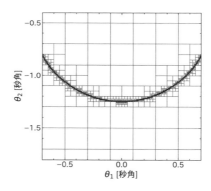

図 C.2 適合細分化を用いた臨界曲線近傍でのタイルの貼り方の例. 黒線が臨界曲線を表す. 灰色で示されている 4 角のタイルは, 実際にはそれぞれが対角線でさらに分割されて, 図 C.1 の模式図のような 3 角形のタイルを用いて解が探索される.

る[68]. 図 C.2 に臨界曲線近傍のタイルの適合細分化の例を示す.

C.2 広がった光源の数値的求解

広がった光源に対する重力レンズ像を計算するためには, 3.5.1 項で導出した放射強度の保存を用いればよい. 像平面を格子状に分割し, 各格子の放射強度として, 重力レンズ方程式から求めた光源平面の位置における光源の放射強度を割り当てることで, 重力レンズ効果を受けた像の放射強度分布を計算することができる.

D. 密度ゆらぎの統計量

宇宙の密度ゆらぎを特徴づける統計量の最も基本的な量は, 2 点相関関数, あるいは

D. 密度ゆらぎの統計量　　　　213

その Fourier 空間の対応量であるパワースペクトルである．3 次元のこれら統計量に加えて，重力レンズの解析では，視線方向に投影した天球面上の 2 次元密度ゆらぎの 2 点相関関数やパワースペクトルもよく用いられる．これらの統計量について，その基本的性質をまとめておく．

■D.1　統計量の計算の準備

D.1.1　Fourier 変換

密度ゆらぎの統計量の議論では，Fourier 変換を多用する．Fourier 変換をどのように定義するかはいくつかの流儀があるが，本書では 3 次元空間で定義された任意の関数 $f(\boldsymbol{x})$ の Fourier 変換と逆変換を

$$\tilde{f}(\boldsymbol{k}) = \int d\boldsymbol{x}\, f(\boldsymbol{x}) e^{-i\boldsymbol{k}\cdot\boldsymbol{x}} \tag{D.1}$$

$$f(\boldsymbol{x}) = \int \frac{d\boldsymbol{k}}{(2\pi)^3} \tilde{f}(\boldsymbol{k}) e^{i\boldsymbol{k}\cdot\boldsymbol{x}} \tag{D.2}$$

と定義する．宇宙論的な 3 次元パワースペクトの解析においては，通例では $\boldsymbol{x}$ と $\boldsymbol{k}$ を共動座標とするので，本書でもそれに従う．Fourier 変換後の関数を，一般にチルダをつけて $\tilde{f}(\boldsymbol{k})$ のように表す．3 次元の場合と同様に，2 次元の局所平面座標の Fourier 変換と逆変換を

$$\tilde{f}(\boldsymbol{\ell}) = \int d\boldsymbol{\theta}\, f(\boldsymbol{\theta}) e^{-i\boldsymbol{\ell}\cdot\boldsymbol{\theta}} \tag{D.3}$$

$$f(\boldsymbol{\theta}) = \int \frac{d\boldsymbol{\ell}}{(2\pi)^2} \tilde{f}(\boldsymbol{\ell}) e^{i\boldsymbol{\ell}\cdot\boldsymbol{\theta}} \tag{D.4}$$

のように定義する．

D.1.2　アンサンブル平均

宇宙の密度ゆらぎは確率変数であるため，ある点 $\boldsymbol{x}$ における密度ゆらぎの値がいくらになるか，については理論的に予言はできない．標準宇宙モデルに基づく理論から計算されるのは，あくまで密度ゆらぎから得られるさまざまな統計量の期待値である．

理論的には，期待値はアンサンブル平均から計算される．例えば，あるゆらぎ場 $\delta(\boldsymbol{x}, t)$ について，そのアンサンブル平均

$$\langle \delta(\boldsymbol{x}, t) \rangle \tag{D.5}$$

の意味は，初期条件の実現値がそれぞれ異なる仮想的な宇宙をたくさん用意して，同じ時刻 t かつ同じ座標点 $\boldsymbol{x}$ で，異なる宇宙の δ の値を平均する，という意味である．ちなみに，ゆらぎ場がある密度場 ρ から定義されているとして，密度ゆらぎの一般的な定義式

214   付   録

$$\delta(\boldsymbol{x},\,t) := \frac{\rho(\boldsymbol{x},\,t) - \bar{\rho}(t)}{\bar{\rho}(t)} \tag{D.6}$$

および，宇宙の一様等方性から得られる $\langle \rho(\boldsymbol{x},\,t) \rangle = \bar{\rho}(t)$ より常に

$$\langle \delta(\boldsymbol{x},\,t) \rangle = 0 \tag{D.7}$$

である．

　理論的にはアンサンブル平均によって統計量を計算する一方で，観測できる宇宙は 1
つだけなので，観測的にアンサンブル平均を求めることはできない．観測においては，
宇宙が一様等方と仮定してアンサンブル平均を空間平均で置き換えることで，アンサン
ブル平均に対応した量を観測することになるのである．

■D.2　2 点相関関数とパワースペクトル

　以下では，同時刻の相関のみを考えるので，$\delta(\boldsymbol{x},\,t)$ を $\delta(\boldsymbol{x})$ などと略記することにす
る．式 (D.7) から，考えられる最も単純な統計量の 1 つは，密度ゆらぎの 2 点間の相関，
すなわち 2 点相関関数

$$\xi(x) := \langle \delta(\boldsymbol{x}')\delta(\boldsymbol{x}' + \boldsymbol{x}) \rangle \tag{D.8}$$

であると考えられる．宇宙の一様等方性のため，ξ は $\boldsymbol{x}'$ によらず，また $x := |\boldsymbol{x}|$ のみ
の関数である．密度ゆらぎの進化は Fourier 空間で議論するのが便利なので，式 (D.2)
を用いて $\tilde{\delta}$ の表式に変換すると

$$\xi(x) = \int \frac{d\boldsymbol{k}'}{(2\pi)^3} \int \frac{d\boldsymbol{k}}{(2\pi)^3} \langle \tilde{\delta}(\boldsymbol{k}')\tilde{\delta}(\boldsymbol{k}) \rangle e^{i(\boldsymbol{k}' + \boldsymbol{k})\cdot\boldsymbol{x}' + i\boldsymbol{k}\cdot\boldsymbol{x}} \tag{D.9}$$

となる．一方，$k := |\boldsymbol{k}|$ として，2 点相関関数の Fourier 空間の対応量であるパワース
ペクトル $P(k)$ は

$$\langle \tilde{\delta}(\boldsymbol{k})\tilde{\delta}(\boldsymbol{k}') \rangle =: (2\pi)^3 \delta^{\mathrm{D}}(\boldsymbol{k} + \boldsymbol{k}')P(k) \tag{D.10}$$

として定義される．ここで $\delta^{\mathrm{D}}(\boldsymbol{x})$ は Dirac のデルタ関数である．パワースペクトルを
このように定義する理由は，式 (D.10) を式 (D.9) に代入すると

$$\begin{aligned}
\xi(x) &= \int \frac{d\boldsymbol{k}}{(2\pi)^3} P(k) e^{i\boldsymbol{k}\cdot\boldsymbol{x}} \\
&= \int_0^\infty \frac{k^2\,dk}{2\pi^2} P(k) \frac{\sin kx}{kx}
\end{aligned} \tag{D.11}$$

となることからわかるとおり，パワースペクトル $P(k)$ の Fourier 逆変換が 2 点相関関
数 $\xi(x)$ になるためである．一方，式 (D.11) を Fourier 変換して

$$\begin{aligned}
\int d\boldsymbol{x}\, e^{-i\boldsymbol{k}\cdot\boldsymbol{x}} \xi(x) &= \int d\boldsymbol{x}\, e^{-i\boldsymbol{k}\cdot\boldsymbol{x}} \int \frac{d\boldsymbol{k}'}{(2\pi)^3} P(k') e^{i\boldsymbol{k}'\cdot\boldsymbol{x}} \\
&= \int d\boldsymbol{k}'\, \delta^{\mathrm{D}}(\boldsymbol{k}' - \boldsymbol{k}) P(k') \\
&= P(k)
\end{aligned} \tag{D.12}$$

となり，2点相関関数の Fourier 変換が確かにパワースペクトルになっていることも確認できる．ただしこの計算で Dirac のデルタ関数に関する以下の公式

$$\int \frac{d\boldsymbol{x}}{(2\pi)^3} e^{i\boldsymbol{k}\cdot\boldsymbol{x}} = \delta^{\mathrm{D}}(\boldsymbol{k}) \tag{D.13}$$

を用いた．

密度ゆらぎ δ は実数なので，その Fourier 変換 $\tilde{\delta}$ について

$$\delta(\boldsymbol{x}) = \int \frac{d\boldsymbol{k}}{(2\pi)^3} \tilde{\delta}(\boldsymbol{k}) e^{i\boldsymbol{k}\cdot\boldsymbol{x}} = \int \frac{d\boldsymbol{k}}{(2\pi)^3} \tilde{\delta}^*(\boldsymbol{k}) e^{-i\boldsymbol{k}\cdot\boldsymbol{x}} \tag{D.14}$$

から $\tilde{\delta}^*(\boldsymbol{k}) = \tilde{\delta}(-\boldsymbol{k})$ となることがわかる．したがってパワースペクトルの定義式 (D.10) は

$$\langle \tilde{\delta}^*(\boldsymbol{k})\tilde{\delta}(\boldsymbol{k}')\rangle =: (2\pi)^3 \delta^{\mathrm{D}}(\boldsymbol{k}-\boldsymbol{k}')P(k) \tag{D.15}$$

と書かれることもある．

式 (D.11) から，$P(k)$ は k^{-3} の次元を持つことがわかるので，場合によっては $d\ln k$ ごとの2点相関関数への寄与を表す以下の無次元パワースペクトル (dimensionless power spectrum)

$$\Delta^2(k) := \frac{k^3}{2\pi^2} P(k) \tag{D.16}$$

を用いるのが便利である．

例として，質量密度ゆらぎ場 δ_{m} に対して定義された無次元パワースペクトルの，標準宇宙論モデルを仮定した計算結果を図 D.1 に示す．この計算では，密度ゆらぎの非線形成長も正しく考慮されている．$k \gtrsim 0.2h\mathrm{Mpc}^{-1}$ の小スケールのゆらぎが，$\Delta^2(k) \gtrsim 1$，すなわち実空間の密度ゆらぎで $\delta \gtrsim 1$ に対応しており，密度ゆらぎの非線形成長の影響を強く受けている．

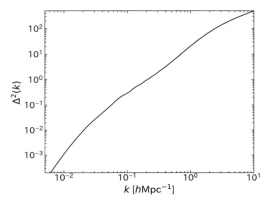

図 **D.1** 現在 ($z=0$) の質量密度ゆらぎの，非線形成長も正しく考慮した無次元パワースペクトル[104]．

■D. 3 密度ゆらぎの分散

2点相関関数やパワースペクトル以外の密度ゆらぎの重要な統計量として，共動座標で特徴的なサイズ R を持つ何らかの核関数 $W_R(\boldsymbol{x})$ で平滑化した実空間の密度場

$$\delta_R(\boldsymbol{x}) := \int d\boldsymbol{x}' \delta(\boldsymbol{x}') W_R(\boldsymbol{x} - \boldsymbol{x}') \tag{D.17}$$

から得られる，この密度場の分散

$$\sigma^2(R) := \langle \delta_R^2(\boldsymbol{x}) \rangle \tag{D.18}$$

がある．W_R は $\boldsymbol{x}$ の大きさ $x := |\boldsymbol{x}|$ のみの関数であるとして，式 (D.17) は δ と W_R の Fourier 変換を行うことで

$$\delta_R(\boldsymbol{x}) = \int \frac{d\boldsymbol{k}}{(2\pi)^3} \tilde{\delta}(\boldsymbol{k}) \tilde{W}_R(k) e^{i\boldsymbol{k}\cdot\boldsymbol{x}} \tag{D.19}$$

となるので，式 (D.18) は

$$\sigma^2(R) = \int_0^\infty \frac{k^2 \, dk}{2\pi^2} P(k) \left| \tilde{W}_R(k) \right|^2 = \int_0^\infty d\ln k \, \Delta^2(k) \left| \tilde{W}_R(k) \right|^2 \tag{D.20}$$

と無次元パワースペクトル $\Delta^2(k)$ を用いて書き表すことができる．

核関数としてよく使われるものの1つが，以下のトップハット (top-hat) 型

$$W_R(x) = \frac{3}{4\pi R^3} \Theta(R - x) \tag{D.21}$$

の核関数である．ここで $\Theta(x)$ は $x > 0$ で 1 かつ $x < 0$ で 0 の値を持つ Heaviside の階段関数 (Heaviside step function) である．このトップハット型の核関数の Fourier 変換は

$$\tilde{W}_R(k) = \frac{3}{(kR)^3} \left[\sin(kR) - kR\cos(kR) \right] \tag{D.22}$$

となる．ちなみに，質量密度ゆらぎ場 δ_{m} に対して，$z = 0$ の現在でトップハット型の核関数から計算された $R = 8h^{-1}\mathrm{Mpc}$ での密度ゆらぎの分散の平方根，つまり標準偏差

$$\sigma_8 := \sqrt{\sigma^2(R = 8h^{-1}\mathrm{Mpc})} \tag{D.23}$$

は，パワースペクトルの規格化を表す宇宙論パラメータとしてよく採用される．ただし，式 (D.23) で定義される σ_8 の計算においては，図 D.1 に示した密度ゆらぎの非線形成長を考慮した非線形質量密度パワースペクトルではなく，付録 A で議論した密度ゆらぎの線形成長のみを考えた線形質量密度パワースペクトルを用いる必要があるので，注意が必要である．観測から測定された σ_8 の値は 0.8 程度である．

トップハット型の核関数の場合，以下の，平均物質密度から計算される $x \le R$ の物質の全質量

$$M = \frac{4\pi R^3}{3} \bar{\rho}_{\mathrm{m}0} \tag{D.24}$$

を用いて，R の代わりに M を変数として密度ゆらぎの分散を計算することもできる．ここで $\bar{\rho}_{\mathrm{m}}$ でなく $\bar{\rho}_{\mathrm{m}0}$ を使っているのは R が共動座標の半径だからであることに注意しよう．

■ D.4 角度パワースペクトル

D.4.1 球面上での角度パワースペクトル解析

天文学的観測は，天球面上で行われるので，ある基準で選んだ天体や放射の分布から直接的に得られるゆらぎ場は 2 次元天球面上のゆらぎ場 $\delta_{2D}(\boldsymbol{\theta})$ である．ここで $\boldsymbol{\theta}$ は，例えば極座標の (θ, ϕ) など天球面上の位置を表すベクトルとする．2 点相関関数と同様に，このゆらぎ場から角度相関関数

$$w(\theta) := \langle \delta_{2D}(\boldsymbol{\theta}')\delta_{2D}(\boldsymbol{\theta}' + \boldsymbol{\theta}) \rangle \tag{D.25}$$

が定義できるだろう．ただし，宇宙の一様等方性から角度相関関数は $\theta := |\boldsymbol{\theta}|$ のみに依存するとした．一方，天球面上のゆらぎ場は，球面上の完全正規直交系である球面調和関数を用いて

$$\delta_{2D}(\boldsymbol{\theta}) = \sum_{\ell=0}^{\infty} \sum_{m=-\ell}^{\ell} a_{\ell m} Y_\ell^m(\boldsymbol{\theta}) \tag{D.26}$$

のように展開できる．この結果から，式 (D.25) は

$$w(\theta) = \sum_{\ell, m} \sum_{\ell', m'} \langle a_{\ell m}^* a_{\ell' m'} \rangle Y_\ell^m(\boldsymbol{\theta}')^* Y_{\ell'}^{m'}(\boldsymbol{\theta}' + \boldsymbol{\theta}) \tag{D.27}$$

と書き換えられる．ここで，2 点相関関数の場合と同様に，角度パワースペクトル C_ℓ を

$$\langle a_{\ell m}^* a_{\ell' m'} \rangle =: \delta_{\ell\ell'} \delta_{mm'} C_\ell \tag{D.28}$$

を満たすものとして定義しよう．δ_{ij} は Kronecker のデルタである．$\ell = \ell'$ と $m = m'$ のときのみアンサンブル平均がゼロとならない，また角度パワースペクトルが m によらないのは宇宙の等方性のためである．Legendre 多項式 (Legendre polynomial) と球面調和関数に関する以下の公式

$$P_\ell(\cos\theta) = \frac{4\pi}{2\ell+1} \sum_{m=-\ell}^{\ell} Y_\ell^m(\boldsymbol{\theta}')^* Y_\ell^m(\boldsymbol{\theta}' + \boldsymbol{\theta}) \tag{D.29}$$

を用いることで，式 (D.27) は

$$w(\theta) = \sum_{\ell=0}^{\infty} \frac{2\ell+1}{4\pi} C_\ell P_\ell(\cos\theta) \tag{D.30}$$

と簡単な形になる．Legendre 多項式の直交性

$$\int_{-1}^{1} d(\cos\theta) P_\ell(\cos\theta) P_{\ell'}(\cos\theta) = \frac{2}{2\ell+1}\delta_{\ell\ell'} \tag{D.31}$$

を用いると，$d\Omega = 2\pi d(\cos\theta)$ についての球面積分の形式の

$$C_\ell = \int d\Omega \, P_\ell(\cos\theta) w(\theta) \tag{D.32}$$

という逆変換を得ることもできる．

さらに，角度パワースペクトル C_ℓ を，3 次元のパワースペクトル $P(k)$ と結びつけるため，2 次元ゆらぎ場 $\delta_{2\mathrm{D}}$ を 3 次元ゆらぎ場 δ の視線方向の射影，すなわち

$$\delta_{2\mathrm{D}}(\boldsymbol{\theta}) = \int d\chi\, S(\chi)\delta(\chi, f_K(\chi)\boldsymbol{\theta}) \tag{D.33}$$

で得られたとしよう．$S(\chi)$ は視線方向の選択関数である．3 次元ゆらぎ場を Fourier 変換し，$\boldsymbol{k}$，$\boldsymbol{x}$ の単位ベクトルを $\hat{\boldsymbol{k}}$，$\hat{\boldsymbol{x}}$ として，平面波展開 (plane-wave expansion) の公式[*2]

$$e^{i\boldsymbol{k}\cdot\boldsymbol{x}} = 4\pi \sum_{\ell,\,m} i^\ell j_\ell(kx) Y_\ell^m(\hat{\boldsymbol{k}})^* Y_\ell^m(\hat{\boldsymbol{x}}) \tag{D.34}$$

により球 Bessel 関数 (spherical Bessel function) $j_\ell(x)$ を使って書き表すと

$$\delta_{2\mathrm{D}}(\boldsymbol{\theta}) = 4\pi \int d\chi\, S(\chi) \int \frac{d\boldsymbol{k}}{(2\pi)^3} \tilde{\delta}(\boldsymbol{k}) \sum_{\ell,\,m} i^\ell j_\ell(kf_K(\chi)) Y_\ell^m(\hat{\boldsymbol{k}})^* Y_\ell^m(\boldsymbol{\theta}) \tag{D.35}$$

なので，式 (D.26) より，この射影密度場の球面調和関数の展開係数を

$$a_{\ell m} = 4\pi \int d\chi\, S(\chi) \int \frac{d\boldsymbol{k}}{(2\pi)^3} \tilde{\delta}(\boldsymbol{k}) i^\ell j_\ell(kf_K(\chi)) Y_\ell^m(\hat{\boldsymbol{k}})^* \tag{D.36}$$

と得ることができる．したがって球面調和関数の正規直交性

$$\int d\boldsymbol{\theta}\, Y_\ell^m(\boldsymbol{\theta}) Y_{\ell'}^{m'}(\boldsymbol{\theta})^* = \delta_{\ell\ell'}\delta_{mm'} \tag{D.37}$$

も用いて

$$\begin{aligned} C_\ell &= \langle a_{\ell m}^* a_{\ell m} \rangle \\ &= (4\pi)^2 \int d\chi\, S(\chi) \int d\chi'\, S(\chi') \\ &\quad \times \int \frac{d\boldsymbol{k}}{(2\pi)^3} P(k) j_\ell(kf_K(\chi)) j_\ell(kf_K(\chi')) \left| Y_\ell^m(\hat{\boldsymbol{k}}) \right|^2 \\ &= \frac{2}{\pi} \int d\chi\, S(\chi) \int d\chi'\, S(\chi') \int_0^\infty dk\, k^2 P(k) j_\ell(kf_K(\chi)) j_\ell(kf_K(\chi')) \end{aligned} \tag{D.38}$$

と，C_ℓ と $P(k)$ を結びつける式が得られた．

弱い重力レンズの場合は，$S(\chi)$ に対応する関数が，観測者から光源にわたって広い範囲で値を持つ．このような場合，式 (D.38) の被積分関数の球 Bessel 関数が激しく振動し，$f_K(\chi) \neq f_K(\chi')$ の場合に相殺し積分が値を持たない．より具体的には

$$\frac{2}{\pi} \int_0^\infty dk\, k^2 j_\ell(kx) j_\ell(kx') P(k) \simeq \frac{\delta^{\mathrm{D}}(x - x')}{x^2} P\left(\frac{\ell + 1/2}{x}\right) \tag{D.39}$$

の近似を使って，式 (D.38) を

$$C_\ell \simeq \int d\chi \left[\frac{S(\chi)}{f_K(\chi)} \right]^2 P\left(\frac{\ell + 1/2}{f_K(\chi)}\right) \tag{D.40}$$

のように簡略化することができる．この近似は Limber 近似と呼ばれる[103]．

[*2] この公式は厳密に言うと宇宙が平坦 ($K = 0$) のときのみしか適用できない．$K \neq 0$ の場合は，超球 Bessel 関数 (hyperspherical Bessel function) を用いて表す必要がある[117]．

D. 密度ゆらぎの統計量

D.4.2 局所平面座標における角度パワースペクトルの計算

これまで，天球面が球面であることを正しく考慮した角度パワースペクトルの計算を紹介した．一方で，天球面上の小さい角度，すなわち大きい ℓ，に着目する場合は，局所平面座標を採用した解析を行ってもよい．この場合，式 (D.33) で定義される 2 次元ゆらぎ場の Fourier 逆変換を考えると

$$\delta_{2\mathrm{D}}(\boldsymbol{\theta}) = \int \frac{d\boldsymbol{\ell}}{(2\pi)^2} \tilde{\delta}_{2\mathrm{D}}(\boldsymbol{\ell}) e^{i\boldsymbol{\ell}\cdot\boldsymbol{\theta}} \tag{D.41}$$

となる．この表式を，式 (D.25) で与えられる角度相関関数の定義に代入すると

$$w(\theta) = \int \frac{d\boldsymbol{\ell}'}{(2\pi)^2} \int \frac{d\boldsymbol{\ell}}{(2\pi)^2} \langle \tilde{\delta}_{2\mathrm{D}}(\boldsymbol{\ell}') \tilde{\delta}_{2\mathrm{D}}(\boldsymbol{\ell}) \rangle e^{i(\boldsymbol{\ell}'+\boldsymbol{\ell})\cdot\boldsymbol{\theta}'+i\boldsymbol{\ell}\cdot\boldsymbol{\theta}} \tag{D.42}$$

となり，D.2 節のパワースペクトルの場合と同様の議論により，角度パワースペクトル C_ℓ が

$$\langle \tilde{\delta}_{2\mathrm{D}}(\boldsymbol{\ell}) \tilde{\delta}_{2\mathrm{D}}(\boldsymbol{\ell}') \rangle =: (2\pi)^2 \delta^{\mathrm{D}}(\boldsymbol{\ell}+\boldsymbol{\ell}') C_\ell \tag{D.43}$$

と定義できる．この定義式を用いると，式 (D.42) は

$$w(\theta) = \int_0^\infty \frac{\ell\, d\ell d\varphi}{(2\pi)^2} C_\ell e^{i\ell\theta\cos\varphi} \tag{D.44}$$

と計算され，Bessel 関数の積分表示

$$J_n(x) = \frac{1}{2\pi i^n} \int_0^{2\pi} d\varphi\, e^{in\varphi+ix\cos\varphi} \tag{D.45}$$

を用いると，方位角積分が実行できて

$$w(\theta) = \int_0^\infty \frac{\ell\, d\ell}{2\pi} C_\ell J_0(\ell\theta) \tag{D.46}$$

となる．球面を考慮した計算結果である式 (D.30) において，小角度近似 $\theta \ll 1$, $\ell \gg 1$ を考えると

$$P_\ell(\cos\theta) \simeq J_0(\ell\theta) \tag{D.47}$$

となる近似を用いて

$$w(\theta) \simeq \int_0^\infty d\ell \frac{\ell}{2\pi} C_\ell J_0(\ell\theta) \tag{D.48}$$

となるので，式 (D.30) が小角度近似のもとで式 (D.46) と一致することが確かめられる．

さらに，局所平面座標のもとでの角度パワースペクトルとパワースペクトルの関係を求めるため，3 次元共動座標 $\boldsymbol{x} = (\chi, f_K(\chi)\boldsymbol{\theta})$ に対応する波数ベクトルをそれぞれ $k_\parallel$, $\boldsymbol{k}_\perp$ とおくと，式 (D.13) の 2 次元版の公式も用いて

$$\tilde{\delta}_{2\mathrm{D}}(\boldsymbol{\ell}) = \int d\boldsymbol{\theta}\, e^{-i\boldsymbol{\ell}\cdot\boldsymbol{\theta}} \int d\chi\, S(\chi)\, \delta(\boldsymbol{x})$$

$$= \int d\boldsymbol{\theta}\, e^{-i\boldsymbol{\ell}\cdot\boldsymbol{\theta}} \int d\chi\, S(\chi) \int \frac{d\boldsymbol{k}}{(2\pi)^3} \tilde{\delta}(\boldsymbol{k})\, e^{i\boldsymbol{k}\cdot\boldsymbol{x}}$$

$$= \int d\boldsymbol{\theta}\, e^{-i\boldsymbol{\ell}\cdot\boldsymbol{\theta}} \int d\chi\, S(\chi) \int \frac{dk_\parallel}{2\pi} \frac{d\boldsymbol{k}_\perp}{(2\pi)^2} \tilde{\delta}(k_\parallel, \boldsymbol{k}_\perp)\, e^{i\left\{ k_\parallel \chi + f_K(\chi)\boldsymbol{k}_\perp\cdot\boldsymbol{\theta} \right\}}$$

$$= \int d\chi\, \frac{S(\chi)}{f_K^2(\chi)} \int \frac{dk_\parallel}{2\pi} \tilde{\delta}\left(k_\parallel, \frac{\boldsymbol{\ell}}{f_K(\chi)} \right) e^{ik_\parallel \chi} \tag{D.49}$$

と計算される．この表式を用いてさらに計算すると

$$\langle \tilde{\delta}_{2\mathrm{D}}(\boldsymbol{\ell})\tilde{\delta}_{2\mathrm{D}}(\boldsymbol{\ell}') \rangle = \int d\chi\, \frac{S(\chi)}{f_K^2(\chi)} \int d\chi'\, \frac{S(\chi')}{f_K^2(\chi')} \int \frac{dk_\parallel}{2\pi} \int \frac{dk_\parallel'}{2\pi} e^{i(k_\parallel \chi + k_\parallel' \chi')}$$

$$\times \left\langle \tilde{\delta}\left(k_\parallel, \frac{\boldsymbol{\ell}}{f_K(\chi)} \right) \tilde{\delta}\left(k_\parallel', \frac{\boldsymbol{\ell}'}{f_K(\chi')} \right) \right\rangle$$

$$= \int d\chi\, \frac{S(\chi)}{f_K^2(\chi)} \int d\chi'\, \frac{S(\chi')}{f_K^2(\chi')} \int \frac{dk_\parallel}{2\pi} e^{ik_\parallel(\chi-\chi')}$$

$$\times P\left(\sqrt{k_\parallel^2 + \frac{\ell^2}{f_K^2(\chi)}} \right) (2\pi)^2 \delta^{\mathrm{D}}\left(\frac{\boldsymbol{\ell}}{f_K(\chi)} + \frac{\boldsymbol{\ell}'}{f_K(\chi')} \right) \tag{D.50}$$

が得られる．ここで，$k_\parallel \ll \ell/f_K(\chi)$ かつ $S(\chi)$ が幅広い範囲で値を持つとき，$e^{ik_\parallel(\chi-\chi')}$ の項が激しく振動するため，$\chi \neq \chi'$ の寄与がゼロとなる．より具体的には

$$\int \frac{dk_\parallel}{2\pi} e^{ik_\parallel(\chi-\chi')} P\left(\sqrt{k_\parallel^2 + \frac{\ell^2}{f_K^2(\chi)}} \right) \simeq \delta^{\mathrm{D}}(\chi-\chi') P\left(\frac{\ell}{f_K(\chi)} \right) \tag{D.51}$$

とする Limber 近似を用いることで，式 (D.50) がさらに計算できて

$$\langle \tilde{\delta}_{2\mathrm{D}}(\boldsymbol{\ell})\tilde{\delta}_{2\mathrm{D}}(\boldsymbol{\ell}') \rangle = (2\pi)^2 \delta^{\mathrm{D}}(\boldsymbol{\ell}+\boldsymbol{\ell}') \int d\chi \left[\frac{S(\chi)}{f_K(\chi)} \right]^2 P\left(\frac{\ell}{f_K(\chi)} \right) \tag{D.52}$$

と簡略化される．したがって，式 (D.43) から定義される角度パワースペクトルについて

$$C_\ell = \int d\chi \left[\frac{S(\chi)}{f_K(\chi)} \right]^2 P\left(\frac{\ell}{f_K(\chi)} \right) \tag{D.53}$$

となり，球面上の角度相関関数から得られた式 (D.40) の表式と，$\ell \gg 1$ の場合に一致することが確認できる．式 (D.40) と比べて，パワースペクトルの引数の分子が ℓ と $\ell+1/2$ でわずかに異なるが，$\ell+1/2$ とすることで，小さい ℓ においてより精度の良い近似式となることが知られている[118]．

E. 経路積分の具体的な計算

式 (8.43) の経路積分を，式 (8.46) の規格化定数のもとで実際に計算しよう．式 (8.43)

E. 経路積分の具体的な計算 221

を再掲すると

$$F(\omega) = \left[\prod_{j=1}^{N} \int \frac{d\boldsymbol{\theta}_j}{A_j} \right] \exp\left(i\omega \sum_{j=1}^{N} \Delta t^{(j,j+1)} \right) \tag{E.1}$$

であり，$\Delta t^{(j,j+1)}$ は，式 (B.7) で定義される τ_{ij} を用いると

$$\Delta t^{(j,j+1)} = \tau_{j(j+1)} \left[\frac{|\boldsymbol{\theta}_j - \boldsymbol{\theta}_{j+1}|^2}{2} - \beta_{j(j+1)} \psi_j(\boldsymbol{\theta}_j) \right] \tag{E.2}$$

と書き表される.

　まず，単一レンズ平面を考えており，$\psi_j(\boldsymbol{\theta}_j) \neq 0$ となるのが $j = l$ のときのみであることから，式 (E.1) の積分を $j = l-1$ まで容易に実行でき，規格化定数 A_j の定義からそれぞれの積分の値は 1 となる. したがって，式 (E.1) は

$$F(\omega) = \left[\prod_{j=l}^{N} \int \frac{d\boldsymbol{\theta}_j}{A_j} \right] \exp\left(i\omega \sum_{j=l}^{N} \Delta t^{(j,j+1)} \right) \tag{E.3}$$

となる. ここで，天下り的ではあるが

$$S := \sum_{j=l+1}^{N} \frac{\tau_{j(j+1)}\tau_{lj}}{\tau_{l(j+1)}} \left| \boldsymbol{\theta}_j - \frac{\tau_{l(j+1)}}{\tau_{j(j+1)}} \boldsymbol{\theta}_l - \frac{\tau_{l(j+1)}}{\tau_{lj}} \boldsymbol{\theta}_{j+1} \right|^2 \tag{E.4}$$

を考える. 式 (E.4) の右辺の和記号の中の式を具体的に書き下すと

$$\frac{\tau_{j(j+1)}\tau_{lj}}{\tau_{l(j+1)}} |\boldsymbol{\theta}_j|^2 + \frac{\tau_{j(j+1)}\tau_{l(j+1)}}{\tau_{lj}} |\boldsymbol{\theta}_{j+1}|^2 - 2\tau_{j(j+1)}\boldsymbol{\theta}_j \cdot \boldsymbol{\theta}_{j+1}$$

$$+ \frac{\tau_{lj}\tau_{l(j+1)}}{\tau_{j(j+1)}} |\boldsymbol{\theta}_l|^2 - 2\tau_{lj}\boldsymbol{\theta}_j \cdot \boldsymbol{\theta}_l + 2\tau_{l(j+1)}\boldsymbol{\theta}_{j+1} \cdot \boldsymbol{\theta}_l \tag{E.5}$$

となり，さらに式 (B.8) から得られる関係式

$$\frac{1}{\tau_{lj}} + \frac{1}{\tau_{j(j+1)}} = \frac{1}{\tau_{l(j+1)}} \tag{E.6}$$

から

$$\frac{\tau_{j(j+1)}\tau_{lj}}{\tau_{l(j+1)}} = \tau_{j(j+1)} + \tau_{lj} \tag{E.7}$$

$$\frac{\tau_{j(j+1)}\tau_{l(j+1)}}{\tau_{lj}} = \tau_{j(j+1)} - \tau_{l(j+1)} \tag{E.8}$$

となることを用いると，式 (E.5) の最初の 3 つの項の和をとったものが

$$\sum_{j=l+1}^{N} \left[(\tau_{j(j+1)} + \tau_{lj}) |\boldsymbol{\theta}_j|^2 + (\tau_{j(j+1)} - \tau_{l(j+1)}) |\boldsymbol{\theta}_{j+1}|^2 - 2\tau_{j(j+1)}\boldsymbol{\theta}_j \cdot \boldsymbol{\theta}_{j+1} \right]$$

$$= \sum_{j=l+1}^{N} \tau_{j(j+1)} |\boldsymbol{\theta}_j - \boldsymbol{\theta}_{j+1}|^2 + \tau_{l(l+1)} |\boldsymbol{\theta}_{l+1}|^2 - \tau_{l(N+1)} |\boldsymbol{\theta}_{N+1}|^2 \tag{E.9}$$

と計算できる．さらに，式 (E.6) から得られる

$$\frac{\tau_{l(j+1)}\tau_{lj}}{\tau_{j(j+1)}} = \tau_{lj} - \tau_{l(j+1)} \tag{E.10}$$

を用いて，式 (E.5) の第 4 項の和をとったものも

$$\sum_{j=l+1}^{N} \frac{\tau_{lj}\tau_{l(j+1)}}{\tau_{j(j+1)}} |\boldsymbol{\theta}_l|^2 = \tau_{l(l+1)} |\boldsymbol{\theta}_l|^2 - \tau_{l(N+1)} |\boldsymbol{\theta}_l|^2 \tag{E.11}$$

と計算できる．最後に，式 (E.5) の最後の 2 つの項の和をとったものについて

$$\sum_{j=l+1}^{N} \left[-2\tau_{lj}\boldsymbol{\theta}_j \cdot \boldsymbol{\theta}_l + 2\tau_{l(j+1)}\boldsymbol{\theta}_{j+1} \cdot \boldsymbol{\theta}_l \right]$$

$$= -2\tau_{l(l+1)}\boldsymbol{\theta}_{l+1} \cdot \boldsymbol{\theta}_l + 2\tau_{l(N+1)}\boldsymbol{\theta}_{N+1} \cdot \boldsymbol{\theta}_l \tag{E.12}$$

となる．これらの計算結果を組み合わせて，最終的に式 (E.4) は

$$S = \sum_{j=l}^{N} \tau_{j(j+1)} |\boldsymbol{\theta}_j - \boldsymbol{\theta}_{j+1}|^2 - \tau_{l(N+1)} |\boldsymbol{\theta}_l - \boldsymbol{\theta}_{N+1}|^2 \tag{E.13}$$

と計算される．この式の右辺第 1 項が式 (E.3) の指数関数の指数に現れる和と部分的に一致することから，式 (E.3) を

$$F(\omega) = \int \frac{d\boldsymbol{\theta}_l}{A_l} \exp\left[i\omega \left\{ \tau_{l(N+1)} \frac{|\boldsymbol{\theta}_l - \boldsymbol{\theta}_{N+1}|^2}{2} - \tau_{l(l+1)}\beta_{l(l+1)}\psi_l(\boldsymbol{\theta}_l) \right\} \right]$$

$$\times \left[\prod_{j=l+1}^{N} \int \frac{d\boldsymbol{\theta}_j}{A_j} \right]$$

$$\times \exp\left\{ i\omega \sum_{j=l+1}^{N} \frac{\tau_{j(j+1)}\tau_{lj}}{2\tau_{l(j+1)}} \left| \boldsymbol{\theta}_j - \frac{\tau_{l(j+1)}}{\tau_{j(j+1)}}\boldsymbol{\theta}_l - \frac{\tau_{l(j+1)}}{\tau_{lj}}\boldsymbol{\theta}_{j+1} \right|^2 \right\} \tag{E.14}$$

と変形できる．この表式から，$j = l+1$ から N まで Fresnel 積分を実行できることがわかり，その結果

$$\left[\prod_{j=l+1}^{N} \int \frac{d\boldsymbol{\theta}_j}{A_j} \right] \exp\{\cdots\} = \prod_{j=l+1}^{N} \frac{2\pi i}{\omega} \frac{\tau_{l(j+1)}}{\tau_{j(j+1)}\tau_{lj}} \frac{1}{A_j}$$

$$= \prod_{j=l+1}^{N} \frac{\tau_{l(j+1)}}{\tau_{lj}}$$

$$= \frac{\tau_{l(N+1)}}{\tau_{l(l+1)}} \tag{E.15}$$

となる．$j = N+1$ は光源平面と解釈できるので

$$\tau_{l(N+1)} = \frac{1}{c} \frac{f_K(\chi_l) f_K(\chi_s)}{f_K(\chi_s - \chi_l)} \tag{E.16}$$

であり，この式と，$\beta_{j(j+1)}$ の定義式 (3.11) から

$$\tau_{l(l+1)} \beta_{l(l+1)} = \tau_{l(N+1)} \tag{E.17}$$

であることを用いると，式 (E.14) は

$$F(\omega) = \frac{\tau_{l(N+1)}}{A_l \tau_{l(l+1)}} \int d\boldsymbol{\theta}_l \exp\left[i\omega\tau_{l(N+1)}\left\{\frac{|\boldsymbol{\theta}_l - \boldsymbol{\beta}|^2}{2} - \psi_l(\boldsymbol{\theta}_l)\right\}\right] \tag{E.18}$$

となる．ただし $\boldsymbol{\theta}_{N+1} = \boldsymbol{\beta}$ を用いた．さらに式 (8.46) で与えられる A_j の定義より，$A_l = 2\pi i/(\omega\tau_{l(l+1)})$ と書かれるので，この表式を代入すると

$$F(\omega) = \frac{\omega}{2\pi i} \tau_{l(N+1)} \int d\boldsymbol{\theta}_l \exp\left[i\omega\tau_{l(N+1)}\left\{\frac{|\boldsymbol{\theta}_l - \boldsymbol{\beta}|^2}{2} - \psi_l(\boldsymbol{\theta}_l)\right\}\right] \tag{E.19}$$

となって，式 (8.47) に示されている単一レンズ平面の場合の回折積分の表式が得られる．

参考文献

本書をさらに深く理解するために有用と思われる教科書や，今後さらに学習を進める
ための教科書を，いくつか紹介しておこう．

重力レンズの応用の学習に重点をおく場合は必須ではないが，重力レンズ現象を原理
から深く理解するためには，やはり一般相対論の基礎を学習する必要がある．日本語の
一般相対論の入門書をいくつか挙げると

[1] 須藤靖『一般相対論入門 [改訂版]』，日本評論社，2019

[2] 二間瀬敏史『相対性理論 基礎と応用』，朝倉書店，2020

[3] 田中貴浩『基幹講座 物理学 相対論』，東京図書，2021

[4] 佐藤勝彦『相対性理論（岩波基礎物理シリーズ 新装版）』，岩波書店，2021

がある．より深く一般相対論を学習するための教科書としては

[5] Landau, L. D.（著），Lifshitz, E. M.（著），恒藤敏彦（翻訳）『場の古典論（原
書第 6 版)』，東京図書，1978

[6] 井田大輔『現代相対性理論入門』，朝倉書店，2022

[7] Misner, C. W., et al.『Gravitation』，Freeman，1973

[8] Wald, R. M.『General Relativity』，University of Chicago Press，1984

などが知られている．

本書の内容をよりよく理解するためには，宇宙論の基礎的な学習も必要となるだろう．
宇宙論の入門書として，まず薦めたい教科書として

[9] 松原隆彦『現代宇宙論―時空と物質の共進化』，東京大学出版会，2010

を挙げておく．宇宙論で重要となる話題がひととおり網羅されており，式の導出も丁寧
なので，宇宙論の基礎固めに最適である．その他の日本語の宇宙論の入門書として，例
えば

[10] 辻川信二『入門 現代の宇宙論 インフレーションから暗黒エネルギーまで』，講
談社，2022

[11] Ryden, B.（著），牧野伸義（翻訳）『宇宙論入門（原著第 2 版）：宇宙の力学か
らインフレーション，構造形成まで』，講談社，2022

があり，より進んだ内容を取り扱った宇宙論の洋書として

[12] Weinberg, S.『Cosmology』，Oxford University Press，2008

参 考 文 献

[13] Dodelson, S., Schmidt, F.『Modern Cosmology, Second Edition』, Academic Press, 2020

[14] Baumann, D.『Cosmology』, Cambridge University Press, 2022

がある.

重力レンズの応用は非常に広範なため，宇宙物理学や天文学の多くの話題と関連する．宇宙物理学が取り扱う話題は多岐にわたるため，1つの教科書でカバーするのは難しいが，重力レンズと関連する宇宙物理学の話題をある程度網羅的に扱っている教科書として

[15] 小玉英雄，ほか『宇宙物理学（KEK 物理学シリーズ 3)』，共立出版，2014

[16] 高原文郎『新版 宇宙物理学: 星・銀河・宇宙論』，朝倉書店，2015

[17] Mo, H., et al.『Galaxy Formation and Evolution』, Cambridge University Press, 2010

[18] Schneider, P.『Extragalactic Astronomy and Cosmology: An Introduction, Second Edition』, Springer, 2015

などが挙げられる．

重力レンズの話題は，これらの一般相対論や宇宙論等の教科書でも部分的に触れられているが，総じてページ数も少なく本格的に学習するためには十分とは言い難い．例外的に，ある程度のページ数を割いて重力レンズが紹介されている日本語の教科書として

[19] 須藤靖『もうひとつの一般相対論入門』，日本評論社，2010

があるが，重力レンズに完全に特化した日本語の教科書はこれまで皆無と言ってよく，その意味で本書の立ち位置は独特である．一方で，洋書にはいくつかの優れた重力レンズの教科書が知られており，その代表例は

[20] Schneider, P., et al.『Gravitational Lenses』, Springer, 1992

であろう．重力レンズの定式化から応用まできわめて深い議論が展開されており，筆者が今読んでも新しい発見がある，この分野を代表する名著である．数学的に高度な内容も含んでおり，読み解くのは困難な部分もあるが，重力レンズを本格的に研究で用いる際には必携の 1 冊と言える．より新しい観測の内容を含んだ包括的な重力レンズの教科書として

[21] Schneider, P., et al.『Gravitational Lensing: Strong, Weak and Micro: Saas-Fee Advanced Course 33』, Springer, 2006

も知られているが，この本は教科書というよりは，どちらかというとレビュー論文に近い内容となっている．本書の立ち位置に近い，入門者向けの重力レンズの教科書としては

[22] Dodelson, S.『Gravitational Lensing』, Cambridge University Press, 2017

[23] Meneghetti, M.『Introduction to Gravitational Lensing: With Python Examples』, Springer, 2021

などがある．[23] の教科書については，さまざまな重力レンズ計算の Python コードも
掲載されているので，自分で手を動かしながら理解を深めるのに好都合である．最後に，
特色ある重力レンズの教科書として，強い重力レンズの数学的側面に焦点をあてた

[24] Petters, A. O., et al.『Singularity Theory and Gravitational Lensing』，
Springer，2013

がある．

文　　献

1) Michell, J. On the means of discovering the distance, magnitude, &c. of the fixed stars, in consequence of the diminution of the velocity of their light, in case such a diminution should be found to take place in any of them, and such other data should be procured from observations, as would be farther necessary for that purpose. By the Rev. John Michell, B. D. F. R. S. In a Letter to Henry Cavendish, Esq. F. R. S. and A. S.. Philosophical Transactions of the Royal Society of London Series I, **74**, 35-57, 1784.

2) Soldner, J. Ueber die Ablenkung eines Lichtstrals von seiner geradlinigen Bewegung, durch die Attraktion eines Weltkörpers, an welchem er nahe vorbei geht. Berliner Astronomisches Jahrbuch, 161-172, 1804.

3) Einstein, A. Erklärung der Perihelbewegung des Merkur aus der allgemeinen Relativitätstheorie. Sitzungsberichte der Königlich Preussischen Akademie der Wissenschaften, 831-839, 1915.

4) Dyson, F. W., Eddington, A. S., Davidson, C. A determination of the deflection of light by the sun's gravitational field, from observations made at the total eclipse of May 29, 1919. Philosophical Transactions of the Royal Society of London Series A, **220**, 291-333, 1920.

5) Titov, O., et al. Testing general relativity with geodetic VLBI. What a single, specially designed experiment can teach us. Astronomy and Astrophysics, **618**, A8, 2018.

6) Einstein, A. Lens-like action of a star by the deviation of light in the gravitational field. Science, **84**, 506-507, 1936.

7) Chwolson, O. Über eine mögliche Form fiktiver Doppelsterne. Astronomische Nachrichten, **221**, 329, 1924.

8) Renn, J., Sauer, T., Stachel, J. The origin of gravitational lensing: a postscript to Einstein's 1936 Science paper. Science, **275**, 184-186, 1997.

9) Zwicky, F. Nebulae as gravitational lenses. Physical Review, **51**, 290, 1937.

10) Zwicky, F. On the probability of detecting nebulae which act as gravitational lenses. Physical Review, **51**, 679, 1937.

11) Walsh, D., Carswell, R. F., Weymann, R. J. 0957+561 A, B: twin quasistellar objects or gravitational lens?. Nature, **279**, 381-384, 1979.

12) Kundić, T., et al. A robust determination of the time delay in 0957+561A, B and a measurement of the global value of Hubble's constant. The Astrophysical Journal, **482**, 75-82, 1997.

13) Refsdal, S. On the possibility of determining Hubble's parameter and the masses

of galaxies from the gravitational lens effect. Monthly Notices of the Royal Astronomical Society, **128**, 307, 1964.

14) Lynds, R., Petrosian, V. Giant luminous arcs in galaxy clusters. Bulletin of the American Astronomical Society, **18**, 1014, 1986.

15) Soucail, G., et al. A blue ring-like structure in the center of the A 370 cluster of galaxies. Astronomy and Astrophysics, **172**, L14-L16, 1987.

16) Paczynski, B. Giant luminous arcs discovered in two clusters of galaxies. Nature, **325**, 572-573, 1987.

17) Soucail, G., et al. The giant arc in A 370 : spectroscopic evidence for gravitational lensing from a source at Z=0.724. Astronomy and Astrophysics, **191**, L19-L21, 1988.

18) Lotz, J. M., et al. The Frontier Fields: survey design and initial results. The Astrophysical Journal, **837**, 97, 2017.

19) Quimby, R. M., et al. Detection of the gravitational lens magnifying a type Ia supernova. Science, **344**, 396-399, 2014.

20) Kelly, P. L., et al. Multiple images of a highly magnified supernova formed by an early-type cluster galaxy lens. Science, **347**, 1123-1126, 2015.

21) Kelly, P. L., et al. Constraints on the Hubble constant from supernova Refsdal's reappearance. Science, **380**, abh1322, 2023.

22) Oguri, M. Strong gravitational lensing of explosive transients. Reports on Progress in Physics, **82**, 126901, 2019.

23) Paczynski, B. Gravitational microlensing by the Galactic halo. The Astrophysical Journal, **304**, 1, 1986.

24) Alcock, C., et al. Possible gravitational microlensing of a star in the Large Magellanic Cloud. Nature, **365**, 621-623, 1993.

25) Aubourg, E., et al. Evidence for gravitational microlensing by dark objects in the Galactic halo. Nature, **365**, 623-625, 1993.

26) Niikura, H., et al. Microlensing constraints on primordial black holes with Subaru/HSC Andromeda observations. Nature Astronomy, **3**, 524-534, 2019.

27) Mao, S., Paczynski, B. Gravitational microlensing by double stars and planetary systems. The Astrophysical Journal, **374**, L37, 1991.

28) Bond, I. A., et al. OGLE 2003-BLG-235/MOA 2003-BLG-53: a planetary microlensing event. The Astrophysical Journal, **606**, L155-L158, 2004.

29) Chang, K., Refsdal, S. Flux variations of QSO 0957 + 561 A, B and image splitting by stars near the light path. Nature, **282**, 561-564, 1979.

30) Irwin, M. J., et al. Photometric variations in the Q2237+0305 system: first detection of a microlensing event. The Astronomical Journal, **98**, 1989, 1989.

31) Morgan, C. W., et al. The quasar accretion disk size-black hole mass relation. The Astrophysical Journal, **712**, 1129-1136, 2010.

32) Gunn, J. E. On the propagation of light in inhomogeneous cosmologies. I. mean effects. The Astrophysical Journal, **150**, 737, 1967.

33) Tyson, J. A., Valdes, F., Wenk, R. A. Detection of systematic gravitational lens

文　　献　　*231*

galaxy image alignments: mapping dark matter in galaxy clusters. The Astrophysical Journal, **349**, L1, 1990.

34) Brainerd, T. G., Blandford, R. D., Smail, I. Weak gravitational lensing by galaxies. The Astrophysical Journal, **466**, 623, 1996.

35) Oguri, M., et al. Direct measurement of dark matter halo ellipticity from two-dimensional lensing shear maps of 25 massive clusters. Monthly Notices of the Royal Astronomical Society, **405**, 2215-2230, 2010.

36) Leauthaud, A., et al. New constraints on the evolution of the stellar-to-dark matter connection: a combined analysis of galaxy-galaxy lensing, clustering, and stellar mass functions from z = 0.2 to z =1. The Astrophysical Journal, **744**, 159, 2012.

37) Van Waerbeke, L., et al. Detection of correlated galaxy ellipticities from CFHT data: first evidence for gravitational lensing by large-scale structures. Astronomy and Astrophysics, **358**, 30-44, 2000.

38) Bacon, D. J., Refregier, A. R., Ellis, R. S. Detection of weak gravitational lensing by large-scale structure. Monthly Notices of the Royal Astronomical Society, **318**, 625-640, 2000.

39) Wittman, D. M., et al. Detection of weak gravitational lensing distortions of distant galaxies by cosmic dark matter at large scales. Nature, **405**, 143-148, 2000.

40) Kaiser, N., Squires, G. Mapping the dark matter with weak gravitational lensing. The Astrophysical Journal, **404**, 441, 1993.

41) Schneider, P. Detection of (dark) matter concentrations via weak gravitational lensing. Monthly Notices of the Royal Astronomical Society, **283**, 837-853, 1996.

42) Miyazaki, S., et al. A Subaru weak-lensing survey. I. Cluster candidates and spectroscopic verification. The Astrophysical Journal, **669**, 714-728, 2007.

43) Scranton, R., et al. Detection of cosmic magnification with the Sloan Digital Sky Survey. The Astrophysical Journal, **633**, 589-602, 2005.

44) Smith, K. M., Zahn, O., Doré, O. Detection of gravitational lensing in the cosmic microwave background. Physical Review D, **76**, 043510, 2007.

45) Jain, B., Khoury, J. Cosmological tests of gravity. Annals of Physics, **325**, 1479-1516, 2010.

46) Futamase, T. On the validity of the cosmological lens equation in general relativity. Progress of Theoretical Physics, **93**, 647-652, 1995.

47) Born, M. Quantenmechanik der Stoßvorgänge. Zeitschrift fur Physik, **38**, 803-827, 1926.

48) Schneider, P. A new formulation of gravitational lens theory, time-delay, and Fermat's principle. Astronomy and Astrophysics, **143**, 413-420, 1985.

49) Goldberg, D. M., Bacon, D. J. Galaxy-galaxy flexion: weak lensing to second order. The Astrophysical Journal, **619**, 741-748, 2005.

50) Burke, W. L. Multiple gravitational imaging by distributed masses. The Astrophysical Journal, **244**, L1, 1981.

51) Melchior, P., et al. First measurement of gravitational lensing by cosmic voids in SDSS. Monthly Notices of the Royal Astronomical Society, **440**, 2922-2927, 2014.

52) Young, P., et al. The double quasar Q0957+561 A, B: a gravitational lens image formed by a galaxy at z=0.39. The Astrophysical Journal, **241**, 507-520, 1980.

53) Navarro, J. F., Frenk, C. S., White, S. D. M. A universal density profile from hierarchical clustering. The Astrophysical Journal, **490**, 493-508, 1997.

54) Nakamura, T. T., Suto, Y. Strong gravitational lensing and velocity function as tools to probe cosmological parameters — current constraints and future predictions —. Progress of Theoretical Physics, **97**, 49, 1997.

55) Bartelmann, M. Arcs from a universal dark-matter halo profile. Astronomy and Astrophysics, **313**, 697-702, 1996.

56) Wright, C. O., Brainerd, T. G. Gravitational lensing by NFW halos. The Astrophysical Journal, **534**, 34-40, 2000.

57) Kochanek, C. S. The implications of lenses for galaxy structure. The Astrophysical Journal, **373**, 354, 1991.

58) Falco, E. E., Gorenstein, M. V., Shapiro, I. I. On model-dependent bounds on H_0 from gravitational images : application to Q 0957+561 A, B. The Astrophysical Journal, **289**, L1-L4, 1985.

59) Schramm, T. Realistic elliptical potential wells for gravitational lens models. Astronomy and Astrophysics, **231**, 19-24, 1990.

60) Kassiola, A., Kovner, I. Elliptic mass distributions versus elliptic potentials in gravitational lenses. The Astrophysical Journal, **417**, 450, 1993.

61) Kormann, R., Schneider, P., Bartelmann, M. Isothermal elliptical gravitational lens models. Astronomy and Astrophysics, **284**, 285-299, 1994.

62) Witt, H. J., Mao, S., Keeton, C. R. Analytic time delays and H_0 estimates for gravitational lenses. The Astrophysical Journal, **544**, 98-103, 2000.

63) Blandford, R. D., Kochanek, C. S. Gravitational imaging by isolated elliptical potential wells. I. Cross sections. The Astrophysical Journal, **321**, 658, 1987.

64) Blandford, R., Narayan, R. Fermat's principle, caustics, and the classification of gravitational lens images. The Astrophysical Journal, **310**, 568, 1986.

65) Keeton, C. R., Gaudi, B. S., Petters, A. O. Identifying lenses with small-scale structure. II. Fold lenses. The Astrophysical Journal, **635**, 35-59, 2005.

66) Keeton, C. R., Gaudi, B. S., Petters, A. O. Identifying lenses with small-scale structure. I. Cusp lenses. The Astrophysical Journal, **598**, 138-161, 2003.

67) Oguri, M. The mass distribution of SDSS J1004+4112 revisited. Publications of the Astronomical Society of Japan, **62**, 1017, 2010.

68) Jullo, E., et al. A Bayesian approach to strong lensing modelling of galaxy clusters. New Journal of Physics, **9**, 447, 2007.

69) Meneghetti, M., et al. The Frontier Fields lens modelling comparison project. Monthly Notices of the Royal Astronomical Society, **472**, 3177-3216, 2017.

70) Liesenborgs, J., De Rijcke, S., Dejonghe, H. A genetic algorithm for the non-parametric inversion of strong lensing systems. Monthly Notices of the Royal Astronomical Society, **367**, 1209-1216, 2006.

71) Morgan, N. D., et al. WFI J2026-4536 and WFI J2033-4723: two new quadruple

文　　　献　　　　*233*

gravitational lenses. The Astronomical Journal, **127**, 2617-2630, 2004.

72) Bonvin, V., et al. COSMOGRAIL. XVIII. time delays of the quadruply lensed quasar WFI2033-4723. Astronomy and Astrophysics, **629**, A97, 2019.

73) Shu, Y., et al. The BOSS Emission-Line Lens Survey. IV. Smooth lens models for the BELLS GALLERY sample. The Astrophysical Journal, **833**, 264, 2016.

74) Sérsic, J. L. Influence of the atmospheric and instrumental dispersion on the brightness distribution in a galaxy. Boletin de la Asociacion Argentina de Astronomia La Plata Argentina, **6**, 41-43, 1963.

75) Pontoppidan, K. M., et al. The JWST Early Release Observations. The Astrophysical Journal, **936**, L14, 2022.

76) Kochanek, C. S. What do gravitational lens time delays measure?. The Astrophysical Journal, **578**, 25-32, 2002.

77) Schneider, P., Sluse, D. Source-position transformation: an approximate invariance in strong gravitational lensing. Astronomy and Astrophysics, **564**, A103, 2014.

78) Cappellari, M. Structure and kinematics of early-type galaxies from integral field spectroscopy. Annual Review of Astronomy and Astrophysics, **54**, 597-665, 2016.

79) Mao, S., Schneider, P. Evidence for substructure in lens galaxies?. Monthly Notices of the Royal Astronomical Society, **295**, 587-594, 1998.

80) Hewitt, J. N., et al. A gravitational lens candidate with an unusually red optical counterpart. The Astronomical Journal, **104**, 968, 1992.

81) Inoue, K. T., et al. Evidence for a dusty dark dwarf galaxy in the quadruple lens MG 0414+0534. The Astrophysical Journal, **835**, L23, 2017.

82) Schechter, P. L., Wambsganss, J. Quasar microlensing at high magnification and the role of dark matter: enhanced fluctuations and suppressed saddle points. The Astrophysical Journal, **580**, 685-695, 2002.

83) Koopmans, L. V. E. Gravitational imaging of cold dark matter substructures. Monthly Notices of the Royal Astronomical Society, **363**, 1136-1144, 2005.

84) Fukugita, M., Futamase, T., Kasai, M. A possible test for the cosmological constant with gravitational lenses. Monthly Notices of the Royal Astronomical Society, **246**, 24P, 1990.

85) Turner, E. L., Ostriker, J. P., Gott, J. R. The statistics of gravitational lenses : the distributions of image angular separations and lens redshifts. The Astrophysical Journal, **284**, 1-22, 1984.

86) Kochanek, C. S., White, M. Global probes of the impact of baryons on dark matter halos. The Astrophysical Journal, **559**, 531-543, 2001.

87) Oguri, M. The image separation distribution of strong lenses: halo versus subhalo populations. Monthly Notices of the Royal Astronomical Society, **367**, 1241-1250, 2006.

88) Press, W. H., Schechter, P. Formation of galaxies and clusters of galaxies by self-similar gravitational condensation. The Astrophysical Journal, **187**, 425-438, 1974.

89) Inada, N., et al. The Sloan Digital Sky Survey Quasar Lens Search. V. Final catalog from the seventh data release. The Astronomical Journal, **143**, 119, 2012.

90) Yoo, J., et al. OGLE-2003-BLG-262: finite-source effects from a point-mass lens. The Astrophysical Journal, **603**, 139-151, 2004.

91) Kayser, R., Refsdal, S., Stabell, R. Astrophysical applications of gravitational micro-lensing. Astronomy and Astrophysics, **166**, 36-52, 1986.

92) Gould, A. Extending the MACHO search to approximately 10^6 M$_\odot$. The Astrophysical Journal, **392**, 442, 1992.

93) Walker, M. A. Microlensed image motions. The Astrophysical Journal, **453**, 37, 1995.

94) Witt, H. J., Mao, S. On the minimum magnification between caustic crossings for microlensing by binary and multiple stars. The Astrophysical Journal, **447**, L105, 1995.

95) Vernardos, G., et al. GERLUMPH data release 1: high-resolution cosmological microlensing magnification maps and eResearch tools. The Astrophysical Journal Supplement Series, **211**, 16, 2014.

96) Mandelbaum, R. Weak lensing for precision cosmology. Annual Review of Astronomy and Astrophysics, **56**, 393-433, 2018.

97) Troxel, M. A., Ishak, M. The intrinsic alignment of galaxies and its impact on weak gravitational lensing in an era of precision cosmology. Physics Reports, **558**, 1-59, 2015.

98) Oguri, M., et al. Combined strong and weak lensing analysis of 28 clusters from the Sloan Giant Arcs Survey. Monthly Notices of the Royal Astronomical Society, **420**, 3213-3239, 2012.

99) Okabe, N., et al. LoCuSS: Subaru weak lensing study of 30 galaxy clusters. Publications of the Astronomical Society of Japan, **62**, 811, 2010.

100) Umetsu, K., et al. A precise cluster mass profile averaged from the highest-quality lensing data. The Astrophysical Journal, **738**, 41, 2011.

101) Oguri, M., et al. Hundreds of weak lensing shear-selected clusters from the Hyper Suprime-Cam Subaru Strategic Program S19A data. Publications of the Astronomical Society of Japan, **73**, 817-829, 2021.

102) Krause, E., Hirata, C. M. Weak lensing power spectra for precision cosmology. Multiple-deflection, reduced shear, and lensing bias corrections. Astronomy and Astrophysics, **523**, A28, 2010.

103) Limber, D. N. The analysis of counts of the extragalactic nebulae in terms of a fluctuating density field. II. The Astrophysical Journal, **119**, 655, 1954.

104) Takahashi, R., et al. Revising the halofit model for the nonlinear matter power spectrum. The Astrophysical Journal, **761**, 152, 2012.

105) Takada, M., Jain, B. The impact of non-Gaussian errors on weak lensing surveys. Monthly Notices of the Royal Astronomical Society, **395**, 2065-2086, 2009.

106) Lewis, A., Challinor, A. Weak gravitational lensing of the CMB. Physics Reports, **429**, 1-65, 2006.

107) Lewis, A., Challinor, A., Lasenby, A. Efficient computation of cosmic microwave background anisotropies in closed Friedmann-Robertson-Walker models. The As-

trophysical Journal, **538**, 473-476, 2000.

108) Hu, W., Okamoto, T. Mass reconstruction with cosmic microwave background polarization. The Astrophysical Journal, **574**, 566-574, 2002.

109) Peters, P. C. Index of refraction for scalar, electromagnetic, and gravitational waves in weak gravitational fields. Physical Review D, **9**, 2207-2218, 1974.

110) Nakamura, T. T., Deguchi, S. Wave optics in gravitational lensing. Progress of Theoretical Physics Supplement, **133**, 137-153, 1999.

111) Yamamoto, K. Path integral formulation for wave effect in multilens system. International Journal of Astronomy and Astrophysics, **7**, 221-229, 2017.

112) Matsunaga, N., Yamamoto, K. The finite source size effect and wave optics in gravitational lensing. Journal of Cosmology and Astroparticle Physics, **2006**, 023, 2006.

113) Takahashi, R., Suyama, T., Michikoshi, S. Scattering of gravitational waves by the weak gravitational fields of lens objects. Astronomy and Astrophysics, **438**, L5-L8, 2005.

114) Yarimoto, H., Oguri, M., in preparation.

115) Takahashi, R. Amplitude and phase fluctuations for gravitational waves propagating through inhomogeneous mass distribution in the Universe. The Astrophysical Journal, **644**, 80-85, 2006.

116) Keeton, C. R. On modeling galaxy-scale strong lens systems. General Relativity and Gravitation, **42**, 2151-2176, 2010.

117) Lesgourgues, J., Tram, T. Fast and accurate CMB computations in non-flat FLRW universes. Journal of Cosmology and Astroparticle Physics, **2014**, 032, 2014.

118) LoVerde, M., Afshordi, N. Extended Limber approximation. Physical Review D, **78**, 123506, 2008.

索　引

欧数字

3 角視差　130
3 次元空間曲率　13, 202
4 元運動量ベクトル　12
4 元波数ベクトル　11

B モード歪み場　163
Bessel 関数　160, 165, 219
Born 近似　22, 33, 36, 164, 193

Christoffel 記号　10, 201, 206

Dirac のデルタ関数　25, 68, 159, 215

E モード歪み場　163
EB モード分解　161
Einstein–de Sitter 宇宙　209
Einstein 時間　122, 123
Einstein テンソル　207
Einstein の縮約記法　10, 201
Einstein 半径　64, 102, 105
Einstein 方程式　184, 202
Einstein リング　2, 64
Euler–Lagrange 方程式　31

Fermat の原理　30, 55, 188
FLRW 計量　13, 202
Fourier 逆変換　159, 213
Fourier 変換　159, 213
Fresnel 積分　189
Fresnel 長　190
Friedmann 方程式　203, 204

Green 関数　37

Heaviside の階段関数　216
Hesse 行列　57, 192
Hubble 宇宙望遠鏡　3, 4, 101, 103, 112
Hubble 定数　3, 84, 108
Hubble パラメータ　16, 203
Hubble フロンティアフィールド　4

Ia 型超新星爆発　83

Jacobi 行列　40, 41, 43
James Webb 宇宙望遠鏡　104

Kaiser–Squires 法　158
Kirchhoff 回折積分　185
Kronecker のデルタ　22

Laplace 演算子　37, 38, 186, 206
Legendre 多項式　217
Limber 近似　168, 218, 220
Liouville の定理　46
Lorenz ゲージ　181

Magellan 雲　5
Morse 位相　193

N 体シミュレーション　75
Newton 力学　1, 19
NFW モデル　75

Poisson 方程式　37, 208

Ricci テンソル　182, 201
Riemann 曲率テンソル　184, 201

Schrödinger 方程式　187
Schwarzschild 半径　70

ア　行

アイコナール近似　182
アイコナール方程式　183
アステロイド曲線　81
アフィンパラメータ　10
アフィン変換　10
天の川銀河　121
アンサンブル平均　170, 213

位置天文重力マイクロレンズ　131
一般相対論　1, 9, 17, 19, 201

薄レンズ近似　24
宇宙定数　117, 202
宇宙背景放射　7, 176
宇宙論的な時間の膨張　50, 122, 127
宇宙論的分散　173
宇宙論的歪み　7, 164
宇宙論的歪み場 2 点相関関数　166, 168
宇宙論パラメータ　7, 174, 203, 204, 216

衛星視差　130
エネルギー運動量テンソル　202

重み関数　168, 169
折り目焦線　90

カ　行

カイ 2 乗　95, 97, 98
カイ 2 乗分布　99
回折　193, 197
回折積分　185, 223
回転場　44
回転歪み場　152, 154, 162
外部収束場　80, 81, 145
外部歪み場　80, 145
核関数　161, 196, 216

角径距離　26, 108, 204, 210
角度相関関数　164, 217
角度パワースペクトル　164, 172, 174, 176, 179, 217, 219
換算 Planck 定数　12
換算カイ 2 乗　103
換算歪み場　150
干渉　193
完全流体　202
観測者　15, 17
ガンマ関数　99

擬 Jaffe 楕円体　98
幾何光学　10, 30, 183
奇数定理　59
基底　9
軌道視差　128
球 Bessel 関数　218
球対称崩壊モデル　76
球面調和関数　173, 176, 217
共形 Newton ゲージ　205
共形時間　30
共動角径距離　210
共動座標　17, 213
共動体積要素　115, 136
共動動径距離　15, 204
共分散　171, 173
共変微分　10, 201, 206
局所平面座標　21, 23, 219
曲率パラメータ　203
曲率半径　182
曲率ゆらぎ　16
巨大円弧　4

クエーサー　3, 55, 100, 108, 112, 117, 144
クエーサー重力マイクロレンズ　6, 144
屈曲場　46

系外惑星　6, 144
計量テンソル　11, 13, 16, 17, 201
経路積分　185, 187, 220
ゲージ自由度　181, 205

コア等温球　73
コア等温楕円体　85
光源　2, 22
光源通過時間　145
光源平面　23
光線追跡シミュレーション　35, 146
高速電波バースト　5
光度距離　205
合流型超幾何関数　197
黒体放射　176
固有運動　121
固有時　11
固有整列　151
固有楕円率　151
コンパクト天体　5, 138

サ 行

差分質量面密度　157

時間の遅れ　3, 50, 53–55, 108, 187
時間の遅れ平面　57
指数積分　195
質量薄板縮退　83, 111, 160
質量薄板変換　83
質量密度パワースペクトル　168
質量密度ゆらぎのパワースペクトル　164
質量面密度　25, 34
質量モデリング　80, 94, 103, 104
周縁減光　124
修正重力理論　17, 19
収束場　7, 27, 34, 39, 60
集中度パラメータ　76
重力波　5, 184, 200
重力ポテンシャル　16
重力マイクロレンズ　5, 121
重力マイクロレンズ確率　134, 135, 145
重力マイクロレンズ視差　126
重力マイクロレンズ断面積　134
重力マイクロレンズ発生率　134, 137
重力レンズ　1, 19
重力レンズ確率　115

重力レンズ質量マップ　160
重力レンズ断面積　115
重力レンズ方程式　9, 20, 23, 26, 29,
　　34–36, 62
重力レンズポテンシャル　23, 26, 29,
　　34–36, 61, 180
小質量ハロー　48, 111
焦線　48, 63, 90
焦線通過　93, 143, 148
状態方程式　203
ショット雑音　160, 169, 171, 174

スカラー曲率　202
スカラー波　185
スケール因子　13, 202, 204
すばる望遠鏡　8, 155, 158, 163
スローンデジタルスカイサーベイ　103

正弦積分　195
積層重力レンズ　157
積分方程式　20, 22
赤方偏移　3, 16, 204
接線速度　122, 127
接線歪み場　62, 152, 153, 162
接線臨界曲線　67
接ベクトル　9
線形成長率　209
線素　11, 201
尖点　81
尖点焦線　90, 91
占有数　169

像　2, 23
増光　2, 46
増光曲線　123
増光バイアス　117
増光率　47, 63, 67, 112, 121, 193
増幅因子　189, 191
像平面　23
測地線　10
測地線方程式　9, 10, 12
測光的赤方偏移　175

タ 行

第 2 種不完全楕円積分　125
楕円率　85
ダークマター　5, 100, 111, 138, 158
ダークマターハロー　75, 118
単一レンズ平面　26, 34, 54
単色波　186

地上視差　130
超球 Bessel 関数　218
超新星爆発　5, 55

強い重力レンズ　3, 94

停留位相近似　188, 192
適合細分化　211
天球面　2, 17, 21
電磁 4 元ポテンシャル　181
点質量レンズ　67, 121, 196
電磁波　181
電磁場テンソル　181
点像分布関数　151

動径臨界曲線　67
特異等温球　70
特異等温楕円体　85
トップハット　216
トリスペクトル　172

ナ 行

ヌル　11, 15
ヌル測地線　15, 183

ノンパラメトリック質量モデリング　99

ハ 行

波動光学　10, 181
パラメトリック質量モデリング　98, 100

パリティ　48, 67, 113
ハロー質量関数　120
万有引力定数　1, 202

非 Gauss 場　172
光の速さ　1, 202
非線形密度超過　75
非等方ストレステンソル　207
標準宇宙論　106, 174

不完全ガンマ関数　195
副構造　95, 111, 148
複数像　2, 39, 57, 65, 90, 211
複数レンズ平面　22, 28, 35, 51
複素楕円率　149
複素歪み場　150, 159, 169
物質密度パラメータ　38, 174
フラックス比異常　112, 148
ブラックホール　3, 16, 68
分離角　5, 102, 119

平滑化　161, 196, 216
平均収束場　61, 153
平行移動　9
平面波展開　218
冪分布楕円体　101
冪分布レンズ　77

ボイド　63
放射強度　46, 98

マ 行

曲がり角　1, 23, 26, 27, 33–35, 61

密度パラメータ　203
密度ゆらぎ　38, 208, 213

無次元 Hubble 定数　109
無次元振動数　190, 199
無次元パワースペクトル　215

索　　引　　　　　　　241

モニタ観測　3, 100, 122, 137

ヤ　行

尤度関数　174
歪み場　7, 41, 47, 62, 150

余弦積分　195
弱い重力レンズ　7, 149

ラ　行

ラグランジアン　31, 187

ランダム Gauss 場　172

臨界エネルギー密度　203
臨界曲線　48, 63
臨界質量面密度　27, 34, 105, 155

レンズ天体　2
レンズ平面　25
連星点質量レンズ　138
連続の式　203

著者略歴

大栗真宗
おお ぐり まさ むね

1978 年 石川県に生まれる
2004 年 東京大学大学院理学系研究科物理学専攻博士課程修了
現　在 千葉大学先進科学センター教授
　　　　博士（理学）

シリーズ〈理論物理の探究〉3
重 力 レ ン ズ
定価はカバーに表示

2025 年 3 月 1 日　初版第 1 刷

著　者　大　栗　真　宗

発行者　朝　倉　誠　造

発行所　株式会社　朝　倉　書　店

東京都新宿区新小川町 6-29
郵 便 番 号　162−8707
電　話　03（3260）0141
ＦＡＸ　03（3260）0180
https://www.asakura.co.jp

〈検印省略〉

Ⓒ 2025 〈無断複写・転載を禁ず〉　　中央印刷・渡辺製本

ISBN 978-4-254-13533-6　C 3342　　Printed in Japan

JCOPY ＜出版者著作権管理機構 委託出版物＞
本書の無断複写は著作権法上での例外を除き禁じられています．複写される場合は，
そのつど事前に，出版者著作権管理機構（電話 03-5244-5088，FAX 03-5244-5089,
e-mail: info@jcopy.or.jp）の許諾を得てください．

一歩進んだ物理の理解 1 ―力学・熱・波―

真貝 寿明・林 正人・鳥居 隆 (著)

A5 判／180 頁　978-4-254-13821-4　C3342　定価 2,970 円（本体 2,700 円＋税）

花火の軌跡や工事現場のくい打ち，ジェットコースター，ふうせん，水飲み鳥，楽器，虹，蜃気楼・・・など身のまわりの現象を物理法則を使って理解。高校から大学初年度レベルの物理学を問題形式で学ぶシリーズ。第 1 巻では力学，熱力学，波動を扱う。必要な数学も丁寧に補足。全 3 巻。

一歩進んだ物理の理解 2 ―電磁気学・発展問題―

真貝 寿明・林 正人・鳥居 隆 (著)

A5 判／176 頁　978-4-254-13822-1　C3342　定価 2,970 円（本体 2,700 円＋税）

発光ダイオードや IC カード，惑星探査機の軌道など身のまわりの現象や実社会のテーマを物理法則を使って理解。高校から大学初年度レベルの物理学を問題形式で学ぶシリーズ。力学，熱力学，波動を扱った第 1 巻につづき電磁気学を中心取り上げる。微分方程式など必要な数学も丁寧に補足。全 3 巻。

一歩進んだ物理の理解 3 ―原子・相対性理論―

真貝 寿明・林 正人・鳥居 隆 (著)

A5 判／180 頁　978-4-254-13823-8　C3342　定価 2,970 円（本体 2,700 円＋税）

地球温暖化，超音波，GPS，重力波など身のまわりの現象や実社会のテーマを物理法則を使って理解。高校から大学初年度レベルの物理学を問題形式で学ぶシリーズ。電磁気学などを扱った第 2 巻につづき量子力学や相対性理論などを取り上げる。式を解くだけでなく数値計算手法も紹介。全 3 巻。

素粒子物理学講義

山田 作衛 (著)

A5 判／368 頁　978-4-254-13142-0　C3042　定価 6,600 円（本体 6,000 円＋税）

素粒子物理学の入門書。初めて学ぶ人にも分かりやすいよう，基本からニュートリノ振動やヒッグス粒子までを網羅。〔内容〕究極の階層―素粒子／素粒子とその反応の分類／相対論的場の理論の基礎／電磁相互作用／加速器と測定器の基礎／他

ベリー位相とトポロジー ―現代の固体電子論―

D. ヴァンダービルト (著)／倉本 義夫 (訳)

A5 判／404 頁　978-4-254-13141-3　C3042　定価 7,480 円（本体 6,800 円＋税）

現代の物性物理において重要なベリーの位相とトポロジーの手法を丁寧に解説。〔内容〕電荷・電流の不変性と量子化／電子構造論のまとめ／ベリー位相と曲率／電気分極／トポロジカル絶縁体と半金属／軌道磁化とアクシオン磁電結合／他

学習物理学入門

橋本 幸士 (編)

A5 判 / 208 頁　978-4-254-13152-9　C3042　定価 2,200 円（本体 2,000 円＋税）

物理学と人工知能・機械学習のコラボレーションを学ぶ入門テキスト。物理系学生がスムーズに機械学習に入門し，物理学と機械学習の関係・協働を知ることができる。〔内容〕イントロダクション／線形モデル／ニューラルネットワーク・対称性と機械学習／古典力学と機械学習／量子力学と機械学習／トランスフォーマー／他

新・物性物理入門

塩見 雄毅 (著)

A5 判 / 216 頁　978-4-254-13149-9　C3042　定価 3,520 円（本体 3,200 円＋税）

初歩から新しい話題までを解説した物性物理学（固体物理学）の教科書。基礎物理の理解が完全ではない状態でも独習できるよう丁寧に解説。〔内容〕物性物理学の対象／固体の比熱／格子振動とフォノン／自由電子論／結晶構造と逆格子／バンド理論／外場に対する電子の応答／半導体／外部磁場下での輸送現象／磁性／超伝導。

現代解析力学入門

井田 大輔 (著)

A5 判 / 240 頁　978-4-254-13132-1　C3042　定価 3,960 円（本体 3,600 円＋税）

最も素直な方法で解析力学を展開。難しい概念も，一歩引いた視点から，すっきりとした言葉で，論理的にクリアに説明。Caratheodory-Jacobi-Lie の定理など，他書では見つからない話題も豊富。

現代量子力学入門

井田 大輔 (著)

A5 判 / 216 頁　978-4-254-13140-6　C3042　定価 3,630 円（本体 3,300 円＋税）

シュレーディンガー方程式を解かない量子力学の教科書。量子力学とは何かについて，落ち着いて考えてみたい人のための書。グリーソンの定理，超選択則，スピン統計定理など，少しふみこんだ話題について詳しく解説。

現代相対性理論入門

井田 大輔 (著)

A5 判 / 240 頁　978-4-254-13143-7　C3042　定価 3,960 円（本体 3,600 円＋税）

多様体論など数学的な基礎を押さえて，一般相対論ならではの話題をとりあげる。局所的な理解にとどまらない，宇宙のトポロジー，特異点定理など時空の大域的構造の理解のために。平易な表現でエッセンスを伝える。

シリーズ〈理論物理の探究〉1 重力波・摂動論

中野 寛之・佐合 紀親 (著)

A5 判／272 頁　978-4-254-13531-2　C3342　定価 4,290 円（本体 3,900 円＋税）

アインシュタイン方程式を解析的に解く。ていねいな論理展開，式変形を追うことで確実に理解。付録も充実。〔内容〕序論／重力波／Schwarzschild ブラックホール摂動／Kerr ブラックホール摂動

シリーズ〈理論物理の探究〉2 量子情報理論 —情報から物理現象の理解まで—

中田 芳史 (著)

A5 判／408 頁　978-4-254-13532-9　C3342　定価 6,600 円（本体 6,000 円＋税）

量子力学の基礎からはじめ，量子系の操作，量子通信，ノイズ，理論物理の研究テーマまで。〔内容〕数学的記法／量子論／量子状態／ノイズレスな量子通信／エントロピー／情報源・圧縮／量子状態操作／ノイズ推定／量子誤り訂正／ノイジーな量子通信／Haar ランダムと孤立量子系での熱平衡化現象／Hayden-Preskill プロトコル

Yukawa ライブラリー 1 重力波の源

京大基礎物理学研究所 (監修) ／柴田 大・久徳 浩太郎 (著)

A5 判／224 頁　978-4-254-13801-6　C3342　定価 3,740 円（本体 3,400 円＋税）

重力波の観測成功によりさらなる発展が期待される重力波天文学への手引き。〔内容〕準備／重力波の理論／重力波の観測方法／連星ブラックホールの合体／連星中性子星の合体／大質量星の重力崩壊と重力波／飛翔体を用いた重力波望遠鏡／他

宇宙物理学ハンドブック

高原 文郎・家 正則・小玉 英雄・高橋 忠幸 (編)

A5 判／912 頁　978-4-254-13127-7　C3542　定価 24,200 円（本体 22,000 円＋税）

重力理論，宇宙線，素粒子・原子核，プラズマ・流体などの広範な分野と深いかかわりをもち，相対論的宇宙論，ブラックホールや中性子星を中心に発展を遂げてきた宇宙物理学。近年，電磁波観測からニュートリノ，重力波へとさらなる展開をみせている。その全体像と正確な知識を提供。学部上級以上対象。〔内容〕宇宙物理学の概観／天体の物理／宇宙論／相対論的な天体と高エネルギー宇宙物理学／宇宙の観測／付録（輻射過程，熱・統計力学，流体・プラズマ，素粒子・原子核）

相対論と宇宙の事典

安東 正樹・白水 徹也 (編集幹事) ／浅田 秀樹・石橋 明浩・小林 努・真貝 寿明・早田 次郎・谷口 敬介 (編)

A5 判／432 頁　978-4-254-13128-4　C3542　定価 11,000 円（本体 10,000 円＋税）

誕生から100年あまりをすぎ，重力波の観測を受け，さらなる発展と応用の期待される相対論。その理論と実験・観測の両面から重要項目約100を取り上げた事典。各項目2〜4頁の読み切り形式で，専門外でもわかりやすく紹介。相対論に関心のあるすべての人へ。歴史的なトピックなどを扱ったコラムも充実。〔内容〕特殊相対性理論／一般相対性理論／ブラックホール／天体物理学／相対論的効果の観測・検証／重力波の観測／宇宙論・宇宙の大規模構造／アインシュタインを超えて。

上記価格は 2025 年 1 月現在